children

应用型学前教育专业系列教材

丛书主编　蔡迎旗

本教材系教育部人文社科青年基金项目《精准扶贫背景下大别山革命老区农村普惠性学前教育发展机制研究》（项目编号：17YJCZH024）系列成果之一、湖北省普通高校人文社科重点研究基地鄂东教育与文化研究中心资助项目阶段性成果之一

学前儿童行为观察与分析

主　　编　陈　思

副 主 编　李照会　郝萍瑞　丁　丽　韩金霞　彭盈悦

参编成员　陈　思　李照会　郝萍瑞　丁　丽　韩金霞　彭盈悦　谢晶晶　魏　菱　苏秀峰

WUHAN UNIVERSITY PRESS
武汉大学出版社

图书在版编目(CIP)数据

学前儿童行为观察与分析/陈思主编．—武汉：武汉大学出版社，2020.12
(2025.1 重印)
应用型学前教育专业系列教材/蔡迎旗主编
ISBN 978-7-307-21873-4

Ⅰ.学…　Ⅱ.陈…　Ⅲ.学前儿童—行为分析—高等职业教育—教材
Ⅳ.B844.12

中国版本图书馆 CIP 数据核字(2020)第 204665 号

责任编辑：邓　喆　　责任校对：汪欣怡　　版式设计：韩闻锦

出版发行：**武汉大学出版社**　(430072　武昌　珞珈山)
(电子邮箱：cbs22@ whu.edu.cn 网址：www.wdp.com.cn)
印刷：武汉乐生印刷有限公司
开本：787×1092　1/16　印张：17　字数：372 千字　插页：1
版次：2020 年 12 月第 1 版　　2025 年 1 月第 5 次印刷
ISBN 978-7-307-21873-4　　定价：46.00 元

编写委员会名单

（按姓名音序排列）

总　序

幼儿教师是幼儿学习与发展的支持者、促进者与引导者。幼儿教师的素质直接决定着我国幼教机构的办学水平，也是保障我国适龄儿童接受基本而有质量的学前教育的关键性因素。而高质量的幼教师资来源于高水平的学前教师教育。为顺应我国学前教育事业发展的迫切需求，2011 年至 2012 年，我国先后颁布了《教师教育课程标准（试行）》和《幼儿园教师专业标准（试行）》，幼儿园教师资格制度和聘任制度也随之进行了系列急剧变革与转型。

我国教师职前教育倡导育人为本，要求准教师们树立正确的儿童观、学生观、教师观与教育观；奉行实践取向，引导未来教师主动建构教育知识，掌握必备的专业知识与技能，发展实践能力，学会发现和解决实际问题，形成个人的教学风格和实践智慧；要求他们终身学习，树立正确的专业理想，养成独立思考和自主学习的习惯，加深专业理解，形成终身学习和应对挑战的能力。

我国学前教师教育课程改革既具有一般教师教育所具有的共性，也具有鲜明的学前教育特色，这彰显了学前儿童的年龄特征和我国独树一帜的学前教师教育的传统与积淀。当前，我国学前教师教育课程已呈现如下五种趋势。

第一，生动多样的师德与理念教育。除必要的公共政治课程以外，国家要求各级各类幼师院校突出师德修养教育，采取多种生动活泼的教育教学方式，提升准幼儿教师的师德修养。如开设幼儿园教师专业特点与道德规范、中国名师风采录、幼儿教师生涯讲座、学前教育政策法规、现代幼儿园教师职业风范与专长成长等课程。

第二，保教相融的课程体系。依据幼儿园教师专业标准，遵循教师培养和发展规律，以加强专业理想、专业基础、实践能力、反思与研究能力为核心，构建保育与教育相融合、幼儿园与家庭和社区教育相结合、幼儿生活与游戏和学习于一体的课程体系，用以培养准幼儿教师的保教一体化的能力。

第三，全面平衡的课程结构。我国正通过幼儿园教师资格制度、聘任制度、评优评先制度等的改革，倒逼各级各类幼师院校与专业，促使其纠正以往过分偏重艺术技能而相对忽视人文科学类课程、教育素养类课程的倾向，注意课程结构中的师德理念、人文素养、科学素养、信息素养、教育素养、艺体素养、科研素养等的协调与平衡。

第四，实践取向的课程内容。为培养准幼儿教师的教育教学能力，许多幼师院校与专业开设了大量务实的实践取向课程。如幼儿园五大领域的活动设计和案例分析类课程、幼儿园环境布置与玩教具制作、动漫画设计技术、音乐、美术、戏剧等方面的课程。

第五，模块式的课程设计。我国各类幼师院校与专业正竭力打破学前教育学、学前心理学、幼儿园各科教学法“老三门”的课程结构体系，开设模块化的、开放的、专题性的学前教育课程。基于学前教育专业各类人才培养目标，合理配置各课程模块，如音乐教育模块、美术教育模块、健康教育模块、特殊教育模块等。通过设先行课，将学生导入不同模块课程，引导学生多样化、有个性地发展。

以上学前教师教育课程改革已对我国原有的传统意义上的大中专学校的教材和教辅资料提出了严峻挑战，要求学前教育同仁务必更新教学资源观、教师教育观和学前教师观，依据我国幼儿园教师专业标准和教师教育课程标准，遴选课程并合理设计教材。

本套基于《教师教育课程标准（试行）》的应用型学前教育专业系列教材，正是应我国学前教师教育改革的时势而生，充分体现了以上提及的学前教师教育课程改革的五种发展趋势。适用于大中专学校的课程与教学，也可作为学前教育爱好者、相关工作人员的专业拓展学习。本丛书涵盖了学前教育大中专学校绝大多数专业课程；内容具有一定的理论性，更具有实践应用的特征；编写规范与设计务实活泼，知识点和案例穿插其中；丛书的编委遍及全国；作者主要来自华中和华南地区的本、专科院校，他们均具有丰富的教学经验和较好的研究基础。

在丛书的编写过程中，我们参阅、借鉴和引用了国内外许多同行的观点与成果。各位同仁的研究奠定了本丛书的学术基础，在此一并感谢。另外，受水平和时间所限，书中难免有疏漏和不当之处，敬请读者批评指正。

最后，我谨代表丛书的所有编委和作者，衷心感谢本丛书的策划者谢群英编辑和武汉大学出版社有关领导。他们对学前教育满腔热情，对丛书的未来充满信心，极度地敬业与审慎。出版丛书虽是一项浩大而艰苦的工作，但有谢群英编辑和武汉大学出版社相伴而行，相信梦想终会成真。

蔡迎旗

2015 年 5 月

武汉桂子山·华中师范大学教育学院

前　言

幼教实践反复证明，会观察儿童行为，能读懂儿童行为，明白儿童行为背后的意义和需要，并能采取正确的指导策略，是幼儿教师进行有效教学的前提和基础。《幼儿园教师专业标准（试行）》在专业能力维度中的激励与评价领域中指出：“有效运用观察、谈话等方法，客观地、全面地了解和评价幼儿。”《幼儿园教育指导纲要（试行》也指出“关注幼儿在活动中的表现和反应，敏感地察觉他们的需要，及时以适当的方式应答，形成合作探究式的师生互动”。可见，幼儿行为观察能力已成为幼儿园教师专业素养的必备需求。

《幼儿园教师专业标准（试行）》指出，幼儿园教师是履行幼儿园教育职责的专业人员。一名专业的幼儿教师，是“以专业的眼光和行为赋予儿童和儿童学习以价值的人”。具体来说，我们要能够看懂孩子，进而智慧等待和巧妙引导。那么，对幼儿行为进行观察是看懂孩子的前提，也是重要的教育手段和方法。观察可以帮助幼儿教师了解学前儿童的发展水平、兴趣需要和个体差异，观察可以帮助幼儿教师更好地开展幼儿园一日活动，观察也是促进幼儿教师专业发展的途径之一。

本教材兼具理论性和实践性，内容分为理论方法篇和实践策略篇。理论与方法篇系统介绍了幼儿行为观察的理论知识与操作方法，实践策略篇结合幼儿园一日活动的不同活动类型进行有针对性的观察与指导。具体内容安排如下：

1. 理论与方法篇（第一章至第六章）。该篇主要围绕描述的方法、取样的方法、评定的方法来具体介绍，旨在让观察者初步掌握观察的流程和实施方法，同时配以案例分析加深学习者的理解，为实践与策略篇的学习打下基础。

2. 实践与策略篇（第七章至第十章）。该篇从幼儿园一线实践出发，以幼儿园一日活动为框架，分别介绍了幼儿园生活活动、游戏活动、学习活动和户外活动中的观察与指导策略。户外活动这一章还特别分析了当今学前教育热点安吉游戏的观察与指导，这也是本书的一大亮点。

本书由高校学前教育专业教师和幼儿园一线教师共同撰写完成。全书由黄冈师范学院陈思主编和统稿，具体分工如下：第一章（汉江师范学院彭盈悦编写），第二章、第三章（黄冈师范学院陈思编写），第四章、第五章（楚雄师范学院郝萍瑞编写），第六章（四川工程职业技术学院李照会编写），第七章（青岛幼儿师范高等专科学校韩金霞编写)，第八章（厦门市翔安区实验幼儿园丁丽编写)，第九章（厦门市集美区侨英幼儿园谢晶晶编写)，第十章（厦门市翔安区实验幼儿园丁丽、青岛市李沧区金川路幼儿园苏秀峰园长、楚雄彝族自治州机关幼儿园魏菱园长编写)。在此特别感谢厦门市翔安区实验幼儿园、楚雄彝族自治州机关幼儿园、青岛市城阳区桃源居幼儿园、青岛市李沧区金川路幼儿园和厦门市集美区侨英幼儿园为本书提供了大量观察案例和素材。

本书旨在培养幼儿教师的观察分析能力，适用于高校学前教育本科、大中专院校幼儿教育专业师范生的职前培养，也适用于幼儿园一线幼儿教师的的培训学习和教研活动需要，我们希望本书能够帮助现在和未来的幼儿教师提升观察能力，进而不断提升自身的专业素养，在专业发展的道路上不断成长。

编者

2020 年 5 月

目　　录

第一章　学前儿童行为观察概述

学习目标：

1. 理解观察和学前儿童行为观察的含义及特点。
2. 了解观察与记录儿童行为的意义与价值。
3. 学习不同分类下观察的类型、方法及优缺点。
4. 理解学前儿童行为观察相关理论，能够找到身边儿童行为产生的理论依据。

学前儿童从呱呱坠地就伴随着很多不一样的行为，例如啼哭、微笑、吵闹等，这些外显的行为都是学前儿童内在深层次需要的表达，对于这些外显行为的观察便于教师及家长了解、理解儿童，这些行为甚至会成为象征儿童某一阶段发展的里程碑。因此对学前儿童的行为进行观察就显得尤为重要。

幼儿园教师作为在专门的教育机构从事学前教育工作的专业人员，需要思考如下问题：是否学习过学前儿童行为观察的相关理论？能否灵活运用儿童行为观察的科学方法？是否能够利用适宜的工具对学前儿童进行观察记录？在分析所观察的儿童行为时能否准确地运用理论去剖析儿童行为内在的深层次的原因？这些问题都应映了广大教师学习和掌握学前儿童行为观察的重要性。

对学前儿童行为进行观察是幼儿园教师必须具备的专业能力之一。在幼儿园中，幼儿园教师面对的教育对象是有个性的、具有个别差异的个体。不同学龄段的儿童发展特点及行为表现是有差异的，在这种差异化的情况下，教师会面对种种不同的情境，这些情境可能会是多样化的或者是具有冲突的场景，如何巧妙地化解需要教师在平时对儿童的行为进行观察与了解，运用科学适宜的方法对儿童的行为进行记录，运用相关的理论对儿童的行为进行分析。

儿童家长作为学前儿童第一任教师，是儿童在家庭教育中关系最密切的对象，面对着儿童所表现出的种种行为，家长是否能够准确识别并对其进行支持？是否了解儿童行为背后的原因？是否能够针对儿童的行为特点有针对性地进行教育？这些都是儿童家长通过对儿童的行为进行观察并分析所能获得的了解儿童、理解儿童的非常重要的信息。

在家庭中，准确地观察并识别儿童的行为也是家长需要具备的一项育儿能力，这就需要家长了解学前儿童行为观察的相关知识。比如儿童的啼哭表达了多种含义，可能是儿童困了、饿了或者是想上厕所了，家长要善于识别儿童行为背后的含义，从而更好地对儿童进行保护。

本章将从以下三个方面介绍学前儿童行为观察：第一节主要介绍学前儿童行为观察的核心含义、特点及价值，第二节主要介绍几种常见的观察类型，第三节主要介绍观察学前儿童的基础理论以及学前儿童发展的相关理论。

第一节　学前儿童行为观察的含义

一、观察的含义

《辞海》对于"观察"的阐释：仔细察看(事物或现象)。对"记录"的阐释：记录既可作名词，也可作动词。其名词含义有多种：记录下来的材料信息；在一段时间和范围内记载下来的最好成绩；记录的人。其动词含义：通过仔细查看事物或现象，把所见所闻通过一定的手段保留下来。

观察由"观"和"察"两个字构成。"观"主要指对于外界事物的注意及识别，通过双眼来看，来认识这个世界，主要是对所观察事物的外部的可识别的特征进行了解的行为。"察"与"观"的不同就在于"察"是"观"的更加深入的精细加工，在识别了外在事物的可识别现象之后，根据所观察到的事物的表象或者是行为，深入地分析及思考，察觉外部行为所映射的内部的隐性的行为及其内部心理活动，需要利用理论去分析其行为。同时观察也是观察者运用多种感官了解外在的人、事、物并进行深入的解析的过程。因此观察即为对所观察事物的外部特征进行多感官深入分析与思考的过程。

对学前儿童进行行为观察主要就是为了让幼儿园教师、家长以及从事学前教育事业的人员能够掌握先进的专业的儿童行为观察记录的系统、科学的理论知识与可操作的的科学方法，指导他们更加深入地了解儿童、理解儿童，有针对性地科学育儿以及采用科学的方法及策略指导儿童的实践活动，从而促进儿童更好更快地发展。

因此在概念厘定时一定要从身边的问题入手，比如儿童的学习类型分为视觉型、听觉型、触觉型，这代表着不同类型儿童的学习方式及学习特点不同，包括认知方式、思维特点，这些都属于儿童发展心理学的范畴。只有了解了儿童的这些特点，以及各阶段的发展水平，我们才能准确地识别各种不同类型的儿童的特点及其差异性，从而有针对性地进行教育。在幼儿园教育教学中，幼儿园教师要善于观察班级儿童的发展水平及特点，了解整个班级儿童共同学习兴趣及需要，从而在集体教学中促进班级儿童的整体发展水平，在此基础之上，对于个体进行有针对性、差异性的教育。

只有观察了班级儿童的行为及其所在情境才能够从儿童的一连串行为中去发现儿童行为背后的原因及其影响因素，这也是幼儿教师进行案例分析、锻炼提升其分析能力的基础和支撑。

二、行为的含义

行为是每个人在生活中必要的表现。行为包括广义的行为和狭义的行为两种。

广义的行为：不仅仅是可以直接观察到的、可见的外在活动，还包括以外在行为为线索，间接获取的内在心理活动，包括情绪、动机、思维等。

狭义的行为：个体的一言一行、一举一动，是个体表现在外且能被直接观察、描述、记录或测量的活动，比如吃饭、睡觉、阅读、散步等都是可以从外部观察到的行为，是人行动的外在反映。

三、学前儿童行为观察的含义及特点

广义的学前儿童行为则是指除了直接感知的外在活动，还包括以外在行为表现为线索，分析论述被观察对象内在的心理活动和心理过程。

狭义的学前儿童行为是指儿童个体的一言一行，一举一动，是可以被直接观察、记录、描述与分析的行为。

儿童行为观察不仅仅是要关注儿童外在的行为表现，更主要的是要关注儿童内在的更深层次的原因，这样才能真正地了解儿童的行为。在了解儿童行为的基础之上、对儿童的兴趣需要和个性有了进一步的了解后，有针对性地对儿童进行教育，被称为儿童行为观察。区别于普通的观察，儿童行为观察是专业观察的一种，是一种有目的、有计划、有组织地对儿童的行为进行观察的一种活动，也是一种专门针对学龄前儿童进行观察的研究方法，主要包括学前儿童生活活动的观察、学前儿童游戏活动的观察、学前儿童户外活动的观察等。

学前儿童行为观察具有以下特点：学前儿童行为观察是在自然情境下进行的观察；学前儿童行为观察是一项有目的、有计划的观察活动；学前儿童行为观察是借助一定方法和手段的观察活动；学前儿童行为观察是收集、分析和解读客观信息的观察活动。

四、儿童行为观察的价值

（一）帮助我们解读儿童的行为

对儿童的行为进行观察是教师了解儿童的第一步，在观察的基础之上教师可以利用观察记录来分析解读儿童的行为及其行为背后的深层次原因。儿童身体的发展具有阶段性的特征，他们的语言表达能力、读写能力尚未发展完全，无法用语言或者文字来表达自己的看法，因此常常会运用动作来表达需求。但是儿童的同一个动作可以被成人理解成不同的需求，因此在实际理解儿童的行为时是会存在偏差的，有时可能无法正确地解读儿童的行为。并且，儿童是一个独立的个体，不同的儿童之间是存在个体差异性的，对待同一件事物，不同的儿童会有不同的行为。教师可以通过专业的儿童行为观察，运用恰当的方法去观察、去记录儿童的行为、儿童动作的细节以及其行为产生的情境。并且可以在儿童不配合、情绪不良或者无法用语言表达需求之时去观察记录其行为表现，进一步地分析、判断、解读儿童的行为。

（二）帮助我们了解幼儿的发展水平和学习状况

通过运用儿童发展理论对儿童的行为进行分析，可以了解儿童的发展处于哪一个发展水平，从而能够帮助我们更好地掌握该阶段儿童的发展水平及特点，从而有针对性地对其进行教育。也可以通过理论分析去判断儿童的发展是否达到其年龄阶段的发展水平，从而进行指导。同时我们也可以了解到儿童的一些学习状况信息，比如他们目前在获取哪些知识、掌握哪项技能等。越了解儿童就越便于教师照顾儿童。

（三）帮助我们发现儿童之间的个体差异性

儿童的发展水平是分阶段的，儿童的发展水平在某一阶段大体保持一致，但是在这一阶段中，儿童的发展又具有个体差异性，如何去了解每个儿童发展水平的差异性就需要对儿童的行为进行观察。

（四）促进幼儿教师专业发展及自我反思能力

对儿童的行为进行观察记录需要不断地学习观察记录相关的理论知识，并且需要锤炼观察技能。观察能力是幼儿园教师必须具备的能力，是教师专业发展的必经之路。在观察记录的过程中，教师可以评价儿童及自身的行为，去反思自己的行为对儿童的影响，从而提升自己的行为及自我反思的能力。

（五）帮助家长更加深入地了解儿童

儿童的行为有其内隐的行为也有其外显的行为，在对儿童进行教育时，我们不能通过儿童的某一行为而对儿童进行直接的判断。比如儿童不将自己爱吃的食物和喜欢的玩具分享给他人、见到熟人不打招呼等，家长有时候会将其直接解读为儿童很自私，儿童很不礼貌。其实不然，如果家长深入地了解儿童，观察儿童的行为，解读儿童的性格，可能就会发现儿童不愿分享其实不是自私，而是儿童此时可能正处于以自我为中心的阶段，很难设身处地地为他人着想。儿童不愿意给熟人打招呼可能是因为儿童的性格比较内向、害羞，而不是不礼貌，家长如果能够掌握观察的相关理论及做法，就可以做到正确地了解儿童，理解儿童的行为。

（六）帮助幼儿园有针对性地研发课程

儿童的发展具有个体差异性，不同地区、不同园所的儿童发展也会有所差异。幼儿园教育需要根据儿童的兴趣和经验来选择教学的内容及素材。因此各个园所可以通过观察了解儿童的发展水平及其兴趣偏好组织教研、开发园本课程，还可以根据平时观察到的信息来挖掘资源，依据本园儿童的特点及兴趣编制园本课程。

第二节　观察的类型

从不同的角度对观察进行分类，我们可以将观察划分为正式观察与非正式观察、参与观察与非参与观察、直接观察与间接观察。

一、正式观察与非正式观察

根据观察记录的结构性质和控制程度，可以将观察方法分为正式观察和非正式观察。

正式观察是在预设的目标下，使用相应的工具，依照既定的方法程序和步骤，比如观察记录检核表等，逐一对目标行为进行观察和记录的过程。由于它是一种高结构化系统控制观察过程的观察方法，所以也称为结构性观察。这种方法常常用于观察规则性、常态性，而且易于掌控影响因素的行为，比如静态行为、攻击性行为和动作发展行为。一般分为四个步骤：步骤一是确定观察行为，对行为进行操作性定义；步骤二是自身先预测行为的类型及出现的情境时间、后果等，并制定详尽的观察记录表；步骤三是观察前对观察者进行训练，提高观察者的观察水平；步骤四是采用统一的观察记录表进行记录。其优点是客观真实，结果可靠。缺点是因为每一步骤都是设计好的，所以很难有新的发现。

与之相反的是非正式观察。非正式观察是一种在观察记录中，逐步展开的，具有相当弹性的开放式观察，也被称为非结构型观察。这种观察方法常用于一些不规则的、突发性的儿童行为。比如教师在日常教学活动中突然发现儿童对某一事物产生兴趣时，就可以通过这种方法进行观察。其优点是比较灵活，容易操作。但是，这种观察容易受观察者的非理性思考的影响，样本量少，不能对大多数的儿童进行观察。因此，在观察记录时一些普遍问题难以解决。

二、参与观察与非参与观察

根据观察者是否直接介入被观察者的活动，可以将观察方法分为参与观察和非参与观察。

参与观察是观察者在参与被观察者活动过程中进行的观察。观察者直接进入到所观察的活动，所以能够得到比较具体的感性认识，可以缩短与儿童的心理距离。参与观察的优点是这种观察较为灵活开放。缺点是主观性强，难以重复验证。

非参与观察指的是观察者不介入被观察者的活动，以旁观者的身份进行的观察。由于观察者不参与、不干预被观察者的活动，所以其优点为结果客观，操作相对容易。缺点是难以深入了解。

三、直接观察与间接观察

根据观察过程是否直接面对被观察者进行，可以将观察方法分为直接观察和间接观察。

直接观察就是在现场对正在发生的行为和现象进行的观察，这是一种观察者亲眼看、亲耳听而获得第一手资料的方法。优点是观察者的感受是直观的、具体的，有助于形成对被观察者的整体性认识。缺点是容易受周围环境的干扰，影响儿童的活动，且一些重要信息可能会被遗漏。

间接观察是通过对现象或行为间接地观测，从而获取资料。间接观察包括物化行为的观察。物化行为观察即对所包括的物化行为进行观察，比如说通过观察图书区中图书的磨损程度来了解儿童对书本的阅读情况。另一种是以录音、录像仪器或技术手段为中介进行观察。比如，研究者想研究积木投放数量对中班儿童积木建构水平的影响，于是设置了三种不同的场地投放不同的数量的积木，来了解儿童的积木建构水平。这种方法便于日后重复观察和分析，将直接观察和间接观察结合起来，使用时获得的观察记录资料更为精确和全面。

第三节　学前儿童观察与儿童发展理论

“你能不能观察到眼前的现象，取决于你运用什么样的理论，理论决定你到底能观察到什么。”

——爱因斯坦

儿童行为观察的理论由学前儿童相关知识及观察相关理论构成。学前儿童相关知识主要涉及儿童发展、学前儿童心理学及学前教育，观察相关理论包括观察特点、类型、观察方法等知识。作为儿童的观察者，我们只有熟练掌握儿童的发展特点、儿童发展的规律等相关的知识，才能识别、判断、分析儿童的行为。本节主要对涉及儿童发展特点、儿童发展阶段以及学前教育相关的理论基础进行解读，从而使观察者能够快速地掌握儿童的基本特点，从而能够观察到儿童处于哪个发展阶段，特点是什么，如何解释这种行为，如何针对这个阶段的儿童进行指导。即使掌握了儿童的发展阶段，我们也并不能以此作为标杆，用一把尺子来衡量所有的儿童，我们只能依据这个发展规律来更好地理解儿童的行为。

基于理论分析，观察者可以有目的、有计划地对儿童的行为进行观察，从而及时地觉察到眼前的现象。在分析儿童的行为时也可以根据理论找寻理论依据，从而解读儿童行为背后产生的原因，对进一步的教育提出相关建议。但是在当前的实际情况下，部分教师的理论基础较为薄弱，或者虽然掌握了理论但是无法很好地运用理论知识来进行实际的观察记录，在解读观察记录的时候无法和已有的理论知识建立联系，这就需要观察者深入理解并掌握儿童特点及儿童发展理论，并且做到理论学习的宽领域、广视野，在掌握儿童的一般特点的前提下，能够运用多种理论、多种视角来分析看待儿童的行为。价值观念及理论基础决定了观察行为及分析倾向，观察记录儿童行为的过程其实就是进行价值判断的过程，因此在观察前需要运用不同流派的理论视角来观察儿童的行为，借助不同的理论，从不同的视角来聚焦儿童的行为。

观察者观察、了解儿童首先应着眼于了解学前儿童发展特点及规律，在掌握了儿童的发展特点之后，观察者可以及时地觉察出儿童的行为特点及发展特征，从而有目的、有计划地去观察、记录、分析、解读儿童的行为。

儿童发展理论是先辈们经由实践经验到理论观点而得出的研究成果和智慧结晶，是幼儿教育工作者做好观察分析工作的重要支撑。因此，教师进行儿童行为观察分析可以借助专业的儿童发展理论，并结合自己的认识对儿童的行为进行解读和评价，以提高观察的科学性和有效性。

一、儿童发展特点及规律

儿童期是人一生发展的特殊时期，在这一时期，儿童的心理及行为的发展具有一些独特的特征。了解儿童发展的特点可以为我们观察理解儿童减少很多阻碍，也便于我们更加了解儿童的一些心理及行为特点，帮助我们判断儿童行为背后的原因，了解儿童的行为到底是受身心发展阶段的影响还是另有所因。本部分将呈现学前儿童关于学习、认知发展、社会发展、情绪、记忆、思维及性格等方面的发展特点，帮助观察者带着对儿童的认识进行观察。

（一）学前儿童的学习特点

儿童是正在发展中的个体，是独立的个人，具有独立的人格，他们有自己的兴趣爱好、情绪情感、行为动机、处事态度及个体差异性，我们应当尊重儿童的独特性，因此儿童学习具有以下特点：

1. 好奇好问。0—6 岁的儿童，心智发展尚未成熟，偏向于自己感兴趣的事物，注意力易转移。任何新奇的事物都能够引起儿童的兴趣，喜欢问为什么，对于事物喜欢打破砂锅问到底，会连续发问，不像成人一样在提问前有所顾虑。

2. 好探究。儿童爱探索、爱操作，喜欢用各种感觉器官去探索这个世界。

3. 好模仿。儿童的行为容易受身边的人影响，并且喜欢模仿他人的行为，通过模仿来学习。

4. 语言表达能力尚未发育完全，因此不能及时、准确地表达自己的需求。

（二）学前儿童的认知发展特点

认知是个体在认识事物过程中所表现出的感知、记忆和思维等活动，认知发展是指儿童在心理上表征世界、思考世界的方式的发展，具有以下特点：

1. 随着年龄的增长，儿童认知活动由具体到抽象，由简单到复杂。

2. 儿童的认知尚未成熟，认知活动由无意到有意发展，最初的认知活动都是不自觉的、无意识的，然后会逐渐朝有意识的心理活动发展，注意力易分散。

3. 认知活动从笼统到分化，最开始的时候认识的是事物的整体，逐渐再细化明确。

（三）学前儿童社会认知能力的特点

社会认知能力的水平随着年龄的增长而增长，但却不是直线上升的，有两个快速发展的时期，一个是在 3—5 岁，另一个是在 6—7 岁，其中社会适应和社会认知发展的关键期在 5—6 岁，自我概念的发展在 3—5 岁有质的飞跃，社会技能在 3—7 岁逐渐发展。具有以下特点：

1. 儿童社会性差异存在性别差异，同一年龄段的男、女儿童在社会认知发展速度和水平上存在差异性和非同步性。

2. 自我控制能力较差，容易受到其他事物的影响，情绪不稳定。儿童思维的发展以自我为中心，不能够从他人的角度来思考问题。

3. 儿童对社会进行认知的时候也是由具体形象到抽象逻辑，从表面到深入，从主体到社会性客体的思维方式的转变。

（四）学前儿童情绪发展的特点

儿童情绪情感是从不稳定到逐渐趋于稳定的趋势发展的，会随着年龄的增长而逐渐趋于稳定，并且会通过成人的帮助和自我的发展逐渐学会控制自己的情绪。不同儿童的情绪的发展也是具有差异性的，具有以下特点：

1. 不稳定性。儿童的情绪情感很容易受到外界的影响，当其遇到不开心的事情时会用哭闹来表达自己的情绪，又会因其感兴趣的事物破涕而笑。儿童的情绪很容易受到环境或者同伴的影响，如刚入园时会有部分幼儿因分离焦虑而落泪，有些儿童可能并不想妈妈，但是会受其他的儿童的影响，因而转向思念妈妈而哭泣。但是随着年龄的增长，身心各方面的发展，儿童的情绪会逐渐趋于稳定。

2. 冲动性。儿童易冲动，不太善于控制自己的情绪，会因为一些很小的事情而情绪失控，大哭大闹。当家长不及时满足幼儿的需求，没有给儿童买心爱的玩具，或者儿童对某件事情非常好奇，但出于对儿童的保护，家长拒绝了儿童的行为，都可能导致儿童的冲动行为。

3. 情绪反应的差异性。对于同一刺激，有的儿童反应强烈，有的则无反应。2 岁开始，儿童的情感表现日渐丰富、复杂，如喜、怒，初步的爱与憎等，以及一些不良的情绪与情感，如见人害羞、怕黑等。

（五）学前儿童记忆发展的特点

儿童记忆发展随着年龄的增长而提高。儿童记忆发展之初无意记忆占主导地位，有意记忆逐步发展。在记忆方法上，机械记忆占主导，意义记忆逐步发展。意义记忆效果优于机械记忆。在记忆内容方面，形象记忆占主导，语词逻辑记忆逐步发展。形象记忆的效果优于语词记忆。儿童记忆的准确性比成人和年长儿童差。主要表现为：记忆完整性差、漏词、颠倒顺序、记忆脱节、易受暗示、分不清现实和想象。

（六）学前儿童思维发展的特点

幼儿期思维发展的一般特点是：以具体形象思维为主，仍具有一定的直观行动性，抽象思维开始萌芽。儿童的具体形象思维具有具体形象性、经验性、拟人性等派生的特点。

1. 具体形象性

儿童思维的内容是具体的，并且需要依靠事物的具体形象来思维，儿童的头脑中充满着各种各样的颜色和各种形状的生动形象，比如在提到苹果的时候，如果之前只见过红苹果，那么儿童便会认为苹果都是红色的，不认为绿苹果不是苹果。在这一阶段儿童的思维不具有抽象性，总是根据具体事物的表象来掌握概念，比如能够理解"苹果""梨"这些具体的概念，但是不能理解"苹果""梨"都是"水果"这一抽象概念。

2. 经验性

儿童常根据自己的生活经验来进行思考，比如，老师向儿童布置"闯关"任务时，创设了一个情境说："假使这里有一个火坑，你必须跳过这个火坑才能顺利闯关完成任务。现在老师和小朋友们都跳过去了，就剩下你一个人了，再不跳过去，天就要黑了，喷火龙就会出来。"儿童回答说："我不会去那种地方的，再说妈妈总是和我在一起，我不怕。"很明显，这位儿童是从他自己的具体生活经验去思维的，而不是按老师的逻辑推理进行思维。

3. 拟人性

儿童往往把动物或一些物体当人来对待，认为这些事物是有生命的，并根据自己的生活经验和情绪情感来与它们对话，如当有人踩草坪时，儿童会说"不要踩小草，它们会疼的"。

4. 表面性

儿童只是根据接触到的表面现象进行思考。因此，儿童的思维往往只是反映事物的表面联系，而不是反映事物的本质联系。

5. 片面性

由于不能抓住事物的本质特征，儿童的思维常常是片面的，他们不善于全面地看问题。

6. 刻板性

思维的具体性使儿童缺乏灵活性。儿童比较难掌握相对性概念，比如儿童很难回答"小明比小华高，小新比小华矮，谁最高，谁最矮"的问题。在日常生活中，儿童常常"认死理"，比如两个小朋友在抢一个玩具，成人拿出一个同样的玩具，让他们各玩一个，儿童往往不愿意，都要原来那一个。

（七）学前儿童性格特点

幼儿初期是儿童形成态度的关键时期，这一时期儿童活泼、天真、坦率。在行为方式上盲目模仿，缺少独立思考，好奇心强。在情绪特征上，冲动、易外露、易变化，易受暗示、情绪支配。在意志特征上，缺乏主动性、自制力差，常常半途而废。

二、儿童发展阶段

(一) 皮亚杰认知发展阶段

案　例

10个月大的宝宝的一些行为表现：妈妈拿了一盒积木放在木木的婴儿床里。木木一手伸进积木盒子抓起两个积木，继而扶着床栏站了起来，把两块积木丢到地上。妈妈微微一怔说："怎么丢出来啦，不能丢！"同时弯腰捡起地上的两块积木，放回积木盒子。妈妈的手一离开积木盒子，木木又拿起两块积木丢到地上。妈妈笑着说："你是故意的！"同时再捡起积木。木木则不断地将积木盒子里的积木拿出来，丢掉，反复多次，直到妈妈收走积木。

根据皮亚杰的认知发展阶段理论，观察者可以对案例中儿童的行为做如下推断：该儿童处于感知运动阶段的循环反应阶段。在这个阶段，婴幼儿的认知范围已经从自己的身体转向身体以外的周围世界，他们通过有目的的重复有趣的动作，来掌握简单的动作技能。木木不断地拿起积木，扔掉积木，是在练习抓握、放开、扔等动作技能。

皮亚杰按照认知结构的特征把整个认知发展划分为感知运动阶段、前运算阶段、具体运算阶段和形式运算阶段，这四个阶段依次出现。

表 1-1　皮亚杰认知发展阶段及其特征

阶段	阶段特征
感知运动阶段(0—2岁)	婴儿主要通过视、听、触等感觉与手的感知来认识外部世界。 在婴儿1岁多的时候，其感觉动作日趋发展到具有物体恒存性的程度，能在事后凭记忆去模仿人或动物的动作，这种能力叫延迟模仿。 开始区分自己和物体。
前运算阶段(2—7岁)	儿童能够利用表征而不仅仅是动作来思考客体和事件，出现表象和直觉思维，儿童遇到问题时能运用思维，但常常是不合逻辑的。具体表现为： 知觉集中倾向； 思维的不可逆性； 自我中心主义； 泛灵论。

续表

阶段	阶段特征
具体运算阶段(7—11岁)	儿童获得运算概念，面对问题情境时能按照逻辑法则推理，但是这种能力只限于对当前的具体情境或熟悉的经验。具体表现为： 思维的具体性，不再被事物的表面特征迷惑； 思维具有守恒性和可逆性； 去自我中心。
形式运算阶段(11岁至成年)	青少年获得科学思维、假设演绎推理、命题推理、组合推理，能够理解高度抽象的概念。

参考修改自：刘金花(2013)，学前儿童发展心理学，85页。

(二)埃里克森的心理社会发展理论

埃里克森把儿童看作一个整体，从情绪、道德和人与人之间的关系来研究人格的发展。他认为人的发展是分阶段的，每个阶段都有一对自我与社会的矛盾需要解决，如果这一矛盾得以解决，便会形成积极的个性品质，反之则形成消极的个性品质，这一个性品质会伴随着儿童进入下一个阶段。因此，观察者要掌握每个阶段的发展任务，及时观察，针对不同发展阶段的任务对儿童进行支持，帮助其顺利度过每一个矛盾阶段。

埃里克森认为心理社会发展共有八个阶段，即：

信任对怀疑(0—18个月)。该阶段的发展任务是培养儿童的信任感。婴儿从出生会伴随着很多生理的需求，需要家人的照料，当这些需要得以满足，婴儿就会产生一种信任感，反之如果需要没及时得到满足则会产生一种不信任和不安全感，这种信任感是以后各阶段发展的基础。本阶段儿童的行为依赖性较强，并且行为大多数由外界引起，因此需要家长能够及时觉察并给予应答。

自主对羞怯(18个月—3岁)。该阶段发展的基本任务是发展自主性。这一阶段儿童逐渐独立起来，开始能够比较自主地探索周围的世界，“我”的意识开始形成，会慢慢抵触成人的帮助，会渴望自己的事情自己做，比如自己吃东西、自己穿衣服等，儿童感受到了自己的力量。如果成人对儿童的行为有过多限制，比如不让儿童自己吃饭，嫌儿童吃饭慢宁愿由成人来喂食，则会让儿童产生一种羞耻感，认为自己无能，从而产生自我怀疑之感。当成人觉察到儿童有这样的行为时，应当允许儿童去做一些力所能及的事情，并对儿童的行为有一定的控制，这样可以满足儿童的自主感，也可以培养儿童的规则意识。

主动感对内疚感(3—6、7岁)。该阶段主要发展儿童的主动性及性别角色。如果父母积极地支持儿童的行为，儿童则会获得主动感；如果父母经常不认同儿童的行为，儿童则会产生内疚感。在这个时期，儿童已经意识到性别的差异。

勤奋感对自卑感(6、7—12岁)。该阶段儿童已经进入学校，有了教师和同伴群体，如果儿童在学校里努力学习，成绩比其他同学好，并且经常得到老师的称赞，则会获得勤奋感；如果学习总是不如其他同学，受到成人的批评，则会形成自卑感。

角色同一对角色混乱(12—18岁)。该阶段个体开始受到自我概念问题的困扰，开始思考“我是谁”这个问题，体验着角色同一与角色混乱的冲突，如果他所想的、所做的和角色相符则获得角色同一性。

亲密感对孤独感(成年初期)。此阶段如果能够建立人与人之间正常的关系则获得亲密感，如果害怕与他人形成关系或者在这一阶段没形成正常的关系则会产生孤独感。

繁殖感对停滞感(成年中期)。该阶段个体面临抚养下一代的任务，并且把下一代看作自己能力的延伸。如若能够家庭美满，育有后代则会产生繁殖感；反之则关注自身，对他人及后代情感淡漠。

完善感对绝望感(老年期)。此阶段如果个体回顾一生圆满无憾，每个阶段都得以正常发展，则获得完善感；反之则陷入绝望。

表1-2　埃里克森的心理社会发展理论及其重要表现

年龄	发展任务	重要事件	发展顺利的表现	危机未得到彻底解决的表现
0—1.5岁	信任对怀疑	喂食	婴儿与看护者建立信任与爱	对周围的环境没有安全感
1.5—3岁	自主对羞怯	吃饭、穿衣、如厕训练	开始出现自主性行为	缺乏信心，产生羞愧感
3—6、7岁	主动感对内疚感	独立活动	儿童更加自主，对生活具有自信和责任感	形成退缩、压抑、被动的人格，产生内疚
6、7岁—12岁	勤奋感对自卑感	入学	勤奋学习知识，发展能力，有成就感	产生自卑和失败感。缺乏基本能力
12—18岁	角色同一对角色混乱	同伴交往	在职业、性别角色等方面获得同一性，方向明确	难以始终保持自我一致性，容易丧失信心
18—30岁	亲密感对孤独感	爱情婚姻	与人交往中有亲密感	被排斥在群体之外，有孤独感
30—60岁	繁殖感对停滞感	养育子女	关爱家庭，支持下一代的发展，有社会责任感	过于自我，产生颓废感，生活消极懈怠
60岁以后	完善感对绝望感	反省和接受生活	对人生感到满足，安享晚年	在绝望中度过余生

参考修改自：徐影(2016)，333教育综合应试解析，340页。

（三）弗洛伊德的人格发展阶段理论

弗洛伊德是本能决定论者，他认为人格的发展是由人的生物本能所决定的。人的每个阶段都有相应的需求需要得到满足，如果某一阶段儿童的需求没有得到满足或者被过度满足，都会导致儿童形成不同的行为，从而对性格产生影响。

弗洛伊德把儿童的心理发展分为以下五个阶段：

表 1-3　弗洛伊德的人格发展阶段理论

阶段	年龄范围	需求集中区域	主要活动
口唇期	0—18 个月	嘴、唇、舌、牙齿	吸吮、吞咽、咀嚼、咬
肛门期	18 个月—3 岁	肛门、屁股	排泄排泄物
性器期	3—5 岁	生殖器	手淫
潜伏期	5—12 岁		
生殖期	12—20 岁	生殖器	手淫、性交、对其他人的感情

参考修改自：刘金花（2013），学前儿童发展心理学，194 页。

口唇期：该时期儿童的需求中心在口腔这一部位，主要通过一些口腔的刺激活动来得到性的满足，比如吸吮、咀嚼、吞咽等。在这一时期孩子会比较喜欢用嘴巴来探索世界，看到感兴趣的东西总会放嘴里试一试，也比较喜欢吮吸手指，通过嘴部的刺激可以使儿童产生安全感，如果在这一时期，成人不让儿童吃手，将来儿童可能会因需求得不到满足而产生一些行为，比如贪吃、上课爱说话以及在没有成人的监管之下会吃手等。

肛门期：该时期儿童的需求中心在肛门这一部位，主要通过排泄粪便获得快感，在这一时期如果成人过早地对儿童进行大小便训练则会使儿童的肛门排泄需求得不到满足，因此在这一时期要正确看待儿童的排泄行为，允许儿童进行大小便，不加以控制。

性器期：该时期儿童的需求中心在生殖器这一部分，主要表现为儿童喜欢抚摸生殖器和显露生殖器以及性欲幻想。在这一时期男生和女生的行为有所分别，并且男生、女生分别有了恋父、恋母情结。男孩非常爱恋自己的母亲，嫉恨自己的父亲，女生相反。在这一时期男孩女孩也开始了对同性别父母行为的认同。

潜伏期：该时期儿童的性冲动被埋入潜意识里，没有需求集中区域及其主要活动，性冲动开始进入暂停活动的时期，最大的特点是男、女生之间划分界限，很排斥和异性一起玩，互相不往来，对性缺乏兴趣。这一时期儿童更多地把精力投入到学习及各项活动之中。

生殖期：该时期男孩、女孩进入青春期，开始逐渐独立、摆脱父母，有了自己的新的同伴，逐渐建立稳定的异性关系。

以上的每一个阶段中，儿童都有需求需要满足，需求若没有得到满足则会存在冲突，成人需要了解并观察每个阶段儿童需求的行为，从而进行引导。

(四)柯尔伯格的道德发展阶段理论

美国发展心理学家柯尔伯格提出了一套不同年龄阶段儿童的道德认识发展阶段。他把道德判断分为三水平，每个水平又包括两个阶段，因此又称为“三水平六阶段”道德发展理论。

表 1-4　柯尔伯格道德发展阶段理论

三水平	六阶段	主要特征
前习俗水平（0—9 岁）	服从于惩罚的定向阶段	对是非的判断着眼于行为的具体结果
	天生的利己主义定向阶段	
习俗水平（9—15 岁）	好孩子定向阶段	对是非的判断满足于社会的期望
	维护社会制度与权威定向阶段	
后习俗水平（15 岁以后）	社会契约的定向阶段	对是非的判断着眼于自己认可的道德标准
	普遍的道德原则的定向阶段	

1. 第一阶段：服从于惩罚的定向阶段

儿童服从于权威只是为了避免惩罚，认为受赞扬的行为就是好的，受惩罚的行为就是坏的，此阶段还没有形成真正的道德观念。

2. 第二阶段：天生的利己主义定向阶段

这一阶段的儿童道德价值来自对自己需要的满足，他们不再把规则看成绝对的、固定不变的，评定行为的好坏主要看是否符合自己的利益。

3. 第三阶段：好孩子定向阶段

该阶段的儿童个体的道德价值以人际关系的和谐为导向，顺从传统的要求，符合大家的意见，喜欢得到大家的认可和称赞。那些别人赞赏的行为就是他们认为好的行为。

4. 第四阶段：维护社会制度与权威定向阶段

该阶段儿童的道德价值以服从权威为导向，他们服从社会规范，遵守公共秩序，尊重法律权威，以法治观念判断是非，知法懂法。社会由准则和法律来维护秩序，因此应该遵循法律来行动。

5. 第五阶段：社会契约的定向阶段

该阶段的儿童认为虽然社会有法律来维护秩序，但是也不能忽视大家约定俗成的一些社会契约的重要作用，认为法律的规定并不是绝对的，可以随着大多数人的要求而改变。在强调按契约和法律规定享受权利时，要认识到每个人应尽的义务。

6. 第六阶段：普遍的道德原则的定向阶段

该阶段为道德判断的最高阶段，表现为能以公平、平等、尊重这些最一般的原则为标准进行思考。在这一阶段，他们认为人类普遍的道义高于一切，认为在进行一些道德判断时，只要动机是好的，行为就是正确的。

柯尔伯格认为个体会随着年龄的增长不断地发展其道德，逐渐掌握对于是非的判断标准，实现由他律到自律的转变，通过对儿童道德发展水平的了解可以在观察儿童的行为时及时地判断儿童处于哪一道德阶段，从而了解儿童行为背后的原因。虽然因为遗传、教育、环境等问题每个儿童道德的发展有快有慢，但是每位儿童的道德发展顺序是一定的，具有阶段性的特征，所以能够针对性地进行发展及教育。

（五）幼儿游戏的发展阶段①

游戏是幼儿最喜爱的一种活动，也是在幼儿园、家庭、社区最常见的一种幼儿活动形式。在游戏中儿童的认知、情感、社会性等方面得以快速发展，在游戏中儿童有不同的行为，这些行为都体现着儿童各方面的发展情况。了解掌握幼儿游戏的发展阶段便于我们从儿童的认知及社会性发展层面来观察幼儿游戏。

1. 依据认知发展划分的游戏阶段

瑞士心理学家皮亚杰通过对儿童认知发展的研究将儿童的游戏划分为练习性游戏阶段、象征性游戏阶段和规则性游戏阶段这三个发展阶段。

(1)第一阶段：练习性游戏((0—2岁)

儿童的认知处于感知运动阶段。这一阶段儿童尚未真正掌握语言，主要通过直接感知、直接操作来认识这个世界，练习性游戏是最初级的游戏形式。游戏的驱动力源于感觉或运动器官在使用过程中所获得的快感。喜欢重复某种行为，比如拍手、随意写写画画、摇晃玩具等，这些行为贯穿这一阶段的始终。

(2)第二阶段：象征性游戏(2—7岁)

儿童的认知处于前运算阶段。这一阶段幼儿的游戏主要有象征性游戏和结构性游戏两种形式，其中象征性游戏是幼儿游戏的典型形式。

象征性游戏源于儿童现实生活经验，其中以以物代物、以人代人为主要特征，脱离了现实生活中所实际运用的具体事物和环境。象征性游戏中"替代物"的变化，体现了幼儿游戏中抽象性与概括性的发展。在幼儿三四岁时，象征性游戏的发展到达了巅峰，具体表现为：游戏的连贯性增强、模拟现实的要求增强、出现了集体合作的倾向。

① 杨枫编著. 学前儿童游戏(第二版). 北京：高等教育出版社，2014：12.

（3）第三阶段：规则性游戏（7—12岁）

儿童的认知处于具体运算阶段，这是象征性游戏发展的一个方向，即被规则游戏所代替，标志着游戏进一步抽象化，逐渐转变为结构性游戏。该阶段儿童的语言及抽象逻辑得以发展，能站在他人的角度看待问题，慢慢形成了规则意识，并且通过游戏对规则的理解水平逐渐提高，能够逐渐控制自己的行为来遵守规则。规则游戏有这样几个特点：是一种有组织的游戏，是有规则的集体游戏，同时需要小组成员的配合来遵守游戏规则。

2. 依据社会性发展划分的游戏阶段

美国心理学家帕顿从儿童社会性发展的角度把儿童的游戏分为无所事事的游戏行为、游戏旁观者、独自游戏、平行游戏、联合游戏和合作游戏六种类型。

（1）第一类型：无所事事的游戏行为

这一阶段的儿童处于0—2岁，对于游戏还没有概念，其游戏行为还算不上真正意义上的游戏行为，儿童的注意力似乎不在游戏上，只有无所事事的闲逛或者尝试去做跟随成人偶然碰到的与游戏相关的事情。

（2）第二类型：游戏旁观者

2岁以后儿童开始对他人的游戏行为感兴趣，会在他人游戏的时候旁观，但是自己没有参与进去。

（3）第三类型：独自游戏

这一阶段儿童2岁半左右，处于学步期。儿童这一时期以自我为中心，开始独自进行一些游戏活动，专心地玩自己的玩具，喜欢自己玩自己的，即使旁边有其他同伴也在玩，但是儿童不会注意他人的游戏行为。

（4）第四类型：平行游戏

这一阶段的儿童大概3岁，儿童在这一阶段仍然是自己玩自己的，有同伴在场时也不会相互交流，但是儿童在游戏时会受到同伴的影响，能够觉察到同伴的存在，出现一些相互模仿的行为。

（5）第五类型：联合游戏

这一阶段儿童大概4岁，这一时期儿童不仅能够留意到同伴的活动，还开始与其他同伴交流，会互动，如相互借玩具，也会参与到其他儿童的游戏中。但是这一阶段的儿童虽然会有一些共同的游戏，但是游戏缺乏共同的目标，儿童都是按照自己的意愿来游戏的，没有明确的分工。游戏中开始出现明显的社会性行为。

（6）第六类型：合作游戏

这一阶段儿童大概5岁，这一时期出现较多的合作游戏，儿童语言发展到一定水平，具备了一定的社会交往能力。在这一阶段的游戏中儿童有了共同的主题、共同的目标，有组织者，有参与者，并且有明确的分工。

三、《指南》下的观察

《3—6岁儿童学习与发展指南》(以下简称《指南》)是国家为了指导幼儿园及家庭实施科学的保育和教育制定的政策性文件，提出了3—6岁各年龄阶段儿童学习与发展的目标及相应的教育建议。观察记录者可以在观察前以《指南》为框架进行观察，在观察中借助《指南》来对照儿童行为，在观察后也可以根据所观察到的行为，运用《指南》来解读儿童行为背后的原因。

(一)以《指南》为框架来进行观察

《指南》中包含的是儿童学习与发展的最基本、最重要的领域、子领域，学习发展最基本、最重要的方面、目标及该目标下若干典型表现。通过学习《指南》可以了解到3—6岁儿童学习与发展的基本规律和特点，形成对于儿童全面发展的整体概念，帮助观察者客观判断儿童的各年龄阶段特征及各领域的核心经验。我们可以基于此来确立观察的目标及框架，明确观察内容及行为，从而更客观地了解、评价儿童。例如，一位教师想了解自己所带的中班儿童的语言发展水平，可以以《指南》为框架，缩小对儿童语言领域观察范围，将观察目标确定为观察儿童语言交流与表达的能力，并结合中班儿童年龄特点，将观察目标进一步细化为观察中班儿童在语言活动中的语言表达能力，重点观察他们能否准确地表达自己所要表达的意思。

(二)全面了解全体儿童

3—6岁儿童的身心发展特点和行为表现是幼儿园教师观察儿童所需要掌握的基本知识。《指南》可以帮助观察者了解全体儿童的整体发展水平，以及每一个儿童在各领域的整体发展情况。《指南》中的各领域目标代表着各年龄阶段儿童在这一领域一些行为的整体发展水平，是这一阶段的儿童可能会达到的目标，而不是通过某一个活动就能达成的目标，因此在运用《指南》进行观察时，根据各领域的目标，观察者可以了解整体的发展水平，在对这一年龄段儿童进行观察时需要将各领域目标不断地细化为具体的观察目标，根据各阶段的典型行为特征来观察儿童行为。

儿童的发展是按照一定的顺序和规律进行的。这种顺序和规律能够提供儿童发展的常模，也就是儿童发展年龄特点或年龄目标等信息。教师借由儿童发展常模可以分析儿童的发展情况，了解儿童在同龄群体中所处的位置。《指南》提供了五大领域中儿童各年龄层次的典型表现作为评估儿童发展水平的框架，应将其作为实施儿童行为观察的目标参考，或将这些典型表现作为分析儿童行为观察记录的依据。但需要注意的是，年龄目标只是评估儿童发展的依据之一，切忌把儿童的年龄目标作为衡量儿童发展的标尺，一刀切地认为儿童的发展没有达到一般水平、落后于其他儿童。

（三）促进个体全面发展

在运用《指南》时，观察者可以通过观察了解儿童身心发展的特点与实际水平，列出儿童在社会交往、语言表达、动作发展和表现等方面的典型特征，对照《指南》中对不同年龄阶段的儿童的典型表现来具体深入地分析，发现儿童发展水平的差距，结合儿童心理学和教育学原理，寻找出差距背后的原因，给出合理化的教育建议，调整教师的教育策略，弥补儿童发展的短板，促进儿童全面和谐健康发展。比如，教师在教授一个新的技能时，不同的儿童的已有经验是不同的，有的儿童在教师教之前已经掌握了这项技能，针对这类儿童，教师在观察时就需要了解儿童当前处于哪个发展阶段，应该提供何种支持；有的儿童第一次接触这项技能，针对这类儿童，教师要观察儿童是否符合这一年龄阶段的特征，判断其是发展得慢了还是正好处于这个阶段，从而有针对性地给予指导。

本章小结

观察即对所观察事物的外部特征进行多感官深入分析与思考的过程。儿童行为观察不仅仅要关注儿童外在的行为表现，更要关注儿童内在更深层次的原因，这样才能真正地了解儿童的行为。儿童行为观察是专业观察的一种，是一种有目的、有计划、有组织地对儿童的行为进行观察的一种活动，也是一种专门针对学龄前儿童进行观察的研究方法。

行为是每个人在生活中必要的表现。行为可以分为广义的行为和狭义的行为两种。广义的行为：不仅仅是可以直接观察到的、可见的外在活动，还包括以外在行为为线索，间接获取的内在心理活动，包括情绪、动机、思维等。狭义的行为：个体的一言一行、一举一动，是个体表现在外且能被直接观察、描述、记录或测量的活动，比如吃饭、睡觉、阅读、散步等都是可以从外部观察到的行为，是人行动的外在反映。

儿童行为观察的价值就在于，它可以帮助我们解读儿童的行为，了解幼儿的发展水平和学习状况，发现儿童之间的个体差异性。儿童行为观察可以促进幼儿教师专业发展并提高自我反思能力，帮助家长更加深入地了解儿童，帮助幼儿园更加了解各个年龄班儿童的发展水平从而有针对性地研发课程。

儿童行为观察的类型可以分为：正式观察与非正式观察、参与观察与非参与观察、直接观察与间接观察。

了解学前儿童关于学习、认知发展、社会发展、情绪、记忆、思维及性格等方面的发展特点可以帮助观察者带着对儿童的认识进行观察。儿童发展阶段理论的视角可以帮助我们掌握儿童的发展阶段从而有针对性地进行教育。在《指南》的指导下，我们可以以《指南》为框架来进行观察，全面了解全体儿童从而促进个体全面发展。

复习与运用

1. 观察你所在的场所5分钟，将观察内容记录在纸上。
2. 将自己的观察记录与小组同学的观察记录作比较，比较的重点是：
   (1)观察到了什么？
   (2)观察的顺序如何？是否运用了一些策略？
3. 论述学前儿童行为观察的重要性。
4. 论述儿童发展理论与学前儿童观察的关系。

拓展资源

1. 王银杰. 儿童行为心理学[M]. 北京：当代世界出版社，2018.
   该书从儿童行为心理学的角度对儿童的行为进行了解读，理论与案例相结合，贴近生活，具有很强的实践性和指导性，适合与本书第三节“学前儿童观察与儿童发展理论”结合着来学习。
2. 中华人民共和国教育部. 3—6岁儿童学习与发展指南[M]. 北京：首都师范大学出版社，2012.
3. 李季湄，冯晓霞.《3—6岁儿童学习与发展指南》解读[M]. 北京：人民教育出版社，2013.

第二章　学前儿童行为观察的实施

学习目标：

1. 熟悉学前儿童行为观察的实施过程。
2. 掌握如何制订观察目的和观察目标。
3. 掌握制订幼儿行为观察计划包含的要素。
4. 能够按照观察实施的流程进行观察，并结合相关理论知识进行分析。

第一节　学前儿童行为观察的准备

作为一名专业的幼儿教师，我们对学前儿童的观察不是随意地看，而是科学地观察。我们需要掌握专业的观察技能，熟悉观察流程。比如在开始进行观察之前，观察者需要先做一些必要的准备工作，具体包括确定观察目的、制订观察计划等。在制订观察计划的过程中，要考虑观察对象、观察取样、观察方法、观察环境和观察资料的记录等事项。只有做好充分的准备工作，观察才能取得预期的效果。

一、确定观察目的和目标

观察目的是关于将要观察什么和完成什么的表述，通常指所要观察的幼儿发展领域，是观察者的全部意图。通过观察目的的确定，可以避免遗漏重要部分和过多记录无关现象。科学的观察，并非毫无目的地“看”一些行为，而是有目的地观察一些现象。专业的观察是针对职业需要而进行的，因此需要进行误差较小或零误差的判断，如果误差太大，就会产生严重的后果。例如医生的误诊、法官的误判、测量师的误测等，都会影响工作的进展和结果。教师或者专业研究者对学前儿童行为的观察，如果出现了错误，对孩子健康成长会产生深刻、久远的隐性伤害。因此，我们需要掌握如何科学地进行学前儿童行为观察。

我们在进行科学的观察时，首先要有明确的观察目的，带着目的去观察。我们需要很清楚地知道“我想了解什么?”，才能有效地记录到与观察目的有关的幼儿行为表现。例如接手新班级时需要了解孩子的现状；最近班级中发生了一些小的事件(如告状)，想要了解具体情况；一些孩子出现了行为习惯方面的问题，严重性程度如何；开展主题活动中，想要了解班级孩子的一些经验、想法、水平是怎样的；在开展个别化的活动中，投放了材料，想了解这些材料的适合性；想了解个别孩子的特殊情况，等等。

观察目的一般比较宽泛，呈现观察者想要了解的儿童发展领域。在实施观察之前，我们还需要将观察目的转化为具体可操作的观察目标。观察目标是对所要观察的具体行为的陈述，是有方向、有范围地进行观察，也就是观察的主题。在观察目的确定之后，就需要将观察的具体目标加以界定，这样才能在进行观察记录、分析以及判断的时候有迹可循，观察者才可以根据具体问题设计观察计划和观察提纲。观察目标应该是观察者自己界定的，因为观察目标应该出自于观察者个人在工作上的需求。

例 1：

观察目的：了解幼儿如何使用语言作为社会性互动的工具。

观察目标：

1. 观察记录有互动行为的幼儿的语言行为。
2. 观察记录幼儿当时沟通使用的特殊语言。

例 2：

观察目的：观察一个班级的 4 岁儿童的动作行为。

观察目标：观察记录幼儿的攀爬、平衡能力，以及控制一个皮球的能力。

目前许多幼儿园教师在进行观察记录时，目的不明确，主要凭感觉进行观察。反应一瞬间就过去了，而观察的现象又比较复杂，如果观察目的不明确、观察目标不具体，看到什么就记什么，往往容易出现顾此失彼、丢三落四的现象，导致真正想要了解的行为并未观察到，却记录了一大堆无关的内容。这说明教师在观察记录时是孤立于课程之外的，并没有把观察记录与幼儿评价、环境材料投放、教师指导、教学计划等联系起来，也没有利用好观察记录进行有效的教研活动，以更好地改进教育教学工作。

二、制订观察计划

确定了观察目的和目标之后，才能确保观察的针对性、准确性和客观性。所以说学前儿童行为观察不是随兴所致、随意试误的过程，而是有目的、有计划的活动。为了达到观察目的，在观察前必须先进行计划，即对具体观察什么、观察多长时间、如何观察和收集资料以及观察记录的方法等做好思考及策划，以避免观察错误及过分夸张或偏向，甚至产生歪曲的判断。观察计划要考虑以下几个要素。

（一）观察的对象

在幼儿园日常工作中，大多数时候学前儿童的行为表现不是太复杂，教师可以依据自己的专业知识和实践经验，对幼儿的行为进行判断而作出及时的教育回应。但是，有时根据儿童身上出现的情况，教师没办法用专业知识以及过去的经验来判断，此时便需要进行有计划的观察，这些儿童便成了观察对象。因为观察对象的复杂性，所以教师在进行观察之前，应该先将观察对象界定清楚，才能根据学前儿童的情况考虑如何进行观察和记录。

幼儿园教育的对象是人，而且是处于身心发展起步阶段的人。因此幼儿园教师的观察对象也就是3—6岁的幼儿。他们可能是一个群体或团体，也可能是个体儿童。观察对象是团体还是个体，这是根据观察目的来界定的。如果想要了解的行为只是个别幼儿身上的现象，那么观察的对象就是某一个儿童。如果想要了解的行为是班级中大多数儿童都可能具有的问题，这时所观察的对象就是团体。

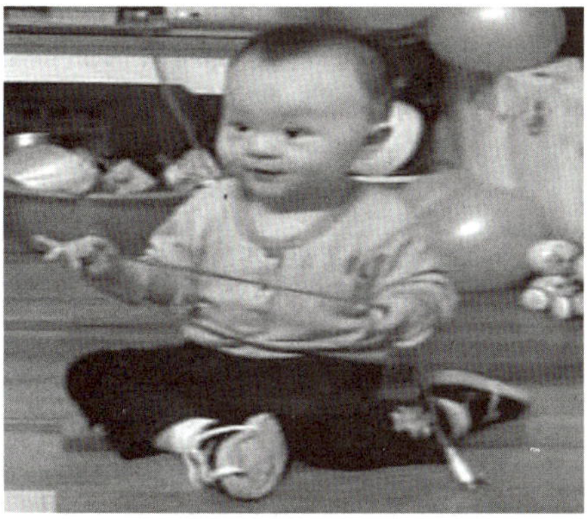

图 2-1　独自玩耍的儿童

图 2-2　游戏中的团体儿童

（二）观察的环境

观察环境包括进行观察时的场所和情景。每一项观察都有其具体的观察场所和情景。我们的观察可能是在托幼机构的一些具体地点进行，比如幼儿园活动室、睡眠室、盥洗室、走廊或者户外场地等，也可能是托幼机构以外的一些地方，如家里或者社区。观察场所和情景的含义是不同的，它们之间存在着许多联系。

观察场所，就是我们通常说的包含实体的硬件因素，如空间和设备，以及个体可以利用的各种资源等。在学前儿童观察中，最主要的场所就是幼儿园，包括活动室、区角室、睡眠室、盥洗室、走廊或者户外场地等。在这些场所中，还包含了学前儿童以特定方式使用的各种设备和物品，如用来搭建的积木、用来阅读的图书、用来洗手的水槽、用来饮水的饮水机等。

观察情境则是指观察场所中与社会和心理有关的因素，如幼儿游戏的类型(是互助合作性的还是独自玩耍性的)、教师的参与状况和期待效应、突发事件对幼儿注意力的吸引等。

场所和情景虽然是不同的，但是它们之间具有一定的关联性，那就是特定的情境是在特定的场所中产生的，场所具有物理和社会心理的特性。在不同的情境中，人会有不同的反应，不同的人也会形成不同的气氛。因为场所和情境之间的关联性，所以我们经常将场所和情景统称为“环境”。环境涉及地点、时间、人物甚至物理和心理的状况等。不同的地点、时间和人会决定或者影响我们的感觉和行动，人与人之间的互动也会受到环境的影响。比如幼儿在室内和室外的活动行为会有很大的差异。

观察环境是影响儿童反应的一个重要因素，在观察计划中需要明确以下几个方面的问题：准备在什么地方(场所、情境)进行观察，这样的情境是否会影响幼儿的行为表现；在什么活动中进行观察，有什么样的气氛；这些地方有什么特点，自己将在什么地方观察；自己与被观察者之间是否有距离，这个距离对观察的结果有什么影响等。在什么场所和情境进行观察，这是与观察目的及内容有关的。如果是观察幼儿的游戏行为，当然是在游戏场中观察幼儿正在进行的游戏。如果是观察幼儿自由活动的行为，就应该在空间比较大的地方，观察幼儿正在进行的自由活动。

图 2-3 幼儿园活动室

图 2-4 幼儿园户外场地

幼儿园活动室是进行学前儿童行为观察的主要环境。在整个活动室中，又存在较小的场所和情景。例如，点心时间、集体活动时间、自由活动时间、午休时间，以及区域活动时间(角色区、积木区、美工区等)都是较小的物理环境和社会环境。这些较小的环境决定了儿童可以做哪些事情以及他们会有哪些行为表现。

(三)观察取样

观察取样就是对被观察者行为进行收集，从而做出解释和判断。实际上，要把观察对象所有的行为都收集到是不可能的，因为观察者的时间和精力有限，不可能时时刻刻、连续不断地对被观察者进行观察，因此，观察取样尤为必要。与主题行为不是很关联的时间或情境不必做观察，以免浪费时间和精力。选择观察取样可以从两方面来考虑，一是观察时间的界定，二是观察事件的界定。

在进行资料收集时，任何一种观察都会牵涉时间及事件两个因素：事件的发生过程是观察记录的核心内容，而这些事件发生的过程一定是占用了某一段时间的。每个事件发生频率的高低，以及发生时间的长短都会不同。例如幼儿情绪、人际互动、语言、动作等这些内容相对来说发生的频率比较高，而打架、分享、表演这些事件发生的频率就可能低一些。又如进餐、游戏、学习活动等这些事件发生的时间一般比较长，而求助、给予等这些事件发生的时间相对比较短。正因为事件发生的频率、时间不同，就需要采用不同的取样方法。

当事件发生了才来进行观察记录，这便是事件取样。但是，当事件同时发生或连续不断地发生，观察者就会来不及记录，或者因为观察者当时还有别的事情，无法觉察事件的发生，这时就需要以时间来决定，选择时间片段作观察记录，这便是时间取样。因此，选择时间取样还是事件取样，要视所要记录的行为事件发生的间隔或频率来确定。

(四)观察的时间和次数

每项观察都一定是在一个特定的时间内进行的。观察时间是指每次观察特定期限，具体是指在什么时候进行观察，一共观察多少时间。除此之外，观察时间还包括记录行为的持续时间和反应时间的多少。观察时间是观察记录中很重要的一个指标。由于时间是一维的、线性的，因此具有直接可比性。观察次数是指在实施观察中需要进行多少次观察，以及观察行为在一定时间内发生或重复的频数。重复观察多少次为宜，应以观察研究的精确度而定。一般来说，在相同条件下，观察次数越多，观察的精确度越高。通常我们观察的行为应该是经常出现的行为，行为次数的多少往往反映了行为质量的不同程度或水平。观察次数与时间一样，也是一维的、线性的，因此也具有直接可比性。

观察时间和次数作为量化的重要指标，可用图表形式直接呈现观察结果，相对来说时间和次数比较客观，可避免定性分析可能引起的歧义。观察记录的时间和次数构成了观察的日程。观察的日程指的是观察中收集资料需要经过多长时间，它包括观察活动的开始到结束的全部时间。

(五)观察记录的方法和手段

观察记录的方法贯穿于观察的全过程，是获取正确观察结果的基础和保证。观察者不同的观察目的就会决定采用不同的观察记录方法。每种观察记录方法都有不同的适用条件、不同的优缺点以及不同的特性。观察记录方法的选择对观察儿童的行为、了解儿童的真实情景是至关重要的，所以在制订观察计划时，必须考虑观察记录的方法。

根据观察记录方式和对所观察行为的选择控制程度的不同，可以把观察方法分为叙述观察、取样观察与评定观察。叙述观察是观察者对所观察的对象或现象作详细的观察记录，然后对观察资料加以分类，进行分析研究。叙述性观察比较适合教育类实践性强的学科，对幼儿的教育和发展是一种有效的研究手段。取样观察法是一种以行为为样本的观察法，它依据预先确定的标准，选取行为样本，确定其操作定义，确定观察的形式，及设计观察记录表格。评定观察也被称为等级量表法，指观察者根据预定标准，不仅要观察行为，同时还要对观察的行为作出评价。

从具体的观察记录方法来看，一般常用的记录方法有四种。一是连续记录法。连续记录法需要观察者在一段时间内连续记录被观察对象的行为。连续记录法可以用纸笔在现场进行连续的描述性记录，也可用录音、录像等设备将观察情况录下来，再用纸笔转记，做书面记录。可以用于实况详录法、日记记录法、轶事记录法以及事件取样法等方法中。二是频数记录法。频数记录法是将需要观察的内容预先制定好记录表格，按照各种规定的行为分类并对各种行为定义，以符号形式在观察现场对某项行为出现的次数进行记录，如以打“勾”或画“正”等形式记录行为出现的频数。频数记录被用于时间取样法、行为检核法等方法中，均需记录行为出现的频率。三是等级记录法。等级记录法是根据一定的等级标准，对观察到的行为表现进行评定，如用“优、良、中、及格、不及格”或用“1、2、3、4、5”，字母“A、B、C、D、E”表示不同的等级。四是符号记录法。符号记录法是一种运用预先规定好的符号系统进行记录的方法。一般在涉及对象比较多，运用语言文字比较困难时运用。在选择运用以上四种观察记录的方法时，要想获得完整的、全方位的信息，就要重现观察时的情境，最好是用开放性的观察记录方法，即对行为表现及情境全部实录(文字或者录像等)，尽可能保持原始信息，供以后反复观察、分析记录使用。如果观察项目明确、单纯，是事先确定的行为，则尽可能采用封闭性的观察记录方法，即用表格、符号记录行为发生的频数。

(六)观察结果的分析

观察记录的方法决定了对资料如何进行分析和处理。观察中的记录只是对观察对象资料的收集，资料收集之后还需进行处理和分析。观察结果的分析，是为了正确解读观察对象的行为，从而更好地提出教育策略。

处理和分析资料的过程需要观察者理性的思考，这种理性思考必须由观察者本身的专业理论、专业知识作为支撑，需要教师运用学前教育学、学前儿童心理学、学前儿童卫生学等相关的教育理论，也需要凭借良好的分析技能，这样才能更好地对观察到的一些现象进行分析与处理。对于很多教师来讲，这可能有些难度，却是观察记录必需的一部分。记录不是为记录而记录，而是为了更好地了解、评判幼儿的发展，以便于为其提供更适宜的课程和教育策略。

案例 1

时间：8：00—8：30

早上，豆豆是妈妈和姥姥送上幼儿园的，豆豆一路哭到教室门口。老师把他领进教室，他开始自己挂毛巾、洗手，一会儿安静下来了，坐在桌子边看起了书。当老师推着早餐进来时，豆豆马上跑到老师面前说："老师给我少盛一点。"老师给了他比别人少一半的饭，可他刚吃两口就喊起来："老师喂喂我吧。"他边说，边抹起眼泪来。老师给他喂完早餐后，请他自己喝牛奶，只见他眼里含着眼泪，两只手拿着碗，并不是大口大口地喝，而是不时地用舌头舔着喝，他的眼睛不住地看着其他地方，一不小心牛奶全撒在地上。豆豆的早餐一共用时 30 分钟。

在案例 1 中，也许我们得不出什么信息，因为我们看到的只是一篇对某个幼儿行为的描述。但是如果我们是一个专业人员，一个有着一定观察分析方法和能力的人，就能通过思考分析出被观察者的信息。例如豆豆小朋友在早餐活动中的情绪状况，他的食欲、食量、自理能力等信息。

一般来说，我们可以把处理和分析资料的方法归为两类。如果一篇观察是运用文字资料进行记录，往往是采取质的分析方法；而如果一篇观察是运用表格符号进行记录，则通常是采取量的分析方法。质的观察记录是文字的记录，在分析时重要的是将所记录内容的关键意义摘记下来。一方面简化复杂的资料，另一方面也容易掌握行为的主要倾向，看出行为的一贯性及其意义。将行为的关键意义摘要出来并运用专业知识解释，这便是"分析"。另一种是运用量的记录方式，这种方式已经将行为的重要意义表示出来了，可以作为记录的依据。所以在分析时便要计算好行为发生的次数或者核记分数来代表频率、强度。因此，量的分析就是资料量化和统计的过程。

三、观察所需材料的准备

上述所讲到的关于制订观察计划等方面的工作，都属于观察活动的准备，除了这些，在观察活动正式开始之前，还需要准备好一些具体材料。观察需要的材料包括设计表格及打印好的表格，以及其他各种观察中所需要的材料和设备。

（一）设计及印刷观察记录的表格或者记录纸

对观察对象的行为进行记录的手段有很多种，包括详细连续的记录、用表格符号进行的记录，以及使用摄像、录音等方式的记录。我们在观察记录前，需要准备好观察表格或记录纸，最好针对所要采用的观察法在记录纸上画好表格，方便有效率地记录和归纳，例如：使用时间取样法（各观察记录法格式请参考本书各记录法章节），可先设计观察表格并试用，以使观察更具效率。

其次，也可以准备一些标签或便利贴，方便在做观察记录时将需要特别注意或注记的地方做记号或提醒，也可以用来做轶事记录之用，方便随身携带。

表 2-1　连续性观察记录表格范例

观察者：张三老师；	被观察者：刘宝
观察时间：2018. 12. 6 上午 8：55—9：10	被观察者性别：男
被观察者准确年龄：5 岁 2 个月	
观察方法：实况详录法	
观察目的：观察对象在点心时间的行为，重点观察其与同伴互动行为。	
观察目标：了解观察对象与同伴发生争执的原因。	
观察背景：餐室，与同伴一起吃点心。	
观察记录：……	

（二）笔

除了记录表格或记录纸，还应该准备好记录所用的笔。建议可准备不同粗细及两三种颜色的笔交替使用。用不同颜色或粗细不同的笔，标记重要或需注意的部分，也可以多准备几支随身携带。

（三）计时工具

时钟、手表或秒表等，都是可用的工具，在有些观察法中，计时工具是必备工具，例如，时间取样法要求必须在特定的时间内观察幼儿特定的行为表现。在做观察记录时，随时将记录的时间记下来也是必要的。因此，准确的计时工具是观察记录时必备的。

（四）影音记录工具

随着科技的进步，观察者在做观察记录时，能借由录音笔、摄像机、照相机或手机等工具来完成对幼儿的观察记录。使用影音记录工具除了有保留当时影音的好处外，新手老师也能借助影音记录工具对做观察的情境再回顾及修正，减少记录的错误。要事先了解这些影音记录工具的操作方式，这样才不会因对机器不熟悉，影响观察的完整记录。

总之，观察记录时工具的选用，除了注意是否符合观察需求外，也要考虑使用者的喜好及熟悉度，且注意耗材——电池、内存卡容量、墨水等的补充。事先有完善的准备，就可以从容不迫地展开观察了。

四、观察者应具备的态度

除前面所述观察活动、观察材料等准备事项外，观察者进行观察与记录，尚须端正态度①：

(一) 观察者宜有良好的自我准备

如果幼儿教师观察自己班级的孩子，需事先一至两周做好周备计划，如果研究人员进入幼儿园或幼儿的家里进行观察研究，准备的时间和计划必须更为仔细。

1. 先联系园所

主动或委托他人协助，于观察前二至四周联系园所，出发前两天再与园所联系确认。

2. 严守园所规定

前往观察时，务必严守与园所的约定，约定事项可能包括：观察对象，观察时间，观察记录，保密事宜，是否可以录影、录音或拍照，是否可以与被观察对象谈话，谨守参与观察或非参与式观察等方式的规范。上述问题在与园所联系时都须事先进行详尽的讨论及清楚的询问，一旦确定后也务必遵守约定。

3. 注意交往礼仪

观察者的打扮应以整洁大方为宜，若因打扮出奇而影响幼儿的表现，或因打扮不得体而影响现场老师、幼儿或是家长的观感，都极为不适宜。

观察的实施仍需依靠配班教师的协助。如果是研究人员进入幼儿园班级观察，更需要幼儿园班级保教老师和其他团队成员的帮助和配合。无论观察的情境如何，观察者须注意自己的言行举止，这对于后续观察有所助益。

(二) 确保观察的专业性

对参与观察活动的人员需要统一进行培训，包括观察什么，在哪里观察，怎样观察，怎样记录，还有对记录表格的熟悉，以及观察行为的定义等。如果一个班级的两位教师都

① 蔡春美，洪福财. 幼儿行为观察与记录[M]. 上海：华东师范大学出版社，2013：32-34.

参与观察，也需要统一所有的做法。总之，一切有关观察的内容都需要进行培训。

延伸阅读

幼儿园教师观察能力现状及其提升策略①（节选）

幼儿园教师观察是幼儿园课程与教学的起点，它既蕴含着尊重儿童和理解儿童的教育理念，又为课程决策和活动实施提供了信息基础。长期以来，将教师观察当作一种专业行为应用在教育教学活动中始终不够理想，其科学性、有效性都比较欠缺，幼儿园教师对于观察的目的、对象、方法及其反思等均存在很大的困惑和不足，未能通过有效的观察促进幼儿的深度学习和有效发展。

一、当前幼儿园教师观察存在的主要问题

（一）教师观察理念不科学

在教育观察中，有的教师只将眼光集中在个别有“精彩”或者“特殊”事件发生的幼儿身上，观察中不自觉地期待幼儿发生某一行为，如果无法从某一幼儿身上发现“闪光点”，就会立即更换观察对象。有的教师带着明显的价值预设去观察，如果幼儿的行为偏离了或者可能要偏离教师的主观预设，他们就会过早地对幼儿的活动进行干预，甚至指手画脚。在诸如此类的观察行为中，体现的是教师缺乏科学的观察意识。

（二）教师观察目的不明确

观察的目的不仅仅是为了观察，而且是为了理解儿童的行为，并为教育目标的制订、教育内容和教育方式的选择提供依据。实践中教师对幼儿活动的观察多数停留在表层，缺乏明确的观察目的，走到哪里就看到哪里，导致教师在观察过程中花费了很多时间却难以获得有意义的观察结果，影响了教师观察的有效性。

（三）教师观察记录不恰当

观察的开展可以有多种形式，选择合适的观察方法才能确保观察的科学性和有效性。其主要体现在，一是观察记录内容不具体，部分教师撰写的观察记录空洞，缺乏实质内容。二是观察描述不客观，将教师个人的主观判断强加在对幼儿活动的观察上。

二、幼儿园教师观察能力的提升策略

（一）转变观察观念，帮助教师增强观察意识

养成教师的观察意识和习惯，最重要的就是要关注“自然观察”，只有有意识地观察才有可能真正去了解每个幼儿。

---

① 戴小红. 幼儿园教师观察能力现状及其提升策略[J]. 学前教育研究，2018(06).

（二）明确观察目的，帮助教师制订观察计划

教师可以依据不同的活动确定不同的观察目的。幼儿园里每天发生很多事，每个幼儿都在变化，教师可以根据幼儿的发展需求和班级工作需要，将有目的的观察与随机观察结合起来，以捕捉到更为全面的观察信息。

（四）整合观察方法，帮助教师提升观察能力

要提高教师的观察效率，就必须优化教师的观察方法和加强对教师的观察训练，从观察的目标制订、方法运用、记录撰写及反思和支持策略四方面来进行整合。

第二节　学前儿童行为观察的具体实施

当一切观察的准备工作做好之后，就可以正式开启观察活动了。应该说，在观察过程中，只需要执行观察的计划就可以了，但是，在正式实施观察计划的过程中，还是有许多需要注意的地方。

一、严格而灵活地执行观察计划

在观察的实施过程中，首先要严格执行观察计划。观察者必须明确观察目的和任务，并严格按照观察计划进行。但是，在观察过程中，可能会发现观察计划的不完善，或者观察对象有时会有一些变更，尤其是在观察过程中发现一些新奇的、值得注意的事件时，应该及时修订原定计划，以使观察过程更加符合研究目的，取得最佳的效果。

二、进行客观记录

客观性和主观性词汇的区分

1. 请每个同学用一张纸，将可以描述幼儿快乐心情的词汇尽可能多地写出来。

2. 将全体所写的词汇汇总在一起，然后分析哪些是属于客观性描述，哪些是主观性描述。

尽可能将观察到的被观察者的行为完整地记录下来。在观察中要求观察者避免掺杂个人的主观偏见，不要把个人主观推测和客观事实相混淆。要增强观察的客观性，可以利用仪器设备进行观察记录，并且尽可能利用可量化指标进行记录。如果没有合适的仪器可用，则可让两个以上的观察者同时观察记录，然后互相核记录以达成共识。在观察

中，记录要及时、全面、详尽，不要依赖记忆。如有特殊情况，应客观地加以记录。如果一时无法详细记录，应在记录表上做个记号。一旦观察结束时要及时补记。当观察过程中对有关行为或现象产生新的看法或解释时，也可在记录表上用言简意赅的几个字作个小注，以供日后分析时参考。

案例 2

主观性观察记录与客观性观察记录的区分

1. 主观性观察记录

令西(4 岁 5 个月)

今天晨会时令西表现很差，不注意听讲，从头到尾都坐不住，还总打扰旁边的小朋友，我实在没办法，只好让他坐在我腿上。

2. 客观性观察记录

令西(4 岁 5 个月)

令西在晨会时间上下跳动，一次只能坐稳大概 1 分钟，然后就又跳起来或者走开。坐着时，他拍打旁边的孩子并与他讲话。我坐到令西旁边问他是否愿意坐在我腿上，他同意了。他靠着我，边吸吮着大拇指，边听我讲完故事，大约 5 分钟。

三、结果与分析

首先，在某一项观察告一段落时，应该在对观察情境有比较清晰的印象，并且尚未完全遗忘的情况下，及时对所记录的资料进行整理、补充和分析；其次，对初步整理的材料作进一步的考虑，如所需的资料是否收集到了，是否都有效，是否还要继续观察等；再次，如果观察内容比较多，观察周期比较长，应及时地将资料进行分类归档，以便日后查阅；最后，整理记录资料时，对于需要解释的内容，必须详细加以说明，以免时间久了会遗忘。这一阶段另一个重要的工作是“分析”，分析工作是了解客观事实的必要手段。观察记录后如果不经过分析就提出解释，将无法知道是否犯了主观错误。

在对观察记录资料进行统计、分析之后，需要以一种最能说明清楚的方式，将观察的结果呈现出来。根据观察记录资料的不同，以及统计和分析方式的不同，可以用以下几种方式进行呈现。

(一) 文字报告式

文字报告式是最常用的一种呈现观察结果的方式，可以运用简洁或详细的文字语言来描述所观察到的结果。

案例 3

小雨刚入园前两天，情绪、行为并无任何强烈的反应，但是到了第三天她就不愿意进活动室了，只要跨进活动室门手脚就乱踢，还伴随着哭声、尖叫声，随后几天也是如此。到了第二、三周，她频繁地要求上厕所、要回家，任何安慰都不能起到作用。

托班幼儿从自己熟悉的家庭环境，过渡到一个陌生的环境，面对幼儿园，不认识的老师、同伴，心理会产生不适应感，情绪则是恐惧、焦虑、不安，由此产生了行为上的异常。这种情绪上的发泄与她的大脑皮质的兴奋容易扩散，以及皮质下中枢的控制能力的发展不足是有联系的。

(二) 图表报告式①

通过运用一些简单的图形把所观察到的结果表现出来，曲线图、直方图、饼式图、网络图式以及流程图都是呈现观察结果的不同方法。

1. 曲线图式

曲线图的一个优点是可以将不同观察时期的资料列在一张图表中。

王老师想要了解班上幼儿专注和不专注行为的基本资料，在观察期内，发现幼儿在第一天有 69%的时间表现不专注，第二天有 75%，第三天有 84%，第四天有 72%，第五天有 86%。可以用以下图表(图 2-5)表示。

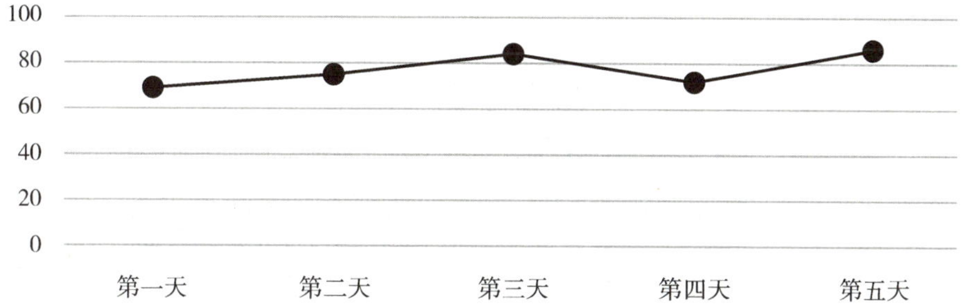

图 2-5　幼儿表现专注情况曲线图 1

① 施燕，章丽. 幼儿行为观察与记录[M]. 上海：华东师范大学出版社，2015：97-100.

王老师在第二个星期想要对一些行为进行修正以减少不专注行为，他可能会发现以下的结果：第一天是 65% 的时间不专注，第二天是 60%，第三天是 47%，第四天是 56%，第五天是 52%。然后可以利用虚线在同一个图(图 2-6)表示出来。

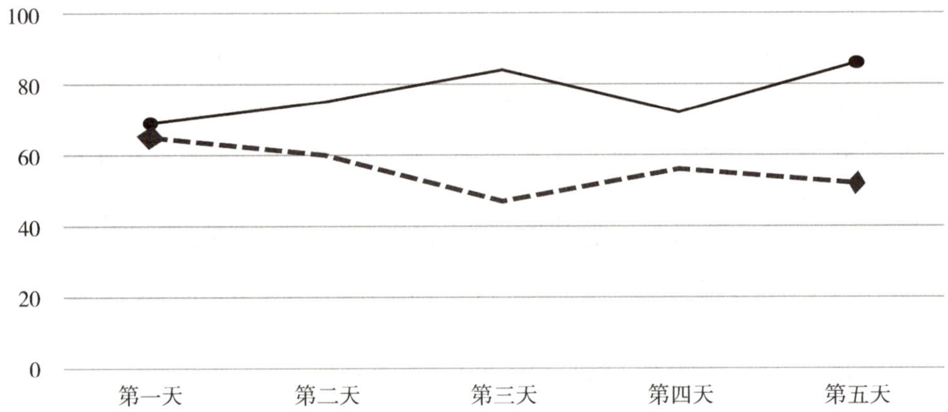

图 2-6　幼儿表现专注情况曲线图 2

2. 直方图和饼图式

饼图和直方图这两种记录也是用图示的方式，呈现与说明收集到的关于幼儿行为表现的信息，一般用于说明对人数比较多的群体的观察结果。

例如，刘老师想了解大班幼儿五分钟内跳绳的次数，观察结果可用以下图表表示。

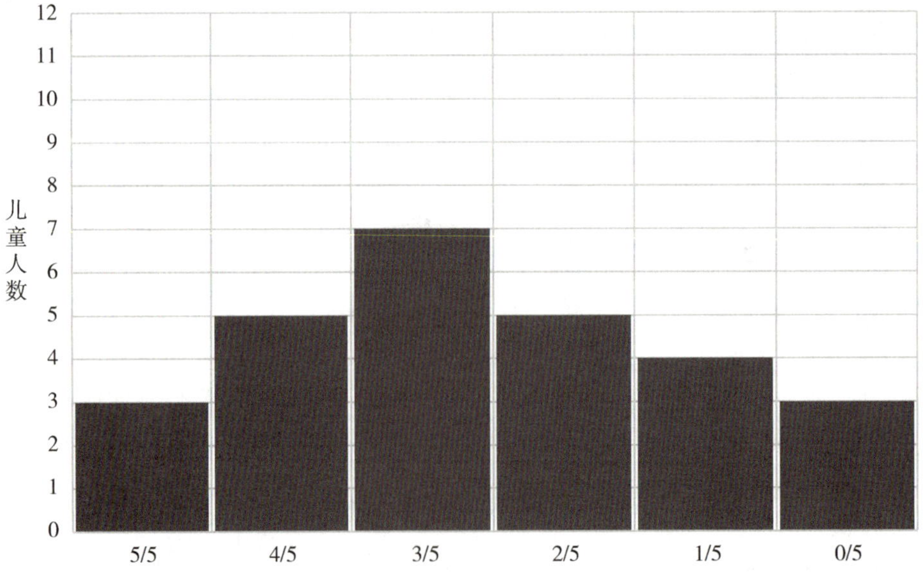

图 2-7　11 月 20 日幼儿跳绳记录直方图

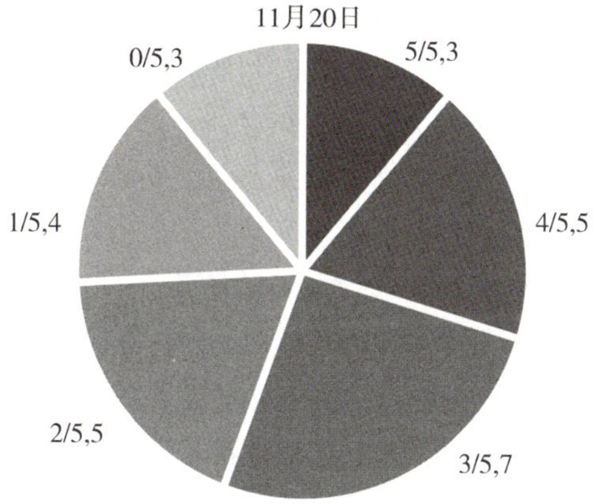

图 2-8　11 月 20 日幼儿跳绳记录饼图

这两种方法在呈现关于儿童的信息时有很多好处，它们经常被运用于观察中。

3. 网络图式

网络图也可称为社会关系图，可以呈现单个幼儿与他人的社会性接触的情况，也可以用来呈现一个群体中幼儿间的友谊关系。这种方法看起来很直观，可以一目了然到地看清楚各幼儿的交友网络，但同时也很容易受到记录者主观判断的影响。

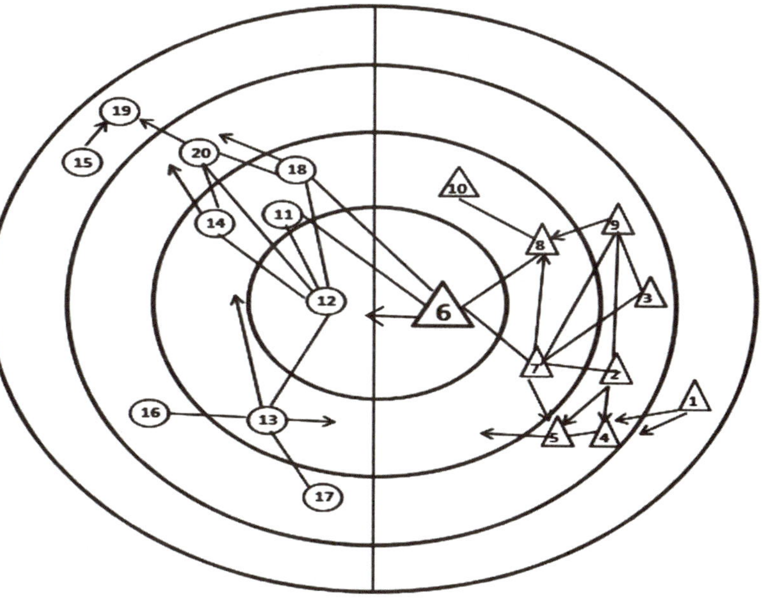

○代表女孩　△代表男孩　→代表择友方向

图 2-9　幼儿社交关系图

在绘制以上社交关系时，首先将得到选择次数最多的幼儿代号(6，12 号)置于图的中心圆环中，将最少的幼儿(15，19 号)置于外围圈，将其余者按所得选择次数相应地置于其间。图中三角形表示男孩，小圆圈表示女孩。为了显示性别关系，将男女幼儿各置于图的左右两边。从该例图可见，幼儿基本趋向于同性别间的选择或相互选择(连线表示相互选择)。箭头表示择友方向。

绘制社交关系图时，应从安置被选择最多的幼儿开始，从靶形圆环中心着手向外伸展。班级幼儿之间的关系以及某个幼儿在班级孩子中受欢迎的程度，是教师经常需要了解的内容，有时我们也会通过这样的内容去间接了解一些幼儿行为的原因，从而去调整我们的教育行为。运用网络图可以让观察者了解幼儿之间的关系：最受欢迎的、不受欢迎的、最有影响力的、比较孤独的，等等。虽然年幼幼儿的这种关系并不是很稳定，但是无论是在学习过程中，还是其他教育活动中，这样的了解无疑是十分有用的。

4. 流程图式

最后我们介绍的是一种用以呈现观察结果的方法——流程图。我们常常需要对一些被观察者的活动进行观察和记录，这种观察也被称作行为追踪观察法。它记录的是被观察者行为的发生过程，通常是记录一名儿童在某项活动上花了多少时间，或者是选择了多少项活动。

例如，以下是一名幼儿在活动室内的活动。

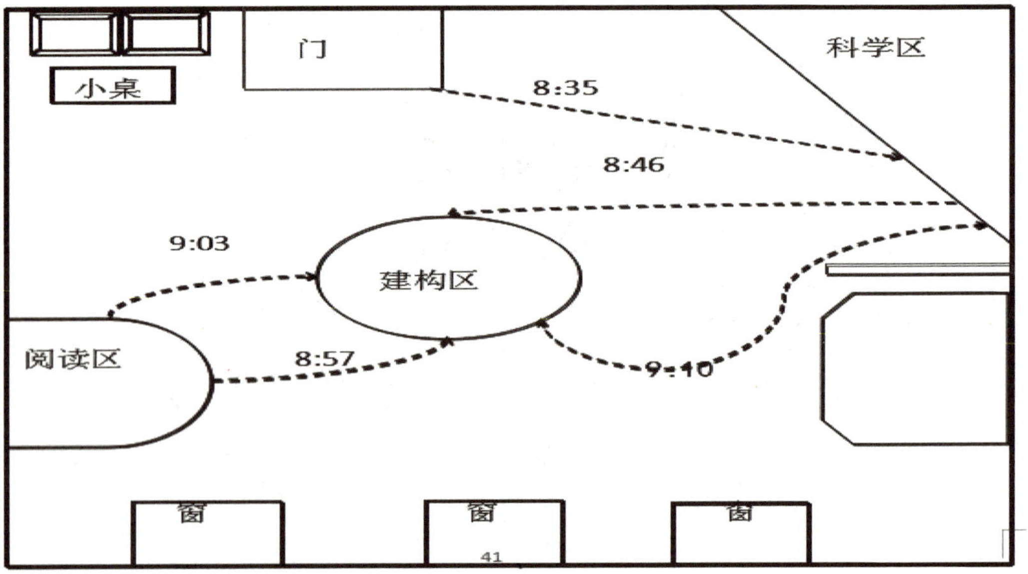

图 2-10　幼儿活动流程图

在运用流程图呈现观察结果的过程中，首先需要考虑好准备在哪里进行记录，当然这是在已经记录计划的前提下的具体考虑，是在已经有了观察目标的前提下进行的。然后还需要考虑如何记录被观察者的移动，因为流程图主要记录幼儿的移动过程。应根据需要使用一些合适的方式进行记录，如某些文字、线条、代码都可以成为记录的方法。

四、教育建议

对学前儿童进行行为观察有利于为设计和组织满足儿童需要的活动提供信息。基于观察资料和结论所提出的建议应该符合观察者的评价，并体现观察目的和目标。教育对策可以有两个方面：一是根据观察结果进行理性分析后，欲采取的保教策略；二是认为还需要进一步观察的内容。

案例 4

观察目标：观察班级不受欢迎的 A 幼儿在区域活动中的游戏行为

观察记录：略

结果分析：略

教育建议：

1. 放大孩子的优点，认同其可爱之处

该幼儿思维能力不如同龄孩子，但是其行为习惯和常规意识非常好。作为教师应强化其优点，让其他幼儿对他表示认同，改变其在班级中的弱势地位。

2. 关注孩子的特点，给予其特殊照顾

3. 争取家长的配合，促进其快乐成长

家园配合对孩子的成长至关重要。首先营造公平、和谐的家庭氛围。其次，经常与家长沟通，与幼儿园教育保持一致，促进其快乐健康成长。

五、撰写观察报告

实施观察的最后一个环节，是撰写观察报告。当我们灵活地制定预先设计好的观察计划，进行客观的观察记录、结果分析与教育建议之后，一篇完整的观察报告就已经呈现出来了。一篇完整的观察报告需具备以下几个要素。

(一) 观察背景信息

观察的背景信息包括观察者、观察对象、观察时间、观察方法、观察目的、观察目标和观察环境。这是我们在实施观察之前制定好的，也就是我们所讲到的制定观察计划。需要注意的是为了保护观察对象的隐私，观察对象一般用代号或化名代替，不显示观察对象的真实姓名。

（二）观察记录

观察记录要求观察者做到客观真实，尽量避免掺杂个人的主观偏见，不把个人主观推测和客观事实相混淆。

（三）结果与分析

观察结果与分析需要观察者理性地思考，这种理性思考必须由观察者本身的专业理论、专业知识作为支撑，依据一定的分析技能来完成。

（四）教育建议

可以结合幼儿不同领域的身心发展特点提出教育对策，也可以针对不同活动类型提出有针对性的策略，如建构游戏中如何提升幼儿的建构水平、角色游戏中如何提升幼儿的表征能力等。教师对幼儿的行为观察指导策略常常不是一蹴而就的，需要长时间、循序渐进地指导。

（五）附录

观察报告的最后可以附录观察中的观察记录表格，或者一些详细记录的内容。

表 2-2 实况详录法观察报告范例

观察者：张三老师	被观察者：刘宝
观察时间：2018. 12. 6 上午 8：55—9：10	被观察者性别：男
被观察者准确年龄：5 岁 2 个月	
观察方法：实况详录法	
观察目的：观察对象在点心时间的行为，重点观察其与同伴互动行为。	
观察目标：了解观察对象与同伴发生争执的原因。	
观察背景：餐室，与同伴一起吃点心。	
观察记录：……	
结果分析：……	
教育建议：……	

六、注意事项

（一）避免引起观察对象的注意

1. 避免“霍桑效应”

当陌生人出现在幼儿活动现场时，会引起幼儿与平时不一样的反应，这种现象被称为“霍桑效应”。“霍桑效应”是指当观察对象觉察自己处于被观察的情景时，将会朝向取悦观察者的方向表现。对此的消除方法就是事先熟悉对象，甚至和幼儿接触一段时间，用一些方法熟悉幼儿，消除孩子对观察者的陌生感，慢慢对观察者在场习以为常。或者有条件的话，可以采用单向玻璃观察室，即在幼儿不知道在单项玻璃后面有人时进行观察记录，但这种方式在近距离观察和倾听时存在困难。

图 2-11　单向玻璃观察室

2. 参与式观察

在观察过程中，观察者的角色可以分为参与者和非参与者，而在幼儿的行为观察中，大多数观察者都是托幼机构的教师，或者是幼儿熟悉的其他人员，以参与者进行观察的居多。但是即便是熟悉的人员，在观察过程中观察者也应尽量避免干预幼儿的活动，特别是不要对幼儿的行为表现出肯定或否定的评价。不干预的目的是不影响幼儿自然行为的发生，从而能获得真实、可靠的信息。

（二）职业道德与保密行为

职业道德与保密行为是幼儿行为观察中不可或缺的要素。幼儿行为观察是为了研究幼儿的行为，同时也会涉及幼儿的个人隐私与安全。要做到保护我们的观察对象的个人隐私，必须遵守幼儿行为观察中的职业道德和保密行为。一方面，我们不可忽略家长有权利决定他们的幼儿是否被观察。我们最好在观察之前征得幼儿监护人的同意。观察者可能在观察过程中发现幼儿的问题行为或者缺点不足，这时我们要顾及监护人的感受，避免这种不安的方法之一是就是不记载幼儿的真实姓名(用代号或化名)、对拍摄照片进行马赛克等技术处理；同时对获取的观察对象的行为表现等信息实施保护措施，且不可以在社交网站上传照片或发表关于被观察幼儿的言论。

延伸阅读

谈谈怎样观察幼儿①（节选）

实施教育，观察先行。教师应通过有目的、有步骤、有计划的观察，获得大量具体、真实的信息，理解和评价幼儿的发展；在此基础上，制定、调整并实施教学计划，最终促进幼儿全面和谐地发展。这样一来，学会科学地观察幼儿，就成为每个幼儿教师都必须掌握的教育技能。但是在实际工作中，我们发现很多教师没有很好地把握科学的观察方法，使观察的过程得不到完善，从而降低了观察的质量。有鉴于此，笔者拟结合实际，谈谈幼儿教师应该怎样科学观察幼儿。

一、根据观察目的，选取合适的观察角度，以获取有价值的信息

在实际工作中，有些教师就因为没有根据观察目的选取合适的角度，而使其“客观描述”笼统、简单，致使观察活动流于形式，失去意义。例如，某教师对一位新生晨间入园适应情况进行观察，观察记录中仅有一句“××走到门口，抱着妈妈说不愿上幼儿园”。可以说这是一次意义不大的观察，教师无法通过这次观察寻找有效的教育切入口。

二、重视对幼儿操作过程的观察

在观察幼儿的操作活动时，很多教师常常重结果、轻过程。如某教师这样记录：“××到美工组玩了一会儿，什么也没画出来，就到别的组去了。”这位教师只注意了操作结果，对幼儿在操作过程中是否有兴趣、如何摆弄材料等细节却忽略了。

三、提出递进性要求，深入观察幼儿

在连续性个案观察中，有些教师受观察主题的限制，往往不能及时发现新问题或针对幼儿发展情况提出更高要求。

① 王义娥. 谈谈怎样观察幼儿[J]，学前教育研究，2003(10).

四、注重观察记录的客观性

在实际工作中，老师们应避免以下两种不当的表现。

表现之一：从有些教师的观察记录中，我们发现他们持续观察的时间较短，没有将幼儿放在一个完整的情境中进行了解，教师往往只抓住幼儿说的几句话或几个动作就结束了观察。用这种不够到位的观察来指导教育行为，难免带有主观性。

表现之二：有些教师记录的观察内容并非亲眼所见，而是根据其他幼儿反映的情况记录的，这就很难保证真实、客观、全面，教师据此分析孩子的发展情况也不一定与实际相符。

五、提高对观察结果分析的有效性

对观察结果的分析是教师开展新的教育活动和因材施教的重要依据，因此，要求做到客观、有效。实际工作中，我们发现部分教师在这方面存在以下不足，有待改进：表现之一：分析与观察内容不吻合；表现之二是观察的时候习惯以静的观点看待幼儿发展中的问题，在观察分析中经常会出现这样的句子："该幼儿一向比较胆小、怯懦""这个孩子一直比较霸道、不讲礼貌"；表现之三：列举的教育措施不具体。在对观察内容的分析中，经常出现"需加强教育"这句话，至于用什么方法，开展什么样的教育活动，却没有结合观察事实进行深入思考和进一步的说明。表现之四：教育分析中过分依赖家长的配合。例如，在对幼儿进餐环节的观察中，教师发现部分幼儿放碗筷的动作很重，于是将"联系家长配合指导"作为解决问题的途径。其实，教师只需在幼儿园进餐时提出要求并有针对性地提醒幼儿，就有可能又快又好地解决这个问题。

本章小结

本章详细介绍了学前儿童行为观察的实施，具体分为学前儿童行为观察的准备和具体实施。在观察的准备阶段，需要确定具体的观察目的和目标，围绕观察目标制订详细的观察计划，并在准备观察所需材料的基础上进行预观察。在观察实施阶段，要选择适宜的观察记录方式，客观真实地撰写观察报告。在观察的注意事项方面要避免"霍桑效应"，遵守职业道德和保密性。

复习与运用

1. 学前儿童观察实施的具体过程是怎么样的？

2. 每人搜集并阅读学前儿童行为观察记录 1 篇，根据观察记录的要求，分析该篇观察记录。

3. 每人建立一个观察记录袋(电子版或纸质版)。

拓展资源

1. 蔡春美，洪福财. 幼儿行为观察与记录[M]. 上海：华东师范大学出版社，2013.
   该书第二章详细介绍了如何做好观察与记录前的准备工作。
2. 李晓巍. 幼儿行为观察与案例[M]. 上海：华东师范大学出版社，2017.
   该书第三章介绍了当前幼儿行为观察中存在的问题，第十章介绍了观察实施的程序及观察中的自我反省。
3. 柳剑. 幼儿教师运用观察记录法中存在的问题与对策研究[D]. 长春：东北师范大学硕士论文，2009.

第三章　学前儿童行为观察的方法
——描述的方法

学习目标：

1. 理解四种描述观察法的含义。

2. 掌握四种描述观察法的具体运用过程，理解观察记录的构成要素。

3. 学会熟练运用四种描述观察法，对学前儿童的目标行为进行观察和记录。

4. 运用相关理论，对已记录的学前儿童的行为进行适宜的分析。

所谓描述的方法就是对儿童自然发生的行为和事件的一种复制：观察者记录所观察到的资料，然后对事实作分类和分析。描述的方法不只有单一的一种方法，而是一类方法。描述的方法包括日记法、轶事记录法、实况详录法和样本描述法四种。这类方法的共同特点是用描述性的文字语句记录观察到的事物和现象，然后进行专业分析。

第一节　日记法

一、日记法的含义与分类

（一）日记法的含义

日记法也称为日记记录法，需要对观察对象进行长期的跟踪观察，以日记的方式来记录对象成长与发展中的行为表现。

在所有学前儿童观察方法中，日记法是研究婴幼儿成长和发展最早采用的一种方法。瑞士民主主义教育家裴斯泰洛齐(1746—1827)在1774年首创了宝宝传记法，他从父亲的角度对自己的孩子进行了观察，创作了《一个父亲的日记》。英国生物学家、进化论的奠基人达尔文长期观察自己孩子心理发展的记录而撰写了《一个婴儿的传略》(1876)，是儿童心理学领域早期的专题研究成果之一。德国生理学家和心理学家普莱尔对自己的孩子从出生到3岁进行系统的观察与描述，写成了有名的著作《儿童心理》(1882)，是科学儿童心理学产生的标志。我国著名的儿童教育家陈鹤琴先生自儿子一鸣出生起，用了808天观察记录了儿子的成长，于1925年发表了《儿童心理之研究》一书。

> “第11个月……能倚物站立了”，“1. 他也要倚物行走；2. 未能行走时不宜勉强他行走，以免使两腿弯曲终身受累。”①

一直到20世纪20年代末，日记法一直是儿童研究中的主要方法。后来因为其他观察方法的出现，日记法逐渐被减少运用。

(二)日记法的分类

根据观察主题可以将日记法分为两类，一类是主题式日记法，另一类是综合式日记法。主题式日记法通常是记录学前儿童发展中某个特定领域的新行为，例如，语言行为、社会交往行为、认知行为、动作技巧的发展；综合式日记法是对观察对象发展过程中各方面具有里程碑意义的新行为均进行记录。因为日记法能捕捉到观察对象在发展过程中的新行为、新行为的改变，以及背景中的一些细节，而这些细节也是日后用来分析研究的原始资料，所以它是开放性的观察方法。

二、日记法的运用

(一)选择目标幼儿作为观察对象

日记观察法的观察对象主要是一些比较特别的个案研究或者与观察者长期接触、关系亲密的幼儿。这里特别的个案通常指的是某方面发展相对迟缓或者某方面能力发展比较欠缺的幼儿。例如社交障碍儿童通常不能较好地沟通，观察者往往就需要通过日记的方法，来持续观察儿童的行为表现以便发现行为背后的原因和采取适宜的教育策略。再者就是儿童的家长对儿童的行为进行记录。这些儿童的家长往往有着教育学、心理学等

① 北京市教育科学研究所. 陈鹤琴全集(第一卷)[M]. 南京：江苏教育出版社，1987：19.

相关知识背景。随着照相机、摄像机、智能手机等高科技器材的出现，观察者观察记录儿童的行为表现比以前容易和先进许多，也便于日后的保存和分析。

(二)记录客观真实

观察者在用日记观察法对幼儿的发展变化进行记录时，需要对观察次数、幼儿年龄、观察日期、观察时间、观察环境等具体信息进行详细记录，观察日期和观察次数有利于后期依照先后顺序整理观察资料。日记观察法的主要特点在于强调记录儿童成长和发展中出现的新行为。日记法的观察目标在于记录幼儿的新行为或者重要事件，哪些是幼儿的新行为呢？其实儿童成长发展过程中有很多第一次，如第一次牙牙学语，第一次抓住东西，第一次独立行走等。日记法需要对幼儿出现的新行为进行详细而客观的描述，除了可以利用纸、笔进行记录，也可以借助照相机、摄像机、智能手机等高科技设备。

(三)分析行为表现

因为日记观察法的观察者通常与观察对象长期接触并且关系较为亲密，因此观察者在对幼儿行为分析时要尽量保持客观、冷静的态度，避免主观情感态度的影响。分析应基于实际的观察记录，对幼儿行为进行客观的判断和分析。

(四)提出教育建议

观察者在对幼儿行为进行评价时，要采用具体问题具体分析的方法，针对幼儿各个方面的发展状况进行评价，之后要提出进一步改进教学或家长教育方式等方面的教育策略。

案例 1

日记记录举例

通过前期观察发现帅帅小朋友不善与同伴互动交流，独自一个人玩得多，于是对帅帅小朋友进行日记法的观察记录。

观察者姓名：曹老师　　被观察者(儿童)姓名：帅帅

被观察者准确年龄：4 岁 5 个月　　被观察者性别：男

观察方法：日记记录法

观察记录：

2019 年 5 月 10 日

幼儿园早饭活动——没吃早饭的小朋友纷纷排队准备领早餐吃，吃过早饭的小朋友都在玩玩具做游戏，只有帅帅一个人坐在位置上自言自语，他一会儿说："第一集，砰砰砰！"他一会儿又说："我要把你们都打倒！"杨老师发现帅帅自己一人玩，对帅帅说道："来帮老师放勺子！"帅帅立马跑去帮杨老师的忙。分完早餐后，帅帅一直跟着杨老师，杨老师说："去跟其他小朋友玩！"帅帅摇摇头表示不愿意，就一直牵着杨老师的手跟在杨老师身后。

2019 年 5 月 15 日

体育活动时，老师带领着小朋友到操场玩游戏，小朋友们都手拉着手下楼梯十分高兴，唯独帅帅一个人走在最后，也没有去牵前面小朋友的手，前面的航航在老师的提醒下准备去牵帅帅的手，可帅帅立马将小手放在身后不愿意和航航牵手。在玩小游戏时，帅帅依旧一个人在旁边东跑跑西跑跑，没有加入小朋友们的活动中，一个人在一旁自言自语，老师走过去问帅帅："帅帅！和大家一起做游戏，好不好?"帅帅说："不要，我要自己玩！"老师让小朋友们带着帅帅玩耍，但是帅帅低着头独自走开了，即使小朋友跟帅帅说话他也不作出任何回答。

……

观察分析：

1. 帅帅小朋友能表现出对成人(教师)的依赖，而与同伴交往的能力较弱。《3—6 儿童学习与发展指南》指出，中班幼儿"喜欢和小朋友一起游戏，有经常一起玩的小伙伴""会运用介绍自己、交换玩具等简单技巧加入同伴游戏"。而案例中帅帅小朋友没有表现喜欢同伴游戏的态度和技能，经常是独自一人玩耍。

2. 从帅帅小朋友的语言表达出可以看出，他平时喜欢看电视动画片，语言表达也都是动画片的情境，缺少现实生活经验。

教育建议：

1. 作为幼儿教师，要重视帅帅同伴交往能力的培养，可以在班级中多给帅帅提供同伴交往的机会，发现帅帅的优点，让其他小朋友喜欢和乐于跟帅帅交往。
2. 老师可以给帅帅同伴交往技能的训练，如教会儿童表达，培养儿童的积极情感；教会儿童游戏，提高儿童的参与度。
3. 家园合作。家长应注意减少帅帅每天看动画片的时间，多带帅帅跟小区的同龄小朋友交往和玩耍。

三、日记法的优缺点

日记法是研究婴幼成长和发展最早采用的一种方法，是对学前儿童以记日记的方式进行观察和记录。日记法具有它自身的优点。

首先，日记法具有翔实性的优点。日记法能够将儿童发展过程中的真实行为表现充分地记录下来。日记法的第二个优点是具有广度性。日记法不仅记录观察对象行为发生当时的情形，还记录后续的行为，显示儿童行为发展变化的过程。日记法的第三个优点在于永久性。观察者观察记录学前儿童的行为，不仅当前可用，还可以与被观察儿童日后的情况，或是和其他的观察资料比较，如儿童发展常模。日记法的第四个优点是个别性。日记法可以对个案进行连续、长期的观察，获得观察对象发展的连续变化。

日记法的缺点在于需要耗费大量的时间和精力进行长期观察，这种观察可能持续长达数周、数月甚至数年的时间。第二个缺点是观察者人选受限。观察者一般需要是儿童最亲近的人，如家长或亲友。第三个缺点是观察对象样本太少，缺乏代表性和普遍性。第四个缺点在于结论具有偏向性。由于日记法的观察者通常是儿童最亲近的人，他们会带有照料者的情感因素，使得观察记录带有主观偏向性。

第二节　轶事记录法

一、轶事记录法的含义与分类

（一）轶事记录法的含义

轶事，是指独特的事件，也可以指观察者非常感兴趣、有意义的事件。轶事记录法是观察者将自己感兴趣的，或其认为有价值的、有意义的事件经过和情境，用叙述性的语言随时记录下来，供分析幼儿的行为所用。事件发生的经过包括事件发生前后的因果关系和来龙去脉，事件发生的情境包括事件发生时周围的人、事、物的互动情形和应答对话等。

与日记法不同的是轶事记录法往往不受限于新行为。轶事记录法的特点是只要观察者认为是值得记录的内容，无论什么行为或什么时候发生，都可以记录下来。同样一件事情，也许发生在甲幼儿身上是非常平常的事，但是发生在乙幼儿身上就是另一种不寻常的事。轶事记录法是幼儿园教师常用的一种方法，它可以帮助教师了解幼儿的个体差异、个性特征、各种行为习惯的形成，以便有的放矢地进行教育干预。

（二）轶事记录法的分类

根据观察前是否有计划、成系统，轶事记录法适用时机，可以将轶事记录法分为有计划的系统观察和随机式观察。

有计划地系统观察，是指在观察前先计划好要观察哪些幼儿（哪位幼儿），或者是观察特定对象的哪些行为。例如，教师为了教学活动的需要，对班级中的每位幼儿的学习活动逐一运用轶事记录法进行观察记录。

随机式观察是指观察者事先不设定要观察哪些幼儿，而是在一日活动过程中，觉察到某位幼儿有特殊的行为表现或者班级内有特殊的情况时才进行记录。这样的做法一般适用于想要了解班级幼儿的发展或行为表现的概况时进行随时观察记录。

二、轶事记录法的运用

(一)选择目标幼儿作为观察对象

目前，在托幼机构中，轶事记录法是幼儿教师最喜欢、最常用的观察方法。轶事记录法的观察对象是观察者非常感兴趣或认为有意义、有价值的行为或事件。在幼儿园实践中，观察者感兴趣或有意义的行为或事件可能有很多，具体来说主要是观察记录幼儿的特殊行为、典型行为，以及一些特别的幼儿或者幼儿某一发展范围的行为。

案例 2

儿童“明利”

幼儿：明利

日期：××××

情境：餐厅

观察记录：3 岁的明利和妹妹在玩过家家，明利说他是爸爸。当他走进厨房时，姐姐要给他一块蛋糕(他非常爱吃)，但他拒绝了，说：“我要蛋糕做什么？大人是在吃饭时才吃它的。”十分钟后，明利来了，说：“姐姐，我现在可以吃蛋糕吗？我现在不是爸爸了，我是明利。”

这一案例里主要记录了 3 岁明利的典型行为——模仿行为。

案例 3

幼儿：小丽

日期：1997. 2. 18

情境：全班集体阅读活动

观察记录：小丽被要求朗读两次，两次她都拒绝了，而且还吸着大拇指，把头靠在桌上。

案例 3 主要记录了小丽在全班集体阅读活动中的特殊表现，她在被要求朗读时没有阅读，而是拒绝朗读。

(二)掌握记录技巧

在使用轶事记录法时，因为幼儿行为的突然发生，我们需要快速地进行记录。最好随时准备好记录纸和笔，以便随时观察记录。可以在衣服的口袋里或其他随手可以拿到的架子上放置些小纸条、卡片或小记录本，作为记录的工具，以免在观察到需要记录的内容时因为没有纸笔而错过。

记录时文字必须简洁，不要有遗漏。可以先记录要点，之后在短期记忆消失前及时补记完整。

> 例：晨雨和张华一起玩粘土，玩得很好，身体也弄脏了。完成三只小狗，漆上褐色与白色。(及时完整的记录)①

这些仅是教师即时做的记录，简单却把主要的内容记录了下来。记录的内容是两个幼儿——晨雨和张华、玩粘土、做了三只小狗。在事后需要把这样简单的记录扩展成一份完整的报告：

> 2013 年 3 月 18 日，晨雨和张华一起玩粘土。晨雨做得很好，并把身体弄脏了。他做了三只小狗，漆上褐色与白色。(我想他喜欢张华，这个游戏让他参与团体活动)②

再者，也可以利用一些简记的代码符号来提高记录速度。③ 例如：

人物代码	动作代码：
目标幼儿：TC	目标儿童自言自语：TC
其他幼儿：ch	目标儿童对另一名幼儿说话：ch
其他几位幼儿：chs	
老师：T	目标幼儿与其他人平行游戏：TC=

(三)记录要客观完整

1. 记录要客观

所谓客观的记录是指使用不带感情的句子去叙述，不做评论或做先入为主的判断。

---

① 施燕，韩春红. 学前儿童行为观察[M]. 上海：华东师范大学出版社，2011：43.

② 施燕，韩春红. 学前儿童行为观察[M]. 上海：华东师范大学出版社，2011：43.

③ 侯素雯，林建华. 幼儿行为观察与指导这样做[M]. 上海：华东师范大学出版社，2014：20.

观察者应该将自己的主观评价和解释与行为事实的客观描述严格区分开来，以免将客观事实与主观判断相互混淆。

例：小雨，4-10(4岁10个月)，在娃娃角里，身上穿着白雪公主的衣服，脚上套着高跟鞋，非常高兴地对着我看。

修改后：小雨在娃娃角里(地点描述)，身上穿着白雪公主的衣服，脚上套着高跟鞋(眼睛看得到)，眯着眼睛，嘴角上扬地看着我。

所以，在实践中在进行轶事记录时，为了更好地区分客观行为和主观判断，可以采用以下观察记录的草稿格式。

表3-1 轶事记录的观察记录表格

<table>
<tr><td>观察对象</td><td colspan="2"></td><td>观察时间</td><td></td></tr>
<tr><td>观察情境</td><td colspan="4"></td></tr>
<tr><td colspan="3">客观记录</td><td colspan="2">主观判断</td></tr>
<tr><td colspan="3"></td><td colspan="2"></td></tr>
</table>

2. 记录要完整

所谓记录完整是指轶事记录不仅要记录观察对象的行为、言谈，还要记录该幼儿行为发生时的情境以及与之联系的其他在场幼儿的活动。记录时应依据行为或事件发生的时间，将行为或事件及其发生情境按顺序记录。下面的“5W法”有助于记录完整的观察信息。

"5W 法"①

谁(who)：所观察的幼儿

和谁(whom)：所观察幼儿和谁产生行为或语言的互动

时间(when)：事件发生的日期以及在哪一个具体时间段

何地(where)：事件在什么地方或哪一个区域发生

什么(what)：幼儿做什么动作、说什么话，表情、姿势如何

案例 4

轶事记录法②

幼儿姓名：松松(5 岁 4 个月)

时间：××年××月××日上午 9 点 35 分

地点：结构区

事件实录：松松用纸卷了两个长短不一的桥墩，然后将积塑插成的桥面放到桥墩上，桥塌了。他又试了两次，桥还是塌了。松松停了下来，拿起桥墩看了看，又竖着比了比。他站起身，左右瞧瞧，最后眼光停在了明明搭的桥上。一会儿，松松举手对老师说："闻老师，我想要纸杯子。"松松将老师给的一次性纸杯子排起来，再把桥面小心地放上去。这一次，桥没有塌。

(四)行为的解释

行为解释阶段的工作，就是对已经整理好的资料，作出解释，组成可以整合的行为原则，来理解被观察者的主题行为。一般来说行为解释可以从以下几个方面着手。

(1)从观察中建立行为"模式"，如活动顺序怎样，有怎样的规则。

(2)解释观察到的行为的社会重要性及意义。

(3)将观察的结果与发展相联系。

(4)分析观察结果与环境的联系。

(五)提出教育建议

在对幼儿的行为进行分析解释之后，观察者需要针对幼儿的行为表现及特点提出相

① 侯素雯，林建华. 幼儿行为观察与指导这样做[M]. 上海：华东师范大学出版社，2014：20.

② 夏婧. 轶事记录法在幼儿评价中的应用[J]. 学前教育研究，2003(7)：52.

应的教育建议或者改进策略，从而为制定更合理的教育教学方案提供支持和依据。教育建议的提出需要我们结合已有的专业知识、查阅专业资料，给出合理的教育对策。

案例 5

轶事记录法举例

观察教师：李老师

观察时间：2017 年 10 月 18 日上午 10 点至 11 点

观察目标：观察记录区角活动中有意义的幼儿行为表现

观察对象：朵朵、悦悦(5 岁)

观察环境：幼儿区角活动

观察实录：

每天吃完早餐后，在区角活动的时候朵朵和悦悦都会来到图书区阅读绘本。今天在区角活动的时候她们两个又来到图书区拿起了绘本《你看起来很好吃》。从第一页开始她们就在认认真真地看，悦悦看了几页后，开始皱起了眉头，然后悦悦问朵朵："朵朵，这本书是你带来的，能给我讲一讲吗？我后面有些字不认识，看不懂了。"于是朵朵就从第一页开始讲了起来，在之后的二十分钟里她们一个在认真讲、一个在认真听。由于朵朵认真的讲述，很多在图书区乱翻的幼儿也爬过来听朵朵讲绘本的内容。这样本来说话声音此起彼伏的图书区一下子变得安静了许多。直到朵朵一页一页地认真讲完整本绘本，大家才又散开去寻找新的绘本阅读。

观察分析：

1. 朵朵和悦悦小朋友在图书区能一页一页地认真阅读图书，具有良好的阅读习惯，喜欢阅读故事。

2. 朵朵和悦悦同伴关系良好，在悦悦遇到阅读困难时，朵朵担当了悦悦的小老师。

3. 幼儿间的分享阅读很受欢迎，因为这本绘本是朵朵从自己家来带来的图书，朵朵对绘本内容比较熟悉，分享阅读得心应手，这不仅可以让朵朵增强信心、让听书的孩子们获得新的知识，还可以促进幼儿之间的友情，还有益于培养幼儿阅读的兴趣。

教育措施：

1. 以后可以组织分享阅读、结伴阅读等类似的阅读活动。鼓励更多的幼儿带自己喜欢的图书到幼儿园来，加入到班级的多种阅读活动中来。

2. 教师也可以在图书区带领幼儿阅读绘本，在让幼儿理解绘本的同时也培养良好的阅读习惯，比如一页页地阅读、图书放回原处等。
3. 儿童早期阅读能力的培养需要家庭的配合，家长在家里多带幼儿进行亲子阅读。

三、轶事记录法的优缺点

首先，轶事记录法是最简单灵活的一种观察方法，也是幼儿园教师最常用的一种观察方法。因为轶事记录法无需编制观察记录表格，也不需要安排特别的情境、范围或事件。当事情发生了，教师可以随时随地地进行记录。我们经常看到一些教师在带班的同时还能进行一些儿童行为的记录，这些大多就是运用了轶事记录法。

其次，轶事记录法能提供幼儿行为的详细资料。轶事记录法虽然简单，可以说是运用最简略的语句记录儿童行为发生前后关系、行为发生的背景及情境，所以轶事记录法能够帮助幼儿教师了解儿童行为的详细资料。

第三，轶事记录法能够根据记录资料做推断或解释，能够探讨影响学前儿童发展的各种因素，有助于针对性的教育干预。

第四，最后，轶事记录法所记录的资料还可以长期保留下来，传给以后接任的教师继续进行，或者为后来的教师提供孩子先前发展情况的信息资料。

虽然轶事记录法简单方便，是幼儿教师最常用的方法，但是轶事记录法也存在自身的缺点。首先，轶事记录法易受偏见影响而选择所记录的行为。这种偏见的产生往往是因为观察者的好恶而引起的，容易带有偏向性。其次，轶事记录法有时需要事后追记，使得记录的内容会有偏差。这样的偏差可能是因为记忆不清导致的，也有可能是观察者本身的主观倾向性引起的。第三，轶事记录法过于简练的文字记录会导致对幼儿的误解。最后，有效地使用记录比较困难。因为轶事记录法留下的资料比较简练，真正想有效地使用不是一件容易的事。

延伸阅读

美国学前儿童观察记录系统的评价内容、实施方法与借鉴意义①（节选）

轶事记录是突出儿童重要日常行为的简短片段描述。最开始记录轶事笔记时，需遵循以下原则：其一，记录何时，何地，和谁。因为该系统关注儿童随时

① 霍力岩，陈雅川，周彬. 美国学前儿童观察记录系统的评价内容、实施方法与借鉴意义[J]. 中国特殊教育，2015(1).

间的变化，所以给任何记录标上日期很重要。除了日期，还要记下活动是在日常流程中的什么时段发生的，在什么地方发生，和谁一起进行的。其二，简短简明，但要保证包括特定的细节。想要为每名儿童对应每个观察项目写下详细的内容是不现实的，所以尽可能简短地记录，只需要包括能帮助评估者在之后重构所发生的事情所需的足够细节，即从行为发生的背景开始记，然后描述行为，并以行为结果以及儿童对行为的解释作结。

第三节　实况详录法

一、实况详录法的含义

实况详录法是指观察者在一段时间内(一小时或半天甚至更长的时间)持续不断地、尽可能地记录被观察对象所有的行为动作表现，然后进行分析的一种方法，也叫连续记录法、流动性记录法。

相对轶事记录法，实况详录法更为完整和翔实，可以不加选择性地收集大量的资料，是观察法中开放性最大的一种。在实况详录法的实施过程中，观察的内容包括观察对象，或观察对象与他人互动时所做的每一件事和所说的每一句话，以及观察对象所处的背景、环境场所等。观察者要忠实地按照时间顺序来进行记录。在运用实况详录法时，观察者的主要目的在于取得没有经过推断、解释或评估的详细而客观的行为记录。不仅详细记录行为，而且还要记录行为发生的背景情景和场所，以及行为发生的先后顺序。观察者完全是以描述性而非概括性的方式去记录。

案例 6

17 个月的小岚①

小岚(17 个月)和其他孩子们一起坐在桌边小椅子上吃着早餐的糕点。“啊，啪。”她对阮老师说道。阮老师肯定地说：“你要喝果汁，我把果汁拿给你。”阮老师用一块毛巾帮她擦干净黏糊糊的手。她配合着阮老师的动作，并发出声音。“好了，我给你拿果汁了。”

① 施燕，韩春红. 学前儿童行为观察[M]. 上海：华东师范大学出版社，2011：45.

小岚环顾四周其他孩子。她的身体放松，目光平和。“阮老师，阮老师。”当阮老师带着另外一个孩子离开桌边走向餐厅另一端时她叫道。小岚僵坐着开始吮吸手指。她轻声尖叫挥舞着手，并对走回来但并没有带果汁的阮老师发出粗哑的声音。

“你听起来像一只小老虎。”阮老师边笑边说。小岚也笑了。随后她用手敲击着桌子并说道“喔，喔。”桌边另两个小朋友也开始敲击了。这时，在他们敲击中离开的阮老师再次折返，并带来了一小杯果汁给小岚，她很小心地用双手捧着大口喝下。

大多数两岁左右的孩子喜欢主导喂食与进食过程，有时候他们会等候照料者拿取食物。从上例可以看到，17 个月大的小岚用了几种方法，等候照料者阮老师拿来果汁。

二、实况详录法的运用

（一）选择目标幼儿作为观察对象

因为实况详录法记录需要详尽记录，花费时间和精力较多，一般在托幼机构需要对某幼儿或事件进行深入了解时运用较为合适。实况详录法的观察对象可以是个别幼儿，也可以选择活动中的互动团体。互动团体是指幼儿之间以互动为纽带的交往团体，其中的互动可以是语言互动，也可以是非语言互动。①

（二）记录翔实客观

1. 记录要翔实全面

首先，观察记录应做到详细而全面，记录幼儿行为应使用描述性的语言，而不是以概括性的语言推论。

“ 田田玩滑梯，玩了 20 分钟。”

这样的描述有哪些问题？问题一是对田田、对滑梯、对事情发生的背景和始末，都缺乏交代；问题二是田田在什么情境下玩滑梯、和谁玩、怎么玩、玩的过程、中间发生了什么事；问题三是对什么滑梯、哪里的滑梯等都缺乏记录，没有体现出实况详录法的翔实性。所以尽可能记录下所有的信息，真正体现记录的翔实性，是正确运用实况详录

① 李晓巍. 幼儿行为观察与案例[M]. 上海：华东师范大学出版社，2017：74.

法的要点。

其次，尽管实况详录法没有观察记录时间上的限制，但考虑到观察者注意力和精力的承受度，一般连续记录的时间最多在 1 小时左右。如需进行更长时间的记录，则需多个观察者轮流进行。

2. 记录要客观真实

记录时应十分谨慎，不加自己的主观意见和评价。作为幼教专业人员，在观察幼儿时一定会有自己的看法和判断，这些看法比较珍贵，可能稍纵即逝，可行的办法是在记录客观事实时，把自己的观点和想法记录在旁，可加上括号或者单独分开一列。

实况详录法记录过程中会遇到人工记录的困难，可以用摄像机或录音笔来弥补。使用摄像机将观察对象的行为拍摄下来可以弥补人工段时间内难以捕捉和记录幼儿所有行为信息的不足，但摄像机拍摄的角度会影响记录的内容，观看拍摄视频和在现场记录还是有一定的差异的。

（三）分析行为表现

轶事记录法的行为分析侧重于对观察者感兴趣的或者有意义、有价值行为的分析。与轶事记录法的区别在于，实况详录法因为记录信息的翔实全面性，观察者可以从不同角度对观察的幼儿行为进行分析和解读。如案例 7“卖书游戏”中，观察者可以从幼儿的数学认知、语言发展、社会交往、游戏态度等几个方面来加以分析。观察者在解读分析幼儿行为时，要以“积极发展”的眼光来看待幼儿，不能仅仅关注幼儿没有做到的事情或者其问题与不足，要发现幼儿的“闪光点”和优势所在，同时既要分析幼儿的行为结果，也要分析幼儿的行为过程性表现。

（四）提出教育建议

观察者或教师在分析幼儿行为观察之后，需要提出适宜的教育策略。言语互动、材料提供、家园互动、教育活动、环境创设等都是可以提供的儿童支持策略。需要注意的是基于观察提出的教育支持策略要具有可操作性，要从儿童最近发展区的角度提出支持策略。观察幼儿行为是课程设计与实施的基础，通过观察分析幼儿行为，教师可以反思教学行为并及时调整课程实践。

案例 7

卖书游戏

观察对象：中班幼儿小 A（女）和其他参与对象小 B（女）、小 C（男）、小 D（女）、小 E（男）

观察时间：2018 年 5 月 21 日上午早餐后 8：30-9：00

观察方法：实况详录法

观察目标：观察角色游戏中中班幼儿的行为表现

观察环境：孩子们早餐后在走廊书架处进行游戏

观察记录：

吃完早饭后，在书架一端，小 A 充当管理员的身份，左手拿着一本书，右手伸向小 B 并说道："7 块钱。"，然后小 B 伸出左手，一边在小 A 右手上拍了七下，一边数着："1，2，3，4，5，6，7。"然后小 A 便将书递给了小 B，小 B 拿了之后便走了。小 A 围着书架走着，边走还边盯着书架。

这时候小 C 和小 D 来到书柜选好了书，小 A 说对他们两说："你们两个，你是 7 块钱(指向小 D)，你的也是 7 块钱(再指向小 C)。"小 A 伸出了双手，一只对着小 C，一只对着小 D，当小 C 准备"付款"时，小 D 又问了小 A："我是 7 块钱吗?"这时小 A 又用右手先指了一下小 D 说："你是 17。"然后又指了小 C 说："你也是 17。"然后小 C 和小 D 开始"付款"，两人都是边拍边数数。期间小 A 一直盯着两人，在拍完后立马收手让小 C 和小 D 拿走了书。

这时轮到了排队的小 E，小 A 问小 E 道："你呢?"选好了一本书后，小 E 说："我只有付……八块钱。"这时小 A 说："9 块钱。"并伸出右手。小 E 说："8 块钱。"这时小 A 拍了下桌子说："9 块钱。"小 E 还是伸手坚持说："8 块钱。"小 A 于是拿走了那本书并坐回了椅子上，而小 E 还停留在附近，这时又有别的孩子过来买书，小 A 立马站了起来。

观察分析：

1. 孩子们对数的认识也比较熟悉，比如在游戏中书要付 17 块钱，然后幼儿能准确从 1 数到 17，但同时幼儿的发展又存在个体差异，比如绿短袖男孩儿小 C 就稍弱于叮当猫短袖女孩儿小 D，要跟着女孩儿一起数才能比较准确地数对数，并且孩子们对价格的认识好像还不是那么准确，比如丸子头女孩儿小 A 起先说价格是 7 元，后来又改成 17 元。

2. 孩子们对生活中常见的职业和角色认知还比较充分，丸子头女孩儿小 A 在充当书店老板的时候会准确告知买书人书的价格，并且确认买书人付款以后才把书给买书人拿走，叮当猫女孩儿 D 作为顾客会在书店老板说出价格之后再确认一遍价格再付款，但是又缺少一些与顾客之间的互动，比如介绍书，推销书之类的，也没有出现常见的礼貌用语，比如欢迎光临，谢谢，您慢走之类的。

3. 小 A 对于售书员的角色扮演游戏非常投入，角色代入感强，规则意识很强，不但自己遵守规则，也要求别的孩子(语言和行动上)遵守，在第三个片段里，发生了一个讨价还价的情景，小 A 固执地要求 9 元，而小顾客也固执地只给 8 元，发生争执后，小 A 直接不理顾客了，顾客也站在一边默默不语了，这个小冲突的情景没有解决(两个孩子由于缺乏相关的经验，并没有处理好这个可以让角色扮演更丰富的情景)。

教育建议：

1. 在玩游戏前，老师可以引导孩子们做好规则方面的约定，大家一起制定规则，共同遵守。

2. 老师可以引导孩子们加入更多新的情景，丰富游戏深度，以及让更多的小朋友参与，在游戏中体验感更足。

3. 老师可以在小朋友玩过游戏之后，根据游戏中表现出来的经验缺失进行弥补，让孩子们的游戏更上一层楼。

三、实况详录法的优缺点

实况详录法有很多优点。第一，使用起来最简单，无需预先准备观察表格，无需特别技巧和训练，只要情境适合，随时都可以记录。当然，如果观察的目的是尽可能获得完整的记录，而且条件许可的话，就需要运用一些仪器设备来协助进行，例如录音笔、摄像机设备等。

第二，能提供观察当时所发生的全部实况。实况详录法在记录儿童行为的时候，也同时记录行为发生的背景，包括情境和场合。这种行为与背景的组合能够提供详尽丰富的有关儿童行为及其发生背景的资料，捕捉到儿童的种种行为、背景和风格。

第三，能永久保存资料。这里所说的永久性保存资料，是指不会因为时间的推移而使这些资料失去意义，不会像轶事记录法，因为其简略性，而容易使阅读的人产生疑惑和不解。实况详录法因为其详尽性，资料可以永久性地保存，并可以作为以后进行反复性定性或定量分析的依据。

第四，获得的记录资料可用于多种目的下的各种分析。观察记录者可以根据需要，研究与这些问题或情境相关的任何行为，如在提问行为中，儿童的注意是指向同伴还是成人等。

第五，观察人数不受限制，可以对单个儿童，也可以是团体记录。

不过，在具体使用实况详录法时，也会遇到一些困难。首先，耗费精力和时间。实况详录法需要详尽记录，对观察对象的每一个动作、表情、语言毫无省略地记录下来，因此会花去观察者许多精力和时间。如果教师要获得幼儿具有代表性的行为，实况详录法就显得效率低。例如教师要了解班级幼儿社会交往中的典型情况，用实况详录法不如制定社会交往行为的检核表更为方便有效。其次，对观察者要求高，对观察记录者的观察能力和文字表达有较高要求。观察记录者必须恰到好处地描述幼儿的行为，使得观察资料能够完全反映客观事实，又不产生歧义。第三，实况详录法内容丰富，研究者往往不知道如何处理繁杂的详细资料。

延伸阅读

可爱的昆虫

楚雄彝族自治州幼儿园 李云刚

观察时间：2019 年 6 月 19 日

观察地点：幼儿园户外探索区

观察者：李云刚

观察对象：辰辰(男，5 岁)、玥玥(女，5 岁)

观察目标：了解幼儿在户外自主探索游戏中的行为表现

观察场景描述：

在阳光明媚的下午，教师带领幼儿来到户外探索区的草地上进行自主游戏，其中两名幼儿选择了游戏材料放大镜，蹲在地上寻找爬行的昆虫。

观察记录：

辰辰和玥玥两人的右手里拿着一个放大镜，坐在探索区的蘑菇形石头上，把放大镜放在自己的一只眼睛面前，低着头观察脚面前的草地。辰辰边观察边对玥玥说："你看到小蚂蚁了吗？我怎么一只都没看见。"玥玥回答道："我这边倒是有一只在爬，你快过来看呀，它爬过去了。"说完还用左手的食指指向草地上爬行的蚂蚁。辰辰转身把头靠拢玥玥，将身体趴得更低，双手按在草地上，看向玥玥手指的方向，大声说道："哇，你发现的这只蚂蚁好大呀，会不会转身来咬我们？"玥玥回答说："怎么可能，这只小蚂蚁这么可爱！"不一会儿，小蚂蚁爬到了

图 3-1　户外自主探索游戏(一)

图 3-2　户外自主探索游戏(二)

玥玥身后的树根下面，“咦，小蚂蚁怎么不见了，难道是回到家里去了?”玥玥边说边用左手把树根下面的小草扒开，辰辰也将右手伸过去扒住小草，仔细地往树根方向观察：“真的消失了，可能真的是回家去了吧，算了，我们去别处看看。”

之后，辰辰来到小汽车侧面的花丛边上：“玥玥你快过来看啊，这里的花上面有小蜜蜂，它们在采蜂蜜呢!”玥玥听到辰辰的声音，快速跑了过来，两人蹲在花丛边，拿起手中的放大镜，观察停留在花蕊中间的小蜜蜂。玥玥边观察边发出“呵呵呵”的声音，转头对辰辰说：“这只小蜜蜂好可爱啊，它在吃花粉。”“我这只还不是很可爱，咦，它飞走了!”辰辰回答玥玥的时候，面前的小蜜蜂飞走了。“你在这里待着，我再到别处看看，等着我。”辰辰对玥玥说了一句话之后，就一个人来到小汽车后面的灌木丛边上蹲着，用左手翻开一块石头，露出一个泥坑，右手将放大镜放在眼睛前，低着头观察自己翻开的泥坑，边看边用左手在泥坑里刨。“玥玥你快过来，看我找到了什么!”辰辰转头对着玥玥的方向喊道。听到辰辰的声音，玥玥快速地跑到辰辰身边蹲好，看着辰辰左手里的东西说道：“哇，一只小蜗牛，你在哪里找到的?”玥玥回答道：“这只小蜗牛是我在石头下面找出来的。”玥玥边说边把左手里的蜗牛放在蘑菇形石头上，并用放大镜低头观察。玥玥起身，走到辰辰的另外一边蹲下来，右手将放大镜靠近右眼，闭着左眼低头观察石头上的蜗牛：“你说这只蜗牛是活的还是死的，怎么都不会动?”辰辰回答说：“肯定是活的，刚才我抓它的时候它缩到壳里躲起来了。”玥玥听了辰辰的回答后说道：“哇，那太好了，我们把它带到教室的科学区里养起来吧!”辰辰说：“好呀，好呀!”说着就把石头上的蜗牛拿起来跑向教室。

图 3-3 户外自主探索游戏(三)

图 3-4 户外自主探索游戏(四)

观察分析：

辰辰和玥玥两位小朋友平时在班上都活泼好动，性格比较开朗。在这次自主探索游戏中，两位幼儿并没有像平时一样到处乱跑，而是静下心来认真观察草地上的蚂蚁、花丛中的蜜蜂和石头上的蜗牛，并在自己的认知范围内进行探讨，说明他们对自然界的新奇事物充满了好奇心和求知欲。

教育建议：

大自然是一本读不完、用不尽的活教材，是孩子们成长的最好课堂。走进大自然，可以让孩子用自己的眼睛去发现世界，认识世界。幼儿园应该尽可能为幼儿创造亲自然、近生活，利于幼儿自主探索的户外环境。教师应该尽可能利用好幼儿园里的自然资源，让幼儿有更多的机会接触大自然，让他们在大自然中自由活动，尽情探索，从而最大限度地保护好幼儿的好奇心和求知欲。

第四节　样本描述法

一、样本描述法的含义

样本描述法，也称实例描述法，是根据一些预先确定的标准，尽可能地对所发生的行为、事件及其背景作详尽、连续的观察描述。

样本描述法的特征在于需要事先决定好要观察的内容；记录的内容有选择性，有预先决定的标准，即观察记录儿童的哪一方面、哪一些行为表现；需要有比较精确的细节部分的记录，是针对幼儿的关键行为进行的详细观察与记录。

案例 8

观察对象：莉莉(女，年龄 4 岁)

观察目标：莉莉打雷雷的攻击性行为(1 岁半的弟弟)

观察时间：××××年 6 月 2 日　下午 1：03

观察方法：样本描述法

莉莉一直缠着她妈妈带她去邻居那儿玩。但莉莉妈妈坚决拒绝了她的请求，进屋去了。这时雷雷正在院子里玩。

雷雷捡起一只罐头洋铁桶，摇晃着，桶里有块石头桄榔桄榔地响着。莉莉突然转过身，走上去打雷雷的腿，打他的背，又打他的后脑勺。雷雷似乎知道她要这样做，当她向他走过来时，畏缩起来，好像准备要挨打。

莉莉没完没了地打雷雷。开始时她每打他一下，他都要哭一下，但都不太大声。最后雷雷终于放声大哭。当看到雷雷真的大哭起来，莉莉就丢下他不管了。不过她还是念叨着："我能打你，我就能把你扔了。"

从上述观察记录中看出，观察者记录的是莉莉打弟弟的行为，而不属于这一行为范围的内容，就不予以记录。与实况详录法相同的是，这两种方法都需要对行为或事件进行持续描述，不同之处在于实况详录法以叙述性的、说故事的方式呈现，样本描述法需要有比较精确的细节部分的记录，像一出脚本，地点和动作都以适当的顺序出现。样本描述法也不同于轶事记录法，轶事记录法是对观察者感兴趣的事件进行记录，而样本描述法有预先决定的标准，即观察记录儿童的某一方面、某一些行为表现，然后再进行记录。

样本描述法的优缺点与实况详录法的优缺点相同，在此不再赘述。

二、样本描述法的运用

（一）选择目标幼儿作为观察对象

样本描述法在运用时和实况详录法非常相似，但也有需要注意的方面。样本描述法有预先决定的目标行为，即观察记录儿童的哪一方面、哪一些行为表现。样本描述法的观察对象是有目标行为发生的幼儿。样本描述法可以和事件取样法等方法结合运用，例如在事件取样法中，只要预选的事件一出现，就可以进行记录。如果对预选的事件做描述性记录，这个记录就是样本描述法。

（二）记录客观翔实

样本描述法需要详尽的记录。样本描述法是针对幼儿的关键行为进行详细的观察与记录，是针对细节部分的详尽记录。例如，要记录一个幼儿如何度过早晨的时光，那么他在早晨做了什么和去了哪里是重要的、要记录的幼儿关键行为，至于幼儿走路的样子就不是记录的重点。

案例 9

一、信息资料

观察者姓名：胡老师　　　　　　观察日期：××××年 5 月 7 日

观察对象：J　性别：女　　　　儿童准确年龄：3 岁 5 个月

观察时间：上午 10：00-10：10

观察方法：样本描述法

观察目的：观察一名 3 岁 5 个月大的儿童在沙盘中游戏的情况，重点关注其身体发育情况

观察目标：观察她的手眼协调能力以及她是否已经形成优势手

观察背景(简单描述)：J 正和两名儿童在沙盘中玩，有一名成人和他们在一起

二、观察记录

J 站在沙盘边看两个孩子玩桶和塑料铲。“我可以玩吗?”J 问那两个孩子。其中一个孩子点了点头。于是，J 先卷起左胳膊的袖子，再卷起右胳膊的袖子，然后向沙盘走去。她站在另外两个孩子的对面，用右手拿起一个塑料桶放在右脚边的地板上，接着，又倾斜着身子用左手拿起一把塑料铲。她弯下腰，左手仍然拿着铲子，用右手拿起桶并把它放到沙盘里。

J 开始用铲子在沙子上挖，她用右手握着满满一铲沙往桶里倒。沙子没有被倒进桶里，而是洒落在外面。“哦，天哪!”J 喊道。她把铲子放回沙盘，用双手把桶摆直。她用左手捡起铲子，然后换到右手上。J 把左手放在桶的边上，重新用右手握着铲子挖沙子。她把沙子放在桶里。J 又一次用铲子挖沙子，手里抓着桶，把沙子从铲子里倒入桶里。她把这一动作重复了两次。

“这是个艰苦的工作,”她对成人说。

“是吗?”成人回答她，“但你做得很好啊，你的桶都快满了。”

三、结论与分析

J 更趋向使用右手而不是左手，尤其当她要做使用铲子等需要相当控制力的动作时。J 能用拇指和食指捡起一粒小石头，当捡起小石子和用沙子装桶时，表现出很好的手眼协调能力，表现处于正常范围内，符合她的发展常模。

四、教育建议

应该更多鼓励 J 去沙区玩，玩沙子游戏能帮助她发展手眼协调能力，也许成人的支持和使用不同的工具能够实现这一目的。串珠、制作面点、系纽扣、用毛线和袋子编织等也可以帮助 J 发展技能。

本章小结

综上所述，本章我们学习了日记法、轶事记录法、实况详录法和样本描述法四种描述观察法。描述观察法是观察者在自然状态下，对目标幼儿的行为表现进行观察记录，然后进行分析的方法。四种观察方法各有侧重：日记法侧重对个案儿童进行长期追踪观察，并对其出现的新行为或重要事件进行记录；轶事记录法侧重记录观察者感兴趣或有意义的行为或事件；实况详录法侧重对目标幼儿的行为表现进行详细、完整的描述；样本描述法侧重根据观察者预先确定的标准对幼儿行为进行详细的记录。

这一类描述观察法的共同特点是手段简便易行，所获得的资料完整、自然、真实、生动；其局限是记录和分析资料需耗费大量时间，不易做到量化统计分析，所观察的对象有限，多用于个别儿童或小范围群体的观察。

复习与运用

1. 描述观察法具体包括哪些观察方法？
2. 轶事记录法有哪些优缺点？运用时需注意哪些问题？
3. 实况记录法有哪些优缺点？运用时需注意哪些问题？
4. 请根据视频“床下取鞋”，选择合适的描述观察方法，练习写一篇观察记录。

拓展资源

1. 蔡春美，洪福财. 幼儿行为观察与记录[M]. 上海：华东师范大学出版社，2013.
   该书第六章详细介绍了轶事记录法。
2. 李晓巍. 幼儿行为观察与案例[M]. 上海：华东师范大学出版社，2017.
   该书第五章介绍了四种描述观察法：日记描述法、轶事记录法、实况详录法和班级儿童日志。
3. 夏婧. 轶事记录法在幼儿评价中的应用[J]. 学前教育研究，2003(07)：50-52.
4. 于冬青，柳剑. 轶事记录法运用中的问题及运用策略研究[J]. 幼儿教育(教育科学)，2010(5)：22-24.
5. 郑三元. 平淡的一天——幼儿一日生活观察[J]. 学前教育研究，2004(10)：7-9.

第四章 学前儿童行为观察的方法
——取样的方法

学习目标：

1. 了解时间取样和事件取样观察法的含义。
2. 掌握两种取样观察法的具体运用过程，理解观察记录的基本要素。
3. 学会熟练运用两种取样观察法，对学前儿童的目标行为进行观察和记录。
4. 能够运用相关理论，对已记录的学前儿童的行为进行适宜的分析。

行为观察是通过对学前儿童行为事实的收集，再针对观察主题进行解释与分析。但是，因为儿童的行为复杂多样又富于变化，要收集观察对象的所有行为是不可能的，观察者不可能时时刻刻注意到被观察者的一言一行，即使一刻也不休息。同时，真正可以解释主题行为的也只有一小部分的重要事件。因此，取样是必要的。观察取样，即按事先确定的标准抽取部分对象为样本，然后以样本的结果推论总体情况。所以，取样可以收集到代表主题意义的重要行为，还可以简化复杂的资料收集过程，节约观察者的时间和精力。观察取样的方法有两种，分别是时间取样法和事件取样法。

第一节 时间取样法

一、时间取样法的含义

时间取样法是指以一定的时间间隔为取样标准，对学前儿童的目标行为进行观察，记录目标行为是否出现以及出现的次数与持续时间的一种观察方法。时间取样法通常适用于观察较常出现或出现频率较高，且易于观察的行为。以时间取样法观察和记录学前儿童的行为表现，所取得的资料一般属于量化的资料，方便统计学前儿童目标行为出现的频率或次数，以利于进一步的分析与解释。

时间取样中的时间间隔有两种，一种是规律性时间间隔，一种是随机性时间间隔。规律性时间间隔，指事先设定的固定时间间隔。例如：在观察中，持续观察数周或数天，每天观察目标行为的次数相同，每次以观察 30 秒、记录 30 秒的时间间隔方式进行观察。随机性时间间隔，指随机选取观察时段，并以相同时间观察目标行为。例如：持续观察数周或数天，每天观察次数不等，随机选取任何一分钟观察目标行为。

时间取样中的目标行为是指频繁发生的行为，外显的、可观测的行为。也就是说，能够运用时间取样，其目标行为应该是经常发生的，足以使观察者确信自己能够看到这种行为。一般而言，在 15 分钟内，目标行为平均出现的次数要不少于一次。目标行为要具有一定的代表性，其行为样本的选择应该反映该样本所属总体的特征。

二、时间取样法的运用

(一)确定观察目标

确定观察目标，即明确学前儿童在观察领域中的具体能力或表现，是对观察者要观察或评价的具体技能或能力的陈述，它是一种具体的目的，通常是可测量的。在实施观察研究前，观察者通常需要对观察目标进行确定。时间取样法的核心是“时间”，时间取样法是在特定时间内对目标行为的观察。例如，观察者想了解在午睡起床后，小班幼儿是否有情绪变化，情绪变化的次数如何，可以采用时间取样法，将观察目标确定为小班幼儿午睡起床后的情绪变化。

(二)选择观察对象

时间取样的观察对象选择范围比较广，可以是观察某一特定学前儿童的目标行为表现，也可以是观察多名学前儿童组成的群体的目标行为表现。在具体操作时，根据观察目标，确定观察对象的数量。例如，观察者的观察目标是了解大班某学前儿童在科学活动中的参与情况，那么观察对象就是这一名学前儿童。但如果观察者的观察目标是了解大班学前儿童在科学活动中的参与情况，那么观察对象就要扩展为大班的全体学前儿童。一般情况下，观察者在选择观察对象，明确其数量时，要尽可能使观察对象的目标行为具有代表性，而不是特殊情况下的个案(个案观察除外)。同时，在采用时间取样法，对目标学前儿童进行观察时，需要将学前儿童的姓名、性别、年龄、编号、观察日期等基本信息进行详细记录，以便为后续观察记录分析提供相应的背景信息，见表 4-1。

表 4-1　观察对象基本情况记录表

编号	姓名	性别	年龄	观察时间	地点	观察目标	观察者
01	笑笑	女	4 岁	2020 年 3 月 30 日 9：00-9：10	娃娃家	观察笑笑在科学活动中的活动参与度	王梅

(三)选取观察时间

观察时间的选定需要依照观察目标而定，而且根据不同情况，观察时间的选取也有所不同。观察时间包括了观察时距、时距间隔和时距次数，即要求每隔一定的时间，按某种选定的时段，进行一段时间的观察。观察者根据观察目标，决定使用什么时距、什么间隔、多少次数，而且在实施观察前，要进行初步预试的程序。

1. 观察时距

观察时距，指一次观察的长度，它与目标行为发生的频率有关。若以一分钟为观察时距，则其中包含了 30 秒观察、30 秒记录，或 20 秒观察、40 秒记录，或 10 秒观察、50 秒记录等不同的时距选取方式。一般而言，观察时距的长度应该接近于每一个单一目标行为发生的最小时间。最常用的观察时距可以是 5 分钟或者更短的时间，一些时间取样的研究案例，采用的观察时距是少于 1 分钟的。在选取观察时距时，要能够在固定的时间内观察和记录样本的代表性目标行为，保证观察资料的信度。例如，以观察一名学前儿童的语言表达行为为例，观察者可以设定 1 分钟的时距，其中 30 秒观察，30 秒记录，连续观察学前儿童 20 分钟，就可以获得 20 个语言表达的观察资料。又如，观察全班 30 名幼儿的语言交流行为，观察者设定 1 分钟时距，30 秒观察，30 秒记录，依次按幼儿学号 1，2，3，……一直到学号为 30 的幼儿。在对所有幼儿都进行了一次观察以后，进行第二轮的观察，这次的观察顺序按学号 2，3，4，……一直至第 30 号幼儿，再到 1 号幼儿。

观察时距的长短关系到目标行为类别的判断和观察的结果。长时段的观察时距，可以保证观察者有充足的时间进行目标行为类别的判断和观察记录，但是较长时距的设定，有可能在一个时距内有两个甚至多个目标行为类别的发生。反之，过短的时距设定，也是不合适的，会导致观察记录粗略或不完全。因此，过长或过短的观察时距，皆会影响观察的结果，使观察资料的收集受到信度与效度的挑战。

2. 时距间隔

时距间隔指时距与时距之间间隔的时间。在时距间隔中，所选时距的长度、在此时距内所要观察的对象之数目，以及所要记录的细节的总数都起着非常重要的作用。在一些观察项目中，由于观察项目多，需要采用间隔；一些观察记录简单且可持续进行观察不需要间隔。

3. 时距次数

时距次数指在观察中共要观察的时距次数。观察时间的长短，决定了所需要的时距的次数，从而获得具有代表性的目标行为样本。一般而言，当观察者对目标行为不熟悉或目标行为变化较大时，观察所需要的时距次数就会多一些。反之，当观察者对目标行为比较熟悉或者目标行为变化不大时，观察所需要的时距次数就会减少。

（四）细化目标行为分类

在运用时间取样观察法时，观察者需要将相对抽象的目标行为转换为具体明确、可观察的行为，因此，要对目标行为进行进一步分类细化。一般而言，目标行为可依据相关理论或观察目的进行划分。在进行分类时，目标行为的类别不易过多、过细，也不易过少或太笼统。观察者需要考量观察目的与行为特征，并参阅相关理论与研究，选择合适的行为类别数量。行为类别之间要相互排斥，所分出的类别要能够囊括所有行为。也就是，在观察目标行为时，无论儿童做什么，都可以被分到相应的类别中。

（五）界定操作性定义

在运用时间取样观察法时，观察者需要将观察到的复杂行为或现象进行具体化，对每类目标行为下操作性定义，也就是给予必须观察和或测定的行为详尽的说明和规定，确定这一行为或现象测量与观察记录的客观标准，即观察指标。这种操作性定义在许多观察者同时进行同一个观察计划的时候，显得尤为重要。每个观察者，在观察实施前，应明确操作性定义的内涵。一般而言，操作性定义采用名词、动词、形容词等形式，要简洁明了，便于理解。

运用时间取样法的典型研究是帕顿（Mildren B. Parten）20 世纪 20 年代中期进行的一项关于学前儿童在游戏中的社会参与程度研究。①

帕顿的观察对象是 2—5 岁儿童，她根据儿童在游戏中的社会参与程度，将游戏分为 6 种活动类型：无所事事、旁观、单独游戏、平行游戏、联合游戏、合作游戏，并对每一类型赋予操作性定义（见表 4-2），还设计了观察量表（见表 4-3），这个量表也成为后来使用比较广泛的游戏观察量表。帕顿在规定的游戏时间内，依次观察每个儿童一分钟，并根据儿童社会参与程度和 6 种游戏类型的操作性定义，判断每个儿童在这一分钟中所表现的行为属于哪种类型，记入观察记录表。通过对一系列观察资料整理分析的结果表明，2—5 岁学前儿童在游戏中的社会参与程度随年龄的增长表现出一定的顺序性，即年龄较小的儿童往往喜欢单独游戏，随着年龄的增长逐渐发展到平行游戏，再发展到社会化程度较高的联合游戏和合作游戏。

① 施燕，韩春红. 学前儿童行为观察. 上海：华东师范大学出版社，2011：52.

表 4-2　6 种游戏类型的操作性定义

游戏类型	操作性定义
无所事事	儿童没有做游戏，只是碰巧观望暂时引起他们感兴趣的东西，如没有可注视的就玩弄自己的身体，或走来走去、爬上爬下、东张西望。
旁观	儿童基本上在观看其他儿童的游戏，有时凑上来与正在做游戏的儿童说话、提问题、出主意，但自己并没有直接参加游戏。
单独游戏	儿童独自一人游戏，只专注于自己的活动，根本不注意别人在干什么。
平行游戏	儿童能在同一处玩，但各自玩各自的游戏，既不影响他人，也不受他人影响，互不干涉。
联合游戏	儿童在一起玩同样的或类似的游戏，相互追随，但没有组织与分工，每人做自己想做的事情。
合作游戏	儿童为某种目的组织在一起进行游戏，有领导、有组织、有分工，每个儿童承担一定的角色任务，并且相互帮助。

（六）制订观察量表

观察量表的设计是为了避免观察者在观察时过于主观或产生偏见，导致观察结果的记录或评量出现偏差。观察者应根据观察目标与实际观察需要设计符合观察计划的观察量表。观察量表因观察者的实际需要以及每个观察者使用的习惯不同而有所不同。国外学者使用时间取样法来观察儿童社会性行为，目前主要的量表有帕顿/皮亚杰游戏行为量表、豪斯的同伴游戏观察量表、斯密兰斯基社会戏剧游戏观察表等。以上三个观察量表是各研究者针对某项研究所涉及的观察量表，有其特定的观察目的与内涵，并不适用于所有的观察情境与行为。因此，在做一项观察时，观察者需要根据自己的观察目标设计观察量表并进行观察资料的收集，才能有效观察。

表 4-3　游戏类型观察记录表①

被试代号游戏类型	无所事事	旁观	单独游戏	平行游戏	联合游戏	合作游戏
1						
2						
3						
4						
……						

① 施燕，韩春红. 学前儿童行为观察. 上海：华东师范大学出版社，2011：52.

表 4-4　游戏类型观察记录表①

	无所事事	旁观	单独游戏	平行游戏	联合游戏	合作游戏
9：00-9：01					目标行为出现 1 次，持续 50 秒	
9：01-9：02				目标行为出现 1 次，持续 60 秒		
9：02-9：03			目标行为出现 1 次，持续 30 秒		目标行为出现 1 次，持续 30 秒	
9：03-9：04					目标行为出现 1 次，持续 30 秒	目标行为出现 1 次，持续 30 秒
9：04-9：05				目标行为出现 2 次，持续 20、30 秒		
9：05-9：06				目标行为出现 1 次，持续 40 秒	目标行为出现 1 次，持续 20 秒	
9：06-9：07					目标行为出现 2 次，持续 30、20 秒	
9：07-9：08						目标行为出现 1 次，持续 40 秒
9：08-9：09					目标行为出现 2 次，持续 20、30 秒	
9：09-9：10					目标行为出现 2 次，持续 20、30 秒	
合计(分秒)	0 秒	0 秒	30 秒	2 分 30 秒	4 分 40 秒	1 分 10 秒

① 李晓巍. 幼儿行为观察与案例. 上海：华东师范大学出版社，2017：105.

（七）选择记录时点与记录内容

依据时间取样记录的时距间隔或取样方式等不同，在选择记录时点时，可以从时距取样、瞬时取样和固定时间间隔取样三种形式着手。

1. 时距取样

时距取样是指在观察前设定观察时距完成记录，即记录观察时距内出现的目标行为，重点是记录目标行为出现的次数。一般而言，时距取样是一种结构式的记录形式，需要在观察前将目标行为分类与定义，然后根据所定义的目标行为类别设计观察量表。在实施观察时，观察者在预先设定的记录时间内将观察到的目标行为记录在观察量表上。例如，观察时距设定为 30 秒，则其中可以 20 秒观察，10 秒记录，即在两段观察时间内暂停 10 秒以便记录，且时距取样一般以划记形式或使用符号进行记录，比较方便快捷。

2. 瞬时取样

瞬时取样在操作方式上与时距取样相一致，但瞬时取样强调在观察时距结束的那一刻才记录目标行为是否出现。例如，观察时距为 30 秒，瞬时取样则在观察时间为第 30 秒的时候记录目标行为。瞬时取样时间间隔越短，越接近连续取样的研究结果。瞬时取样在相关刻板行为中记录比较准确，但在观察对象样本少、目标行为概括性较差时，需谨慎使用。如目标行为变化大，则瞬时取样所获得的研究结果与实际情况有一定的出入。当然，也可采用划记形式或使用符号进行记录。

3. 固定时间间隔取样

固定时间间隔取样的记录形式是以每次观察 3 分钟、5 分钟或 10 分钟等不相等的固定时间间隔方式，记录在时间间隔内目标行为出现的有无、次数与频率。例如：观察者计划每次观察目标行为 30 分钟，一天观察数次或每天观察一次，记录观察时间内目标行为的出现情形。发生频率较低的目标行为适合较长的时间间隔记录，如每天观察一次；反之，发生频率较高的目标行为适合较短的时间间隔，如一天观察数次。

以上为时间取样法的三种记录时点形式，但不管采用哪种记录时点形式，在记录内容上至少要包含四个要素，分别是：观察目的、观察对象、观察时间、观察行为。其中观察时间指依据观察目标或观察行为的特性，决定观察时距、观察次数或频率，以及观察持续的时间。

（八）解释与分析

在观察记录收集到相关资料后，需要对资料进行“信度”与“效度”的检视。在判别资料可信与有效的基础上，对观察资料进行解释与分析。在解释与分析时，可以从两方面着手，一方面是解释观察记录资料，另一方面是从资料分析中进行推论。在解释观察记录资料时，需要注意：①估算目标行为发生的频率；②细想目标行为发生的起因；③

测量目标行为持续的时间；④检视目标行为对于儿童发展的意义；⑤定义目标行为的模式；⑥确定观察或评量的必要性。在从资料分析中进行推论时，需要注意：①依据儿童发展理论与相关知识，评量幼儿现阶段的发展与发展常模之间的差异，以此提出相应的教育建议与措施。②根据目标行为发生的次数与频率，了解目标行为发生的程度，由此提出下一步的指导计划，进一步支持幼儿的学习与发展。

延伸阅读

在不同社会密度的活动室中活动的幼儿行为的对比研究①（节选）

本研究的对象是3—6岁的幼儿。在3个年龄组的幼儿中随机抽取28人、20人和14人，共组成9个小组，使这些组的幼儿分别在纯地面积(活动室面积减去家具和室内其他物体占地面积)的活动室内进行自由活动，室内的设备和材料依据幼儿人数变化而作相应的变化，使每个幼儿使用的设备和材料量基本保持不变。

研究者运用时间取样观察法对3种不同社会密度情况下的幼儿的行为进行观察和记录。观察和记录按照预先规定的行为分类系统进行，涉及幼儿行为的各个方面。记录表的设计参照了McGrew等人的观察记录表。

在幼儿园活动室现场，研究者在自然状态下对幼儿的行为作观察记录。每次观察的时间为30s，另30s用作速记。对记录结果进行整理和分析，即可获得在3种不同的行为背景中的幼儿各种行为发生的频率。研究者对3个年龄组的幼儿在纯地面积为$34m^2$的情况下以14人、20人和28人为组合人数时的行为(即社会密度为$2.4m^2$/人、$1.7m^2$/人和$162m^2$/人时的行为)分别作了414次、572次和476次的观察记录，分别获取了每数10种行为的414个、572个和476个时间样本。研究注意到观察记录的客观性和可靠性，观察者的观察不影响幼儿的活动，观察者信度符合要求。

幼儿自由游戏活动中同伴交往的特点（节选）②

研究方法

选取上海市某幼儿园60名幼儿作为被试，其中有效被试48人，3岁、4岁幼儿各半，男女各半。3岁幼儿平均年龄为3岁5个月，4岁幼儿平均年龄为4岁8个月。被试均来自独生子女家庭，智力正常。在自然条件下对儿童行为进行

① 朱家雄. 在不同社会密度的活动室中活动的幼儿行为的对比研究认[J]. 心理科学，1996(3)：163.

② 武建芬. 幼儿自由游戏活动中同伴交往的特点[J]. 学前教育研究，2008(5)：35-36，有删减。

录像观察。录像安排在被试所在幼儿园上午教室内、外两个自由游戏活动时间。拍摄期间，幼儿身边有很多玩具，如室内有积木、图书等，室外有小毛驴玩具、滑梯等。幼儿对环境都很熟悉，无陌生感。

借鉴发展心理学家 K. Rubin 教授 1989 年编制的《儿童游戏观察量表》和幼儿园有关教师建议，并根据前期预观察，研究者制定了幼儿同伴交往行为自然观察表，主要有 5 个指标：交往性别(同性/异性)、交往主动性(主动/被动)、交往方式(语言/非语言)、交往性质(积极/中性/消极)及交往控制性(控制/中性/顺从)，各指标都有操作性定义。录像开始前，采用习惯化技术消除儿童的好奇心和焦虑。正式录像过程中，除非发生意外，要求教师不要干预儿童自由活动。若发现目标儿童对录像产生某种反应，如注视录像或表现不自然，或无故停止正在进行的活动，则立即停止录像，所缺录像及时补足。按此程序和要求采用时间取样法对幼儿在室内、外两个自由游戏情境中的同伴交往各录像 15 分钟，每个被试共录 30 分钟。资料收集均在 3 周内完成。

根据操作定义对幼儿同伴交往的 5 个指标分别进行交往次数和交往时间的编码。由研究者本人与一位心理学研究生共同完成。其中，交往次数方面，目标幼儿与同伴之间每出现一个交往回合(该儿童和其他幼儿从交往的发起开始到能够得到对方回应为一回合)就记 1 次；与每次交往相对应的持续时间就是交往时间(以分钟为单位)。抽取 4 个被试各 5 个编码单位的儿童行为，利用评分者一致性对编码信度进行估计，两编码者间的一致性信度为 89%~98%。对编码中意见不一致的行为，通过反复讨论确定。

讨论与启示

(一)自由游戏活动中幼儿与同伴交往的一般频率和持续时间

频率和持续时间研究表明，在 30 分钟的室内外自由游戏活动中，4 岁幼儿与同伴交往的频率要远高于 3 岁幼儿，其与同伴互动的持续时间也远比 3 岁幼儿长，说明随着年龄的增长，幼儿与同伴交往的频率逐渐增多，交往时间也逐渐延长。大量相关研究也证明，学前期儿童与同伴相互作用的频率进一步增加，互动的质量逐步提高。这可能与“幼儿社会交往能力是随着年龄增长而不断提高”有关。同时，幼儿与同伴交往的频率和持续时间存在很大的个体差异，在 30 分钟自由游戏活动期间，3—4 岁幼儿与同伴交往的次数从 19 到 52 次，交往持续时间从 1.57 到 17.90 分钟不等。由于“儿童的交往质量受性格特征、行为方式、对同伴的态度和一系列社交技能的影响”，因而在与同伴交往时表现各异，影响了其与同伴的互动频率和交往质量。幼儿在教室内与同伴的交往频率和持续时间要远远多于室外，表明同伴交往更多发生在室内。该结果启示教师，要关注幼儿自由游戏活动中的同伴交往，尤其是要了解幼儿在不同游戏活动情境中的同伴交往情况，以便有针对性地指导幼儿。

(二)自由游戏活动中幼儿与同伴交往各方面的年龄差异和性别差异

在交往性别上，3 岁幼儿（无论男孩女孩），选择同性和异性玩伴的情况都是相对随机的，而 4 岁幼儿则比 3 岁幼儿更多有意识地把同性而非异性作为自己的玩伴，说明 3 岁幼儿还没有明显的性别意识，4 岁幼儿已开始具备一定的性别意识。这与已有相关结论一致。这表明随年龄增长，幼儿会更多选择同性伙伴，一个可能的解释是："幼儿的社会性易于被同性玩伴所引发。"同性玩伴和异性玩伴对幼儿的游戏会产生不同影响。观察发现，同性玩伴一起游戏时，较多地玩与自己性别相符的玩具和游戏，并更多地使用熟悉的物体。当异性玩伴一起游戏时，他们玩的玩具和游戏是中性的，较多出现与自己性别不符的游戏，更多地探索新异物。人格理论家沙利文认为，在青少年早期，儿童开始形成"密友"关系，一种与同性别同伴亲近的、密切的相互关系。这是儿童的第一种真正以相互性为基础并且平等交换的人际经验。

在交往主动性上，4 岁幼儿比 3 岁幼儿更多主动地与同伴交往，这可能与年长幼儿语言能力的增强和交往经验增多有关，还可能与幼儿所处的交往情境有关；在交往方式上，4 岁幼儿比 3 岁幼儿更多使用语言进行交往，这可能跟 3 岁幼儿语言表达能力有限等特点有关；在交往性质和交往控制性上，4 岁幼儿比 3 岁幼儿更多采用积极和中性的交往方式，这可能与幼儿社会认知能力、移情能力和模仿能力的提高有关。此外，在交往方式和交往性质上存在很大性别差异：男孩比女孩更多使用非语言的、消极的方式与同伴交往。这可能是因为女孩在言语能力上占优势，而男孩则往往由于语言表达能力较差而使用其他非语言的方式交往。同时，男孩体力和精力较之女孩更为旺盛，加上受家庭、媒体等性别刻板因素的影响，很多男孩习惯于支配他人，当他人不理解其想法或不予以满足时，就会用责备、辱骂、排斥甚至攻击等消极方式回应。

(三)关于同伴交往次数和同伴交往时间两个指标的使用问题

在考察幼儿同伴交往质量时，我们同时使用了交往次数和交往时间两个指标。一般认为，交往次数越多，交往时间会越长，交往质量也会越好，这一点也基本得到本研究的证实和支持。然而，交往次数和交往时间有时并不是一回事。比如有的幼儿在 5 分钟之内和其他同伴交往了 5 次，但是每次交往都是浅尝辄止，持续时间可能只是 25 秒左右，而另一个幼儿在相同时间内只与其他幼儿交往了 2 次，交往时间却持续了 3 分钟左右，由此可见，交往频率和交往时间存在很大的个体差异，在反映幼儿交往质量上有时会不一致。交往次数多，未必交往时间长，具体情况还要依据具体情境而定。在自由游戏活动中，儿童可以自由选择玩伴，按照自己喜欢的方式与之玩耍，"唯有儿童自己选择、自己建构的同伴群体才真正是儿童自己的世界"。这就启示幼儿教师，在日常教育工作中，要尽可能多地为幼儿创造同伴交往机会，要组织形式多样的同伴互动游戏，开展丰富多彩的教育组织形式，同时要加强对幼儿交往行为的多维度观察：不仅要关注高结构化游戏中幼儿之间互动的特点和规律，更要关注幼儿在自由游戏活动中同伴交往的特点和规律；不仅要关注幼儿与同伴交往的发生频率，更要从其与同伴交往的持续时间进行深入探讨，以便真正科学地反映幼儿同伴交往的质量。只有这样才能全面了解和有效指导幼儿的同伴交往。

三、时间取样法的优缺点

（一）时间取样法的优点

时间取样法比较省时、省力。时间取样法的关键是预先规定所要观察的目标行为的操作性定义以及各种行为的记录代号，并精心设计好记录表格，观察者可使用符号记录等方式短时内获取大量信息，信息获取方式比较便捷。

时间取样法比较客观、高效。时间取样法事先设定好观察内容、观察时间与相关记录表格，这样观察者在观察记录中基于原先的设计，可获得具有代表性的目标行为样本，减少了观察者在判断与推论上的变异性，使不同观察者之间具有一定的一致性，从而高效获取资料，观察资料客观性强。

时间取样法收集的材料易于统计。时间取样法注重记录在规定时段中预先设定的目标行为是否出现、出现的次数等，可同时观察多个目标行为样本，也可针对个别幼儿的特定行为进行多次观察，其记录为量化资料，这为后期的数据统计提供便利。

（二）时间取样法的缺点

时间取样法仅适用于观察发生频率较高，并且易于观测的行为。具体而言，每 15 分钟至少发生一次的行为，才适用于时间取样法。另外，时间取样法，仅适用于观察外显行为，对于一些内在的、隐蔽的、抽象的行为，不易选用时间取样法进行观察。

时间取样法必须严格按事先规定的观察时段，在规定的时间段里进行观察记录，观察者只能对目标行为进行零碎的记录，无法保存学前儿童完整的行为系统。尤其当观察者设计的观察时长不合适时，造成观察者记录的目标行为的持续时间级发生频率上的偏差，影响最终观察结果的准确性。

时间取样法在观察时仅关注学前儿童所表现的目标行为，而没有对目标行为发生的背景资料、行为发生的顺序、行为的原因与结果等进行记录，因此，很难确定多种行为之间的关系。在对目标行为进行分析时，也会脱离发生背景，出现分析上的偏差。

时间取样法仅关注目标行为发生的频率与时间，缺乏对学前儿童目标行为实际情况的具体描述，无法获得目标行为具体细化的内容。因此在做研究时，时间取样法的记录除使用符号、标记等记录外，往往会结合描述性记录的方法来使用，以保证获得相对丰富的观察资料。

第二节　事件取样法

一、事件取样法的含义

事件取样法是指以特定的行为或事件的发生为取样标准，从而对目标行为进行观察记录的一种方法。事件取样法在自然情境中进行观察，当目标行为发生时立即做记录，观察所得的资料和信息具有连续性和自然性。

运用事件取样法最著名的例子是道（Helen C. Dawe，1934）对幼儿争执事件的研究。①

幼儿争执事件的研究

该研究是对幼儿园儿童在自由活动时间内自发产生的争执事件进行观察记录，观察对象为40名2—5岁的儿童，其中男孩19人，女孩21人。观察过程是等待争执事件的发生，一旦发生争执事件，便用秒表计时，一直到行为停止。与此同时，按照事先拟定好的观察记录内容填写观察记录表，观察记录表包括以下几个方面的内容：①争执者的姓名、年龄、性别。②争执持续的时间。③争执发生的背景、起因。④争执什么（玩具、领导权）。⑤争执者所扮演的角色（侵犯者、报复者、反抗者、被动接受者）。⑥争执时的特殊言语或动作。⑦结局如何（被迫让步、自愿让步、和解、由其他儿童干预解决、由教师干预解决）。⑧后果与影响（高兴、愤恨、不满等）。

在记录中要尽可能正确地记下整个对话。观察者还对所要研究的行为作出了详细的操作性定义。

道经过三个多月，58.75个小时的观察，共记录了争执事件200例，发现在这200例争执事件中，有68例发生在室外，132例发生在室内；平均每小时发生争执事件3~4次；争执事件持续1分钟以上的只有13例；平均争执持续时间不到24秒；室内争执持续时间比室外争执持续时间短；男童争执多于女童，攻击性水平也

① 施燕，韩春红．学前儿童行为观察［M］．上海：华东师范大学出版社，2011：61.

高于女童；争执常发生在不同年龄组、相同性别的儿童之间；随着年龄增长争执事件减少，侵犯性质增强；几乎所有的争执都伴有动作，如冲击、推拉等，争执中，偶尔有大声的喊叫或哭泣，但无声争执占大多数；导致争执发生的原因往往是对占有物品(所有权)的不同意见；大多数争执自行平息，往往是年幼儿童被迫服从年长儿童，或年长儿童自愿退出争执；争执平息后，很快恢复常态，无耿耿于怀、愤恨的征候。

表 4-5 幼儿争执事件记录表

儿童	年龄	性别	争执持续时间	发生背景	行为性质	做什么说什么	结果	影响
1								
2								
3								
……								

二、事件取样法的运用

(一)确定观察目标

事件取样法在对学前儿童进行观察记录前，和时间取样法一样，需要对自己为何要观察以及观察什么有明确的了解，也就是首先要确定观察目标。事件取样法的重点是“事件”，仅针对特定的事件或行为进行观察，只关注事件本身，往往可以记录事件的内容与发生的前因后果。例如：在区域活动中，大班幼儿之间会发生相互合作的行为，观察者为了了解学前儿童合作行为发生的始末，可以采用事件取样法进行观察并记录。观察目标可以确定为观察大班幼儿区域活动中的合作行为情况。

(二)选取观察对象

事件取样法的观察对象选取方式与时间取样法相同，既可以选取某一特定学前儿童作为观察对象，也可以选取多名学前儿童组成的群体作为观察对象。观察者要根据观察目标选取观察对象。例如，观察者发现，班级中一名幼儿经常发生攻击性行为，观察者的观察目标是了解该幼儿攻击性行为的特征、原因及其影响，那么，观察对象就为该名幼儿。如果观察者发现中班中多名幼儿有告状行为，观察目标就是要了解中班幼儿告状行为的发生及其原因，那么观察对象就是多名幼儿组成的群体——中班幼儿。观察者在采用事件取样法进行观察前，需要对观察对象基本情况做详细记录，以便后续观察资料的分析与解释，下面以单一幼儿作为观察对象为例：

表 4-6　观察对象基本信息表

幼儿姓名：乐乐	性别：女	编号：01
年龄：4 岁 6 个月	观察日期：2019 年 12 月 26 日	
开始时间：10：00	结束时间：10：30	
观察目标：观察乐乐在数学活动中常规的执行情况		
观察情境：在《数物拼板——认识 1—5》的活动中很多小朋友操作完之后都把物品卡和数字卡混在一起放回操作盘中，没有放到材料最初的摆放状态，乐乐把物品卡和数字卡分别摆放。		
观察者：杨洋		

（三）定义目标行为

观察者在确定观察目标和选取观察对象之后，应对目标行为进行明确的界定，其中包括对目标行为进行分类，以及对目标行为类别下操作性定义。与时间取样法相似，观察者采用事件取样法对目标行为进行分类时，需要遵循相互排斥原则和详尽的原则。

表 4-7　冲突应对策略类别与操作性定义（节选）①

冲突应对策略：指在同伴冲突中，幼儿为了实现自己的目的或战胜他人而采用的解决方式与方法。
幼儿冲突应对策略类别：合作式策略、攻击式策略、退缩式策略、求助式策略
合作式策略操作性定义： 1. 请求说理指幼儿通过向同伴讲道理来实现自己的目标。 2. 协商交换指幼儿通过讨论想出办法，达成共识，由此解决冲突。 3. 谦让指冲突的双方中有一方主动让步。 4. 道歉安慰指一方向另一方主动道歉或安慰。
退缩式策略操作性定义： 1. 屈服指幼儿在受到另一方威胁或攻击时，主动放弃自己的要求。 2. 放弃离开指幼儿在冲突面前，主动放弃自己的目标，离开冲突现场。 3. 哭泣或生气指幼儿通过哭闹或生气的方式来处理冲突。 4. 求助式策略指求助老师或求助同伴，老师和同伴都是被动介入冲突。

① 改编自向海英，孙文杰. 中班幼儿同伴冲突应对策略及教师干预态度［J］. 学前教育研究. 2014(10)：52.

(四)选择观察情境

观察者依据观察目标以及观察对象，选择观察情境。观察者需要选择获得与目标行为相关的观察情境。观察情境一般要包含与观察地点和观察时人、事、物等相关情境的描述。是选择活动室内自由活动时间，还是户外自主游戏时间，需要根据目标行为的代表性以及观察实施的便利性加以斟酌。

情境描述范例 1

幼儿园的户外塑胶活动场地在南北两幢教学楼中间，北面的教学楼外墙下摆放着孩子们户外活动的器材，西边有一排供绿色植物攀爬的长廊。为了增加孩子的活动内容，老师们从长廊顶端用一些长短不一的绳子垂吊了许多的废旧摩托车轮胎、塑料圆环，做成大小、长短不一的吊环，既不影响孩子们的户外活动，又可以让孩子练习原地纵跳触物和垂吊。在家长和老师的帮助下孩子可以双手抓住吊环练习垂吊，平日里孩子会在长廊下向上跳起伸手去摸轮胎，但大多数孩子都摸不到挂得高的吊环，只有少数高个子的孩子偶尔触碰到。上午户外自主游戏时，睿睿(5 岁半)、然然(5 岁半)站在吊环下，探索如何够到吊环。(选自：楚雄彝族自治州幼儿园，高红梅“吊环”观察案例。)

图 4-1 “吊环”活动中幼儿合作行为(一)

图 4-2 “吊环”活动中幼儿合作行为(二)

图 4-3 "吊环"活动中幼儿合作行为(三)

图 4-4 "吊环"活动中幼儿合作行为(四)

情境描述范例 2

幼儿园的草地旁有一块宽阔的操场，操场周围摆放着轮胎、安吉桶、竹梯、体操垫等体能游戏材料，大家称这块操场为"体能游戏区"。孩子们来到这里，可以利用各种游戏材料进行搭建，开展有挑战、有创意、有趣味的体能活动。下午体能活动时间，张奕(4 岁 3 个月)站在中安吉箱前面，徐然(5 岁)站在大安吉箱前面，准备过竹梯。(选自：楚雄彝族自治州幼儿园，李玉婷"过竹梯"观察案例。)

图 4-5 "过竹梯"活动中幼儿合作行为(一)

图 4-6 "过竹梯"活动中幼儿合作行为(二)

(五)选择记录方式与记录内容

事件取样法的记录方式主要有两种，其一为符号记录方式，其二为叙事描述记录方式。符号记录方式指观察者只关注目标行为，一旦目标行为发生，就立即以事先设定的符号代码来进行记录，对目标行为以外的行为与事件不予关注。符号代码可根据观察者的需要进行预先设计，形式可以多样。符号记录方式比较方便、快捷，便于统计目标行为发生的情况。叙事描述记录方式指直接以文字记录与观察主题相关的目标行为，记录目标行为的来龙去脉及其前因后果。采用叙事描述记录方式时，可以将观察结果填入预先设计好的观察记录表中，也可以不使用表格。在观察者进行观察时，可以根据观察目标与实际情况，选择适合的记录方式，以达到事半功倍的效果。在观察时，观察者必须关注目标行为是否发生，一旦发生，就立刻予以记录，一旦结束就停止记录。

符号记录方式范例

观察记录幼儿园中班集中教育活动中幼儿插话行为发生的情况。“✓”表示有意义插话，“○”表示类似相关插话，“×”表示无意义插话。“★”表示边举手边插话，“▲”表示站起来插话，“▼”表示坐在座位上插话。“1”表示男孩，“2”表示女孩。

表 4-8　中班幼儿在集中教育活动中插话行为记录表

活动内容 幼儿编号	语言教育活动	社会教育活动	艺术教育活动	健康教育活动	科学教育活动
1	○ ✓ ★▲	○ ▼		× ▲	✓ ▲
2		✓ ▼	○○ ▼▼		
1	✓ ★	○ ▼			
1	✓ ▼		○ ▼		
2		○ ★	× ▼		
1	✓ ▼				✓ ★

续表

活动内容 幼儿编号	语言教育活动	社会教育活动	艺术教育活动	健康教育活动	科学教育活动
1		✓ ▼			
2	○ ▼				
1	✓ ▼				
2					○ ▼
1					✓ ★
2					○ ▼
共计插话次数	7 次	5 次	4 次	1 次	5 次
插话形式统计	▼4 次 ★2 次 ▲1 次	▼4 次 ★1 次	▼4 次	▲1 次	▼2 次 ★2 次 ▲1 次

叙事描述记录方式范例 1

表 4-9 中班幼儿合作行为观察记录表

姓名	年龄	性别	合作时间	发生背景	合作原因	说什么/做什么	结果
张奕	4 岁 3 个月	男	1 分钟	户外体能活动“过竹梯”，从中号安吉箱出发，蹲下身子弯下腰来，双手扶着竹梯的两侧往前走。	走到竹梯中间相遇。	张奕双手放开竹梯。	握了一下徐然的手。之后放开徐然的手。

续表

姓名	年龄	性别	合作时间	发生背景	合作原因	说什么/做什么	结果
徐然	5岁	女	1分钟	户外体能活动“过竹梯”，从大号安吉箱出发，蹲下身子弯下腰来，双手扶着竹梯的两侧往前走。	走到竹梯中间相遇。	徐然双手抓紧竹梯，往后退了一步慢慢站起身子。	与张奕握了手。
张奕	4岁3个月	男	5分钟	与徐然面对面在竹梯上。	走到竹梯中间相遇。	先将左手递给徐然，又将右手递给徐然，握紧徐然的双手慢慢地站起身子来一摇一晃地站在竹梯上。	与徐然握手。
徐然	5岁	女	5分钟	与张奕面对面在竹梯上。	走到竹梯中间相遇。	双手依次抓住了张奕的左手和右手，慢慢地站起身子来，将头转向身后对身后的小朋友说：“麻烦你让一让，麻烦你让一让，我们要过去。”	与张奕握手。
张奕	4岁3个月	男	1分钟	与徐然面对面在竹梯上。	走到竹梯中间相遇。	放开徐然的双手，赶快蹲下。	
徐然	5岁	女	1分钟	与张奕面对面在竹梯上。	走到竹梯中间相遇。	赶快蹲下来，双手抓住竹梯的两侧。	

（以上记录内容改编自：楚雄彝族自治州机关幼儿园，李玉婷“过竹梯”观察案例。）

叙事描述记录方式范例2

以大班幼儿“吊环”活动中的合作行为为例，以叙事描述记录方式来记录两位小朋友的合作行为。

睿睿从竹梯上下来，站在吊环下抬头看着吊环，这时然然走过来，对睿睿说："你爬上去嘛，我来帮你扶着梯子。"睿睿说："不行呀，还是够不到的。"然然说："再往上爬嘛"。然然说完双手把竹梯又搬过来竖直了一些，自己先爬上了竹梯的第一节，竹梯摇晃一下，他赶快下了竹梯，把竹梯又搬斜了一点，睿睿扶着竹梯，然然又爬到第三节试了一下，还是够不到，然然从竹梯上下来，两人站在竹梯旁，睿睿想了一下说："你扶着梯子，我背对着爬。"然然站在吊环撑杆和竹梯的中间，双手扶着竹梯的两边，睿睿背对着竹梯，双手从背后扶着竹梯的两边，低头看着自己的脚，右脚向后提起踩上第一节竹梯，左脚也跟着踩了上去。

（选自：楚雄彝族自治州机关幼儿园，高红梅"吊环"观察案例。）

以上为事件取样法的两种记录方式，但不管以哪种记录方式，在记录内容上至少要包括目标行为发生的前因后果，即目标行为发生前，观察对象在做什么；目标行为发生中，观察对象的反应与表现怎样；目标行为发生后，观察对象如何处理与解决等。斯利（1987：42）认为：事件取样法记录时，必须注意资料的信息，包括事件的持续时间、事件的内容要旨、事件的情境脉络，以及后续事件四项。具体而言，持续时间指目标行为开始与结束的时间是什么时候，持续了多久；内容要旨指观察目标包含的内容以及目标对象；情境脉络指目标行为在哪里发生，当时有哪些人，正在进行哪些活动；后续事件指目标行为发生后，接着又发生了什么，结果如何。观察者在记录以上内容时，需要尽可能详细记录，记录完善与否，关系到后续分析与解释的效果。

（六）分析与解释

采用事件取样法对目标行为进行详细观察与记录后，还需要在观察记录的基础上，根据观察目标对目标行为进行分析与解释。在分析与解释时，可以遵循以下原则：第一，依据行为发展相关理论解释行为。观察者在解释目标行为时，必须依据行为理论或发展理论来进行解释，不可以依据个人的认识随意下结论或评定学前儿童的行为。第二，依据持续的观察记录进行行为判断。观察者必须依据持续的观察记录，整理出行为发展的模式，不可以就某一次行为表现来判定学前儿童的不当行为。第三，分析解释的态度应客观谨慎。观察者在分析解释资料时，需要以旁观者的角色来审视自己的记录资料，时刻保持客观的态度和精神，避免因个人因素做出错误的判断。第四，应顾及目标行为发生的情境因素。在进行分析解释时，应关注目标行为发生是由哪些特定的情境因素造成的，避免误判。第五，以观察记录资料为基础分析与解释。分析与解释必须基于观察记录的原始资料之上，不能脱离资料本身而妄加个人的假想作出评判。

延伸阅读

儿童在欺负行为事件中的行为反应①

1. 确定欺负行为事件的观察对象

埃里克森将人的发展划分为 8 个阶段，其中 3—5 岁为儿童早期，5—7 为学前期，7—12 岁为学龄期，12 岁以后进入青年期。本研究主要选择 3—12 岁儿童进行观察，并将观察对象分为 3—5 岁、5—7 岁、7—9 岁、9 岁以上这 4 个年龄段，以探讨年龄的增长过程中欺负行为事件的特征。

2. 确定欺负行为的操作定义及观察的行为范围

本研究把力量大于另一方且反复对另一方进行任何踢、打、抓、用力推搡等身体动作或辱骂、叫绰号等言语行为以及孤立、背后说坏话等行为定义为欺负行为，以便与儿童由于过失或不小心而给同伴造成伤害的行为相区分。同时，本研究还对儿童的欺负行为和儿童间的冲突予以区分，冲突实质是双方相互作用的过程，而欺负则是力量强的一方对另一方实施的特殊攻击行为。

3. 设计单一行为事件观察记录表

本研究从 5 个维度对一件完整的欺负行为进行观察记录和定量定性分析：①年龄段：3—5 岁，5—7 岁，7—9 岁，9 岁以上；②性别：男和女；③欺负行为参与者：欺负者、受欺负者和旁观者，其中旁观者又划分为跟随者、推动者、防卫者、局外者；④欺负类型：主动欺负与被动欺负；⑤欺负形式：身体欺负、言语欺负、关系欺负和其他(如损坏他人物品、做鬼脸、威胁等)。

4. 观察者培训

进行结构性观察时，需要对观察人员进行培训，然后观察者要深入到现实的儿童生活学习情境熟悉一段时间，尽量避免使观察对象产生防备心理。填写表格时，严格按观察项目表进行客观填写，避免加入主观猜测。

5. 正式观察

观察者主要的观察时间段为儿童自由活动时间。对参与欺负事件的所有年龄段儿童的观察都在 10 个相等的自由活动时间段内进行。利用 SPSS11.0 for Windows 统计软件对研究数据进行分析，并通过卡方检验分析各因素之间的关系。

① 伏干，刘强. 儿童在欺负行为事件中的行为反应[J]. 学前教育研究，2009(11)：38-39.

我要养一缸鱼

楚雄彝族自治州机关幼儿园　李丽

一、观察时间：2019 年 5 月 23 日

二、观察地点：楚雄彝族自治州幼儿园戏水池

三、观察者：李丽

四、观察对象：蔓玥(女，4 岁)

五、观察目标：

1. 自主游戏中幼儿交往能力的发展。

2. 幼儿游戏活动中的探究行为表现。

六、观察场景描述：

蓝色底、曲线型边，约 20 平方米的戏水池是孩子们夏季的欢乐地。在池边的木屋里，分类、有序、整齐地摆放着孩子玩水的自制、半成品、成品工具，孩子们可以自由、自主选择这些工具进行游戏。

在一个阳光明媚的午后，孩子们换好戏水服，兴高采烈地来到戏水池，大家七手八脚从池边木屋里端出材料筐，把筐沿池边接龙摆好。孩子们各自挑选喜欢的工具，或一种或两三种，有的三俩相约商量着一起游戏，有的独自一人自得其乐。戏水池里一派热闹欢乐的景象，笑闹声、欢呼声此起彼伏。有忙着捞鱼、钓鱼的，有用桶、瓢、矿泉水瓶等舀水玩的，有驱赶水里漂浮物的，还有玩游泳圈、手摇水车的。五颜六色的玩具和孩子们鲜艳的游戏服映照在波光粼粼的水中，煞是好看，让人禁不住羡慕。孩子们沉浸在各自的游戏中，脸上洋溢着开心幸福的笑……

七、观察记录：

在众多孩子中，老师被一个小女孩的爽朗笑声和灵活身影所吸引，她就是蔓玥。蔓玥把半量杯鱼放在岸上，双膝跪在戏水池里，左手扶住水枪下部，右手握住水枪上端，眼睛看着水枪装水的位置，右手上拉水枪，边让水枪吸水边说："我要养一缸鱼，我给鱼缸加水，小鱼就能在鱼缸里游啦！我的小鱼就不会死了。"这时，一个男孩用捞鱼网端着一条鱼过来，他对蔓玥说："蔓玥，我捞到一条鱼，我送给你吧。"蔓玥松开右手指着鱼缸道："好的，你放在我的鱼缸里吧。"蔓玥说完收回右手拉动水枪，嘴里说着："满啦！满啦！水枪的水要满啦！"蔓玥双手一上一下握住水枪，跪着先转右膝面对鱼缸，朝着鱼缸跪走几步，把水枪举到鱼缸上方，对着鱼缸说："鱼儿鱼儿，水来了，可以喝水啦！"蔓玥跪着交替下移双手，说着："哎呀，够不着呀！"就松开左手，左脚先起，右手举着水枪站了

起来。蔓玥起身后左手握住水枪下端，右手下压水枪，说着："小鱼，口渴了，喝水吧。"之后，她把水枪里的水压到鱼缸里。给蔓玥鱼的男孩坐到了鱼缸旁，用一个小量杯舀了一杯水，他对蔓玥说："蔓玥，我们一起给鱼缸加水，好吗？"蔓玥笑着道："好的，我们多加水，小鱼就不挤了。"男孩把水倒进了鱼缸。蔓玥把水枪里的水压完，左转身弯腰又把水枪吸满水，她举着水枪压水进鱼缸时，另一个男孩舀了一杯水走来，男孩问："我把水倒进鱼缸可以吗？"蔓玥回答："好的，水多才好养鱼。"男孩就在蔓玥的右边把水倒进鱼缸，又从蔓玥身后绕到蔓玥左边，舀了一杯水倒进鱼缸。蔓玥把水枪里的水压完，右转身弯腰用水枪吸水，这时前方漂来一条鱼，蔓玥笑着朝前走几步，用左手把鱼捞起，左转身把鱼放进鱼缸左边的捞鱼网，拿起捞鱼网手柄，边把鱼放进鱼缸边说："又捞到一条鱼，我要养一大缸鱼。我还要去捞更多的鱼。"蔓玥右手拿水枪，左手拿捞鱼网，右转身朝前走了几步，有一条鱼从左边漂了过来，蔓玥弯腰用捞鱼网捞起了鱼。她左转身，身体左斜，伸长左手，把捞鱼网中的鱼倒进鱼缸。蔓玥转回身从水池中又捞了一条鱼，她把鱼倒进鱼缸后，把水枪和捞鱼网插到鱼缸里，边搅动小鱼边笑着说："我养了一缸鱼啦！我的小鱼游吧！游吧！"

图 4-7　"我要养一缸鱼"游戏活动(一)

图 4-8　"我要养一缸鱼"游戏活动(二)

图 4-9　"我要养一缸鱼"游戏活动(三)

图 4-10　"我要养一缸鱼"游戏活动(四)

图 4-11　“我要养一缸鱼”游戏活动(五)

图 4-12　“我要养一缸鱼”游戏活动(六)

图 4-13　“我要养一缸鱼”游戏活动(七)

图 4-14　“我要养一缸鱼”游戏活动(八)

图 4-15　“我要养一缸鱼”游戏活动(九)

图 4-16　“我要养一缸鱼”游戏活动(十)

八、观察分析：

(一)健康领域

孩子情绪安定愉快，动作灵活、协调，游戏中能灵活地变换肢体动作，游戏过程轻松、愉快。

(二)社会领域

1. 孩子具有自尊、自信、自主的表现，能用自己的想法进行游戏。

2. 孩子愿意与人交往，游戏活动中能接受同伴的意见和建议，对两个男孩参与自己的游戏时表现得友好，有一定的交往能力。

3. 孩子能注意到游戏中小鱼的感受，有关心、体贴的表现。是一个温暖、贴心的孩子。

（三）科学领域

1. 用玩具水枪吸水给鱼缸加水，捞漂在水面的鱼，让孩子在自主游戏中接触压力、浮力等粗浅科学知识，为今后进一步的科学探究种下了种子。

2. 孩子喜欢探究，并乐在其中。

九、教育建议：

1. 对孩子同伴交往行为给予肯定和表扬，鼓励孩子尝试有一定难度的任务，并注意调整难度，让孩子感受经过努力获得的成就感，勇于挑战自我。

2. 为孩子提供安全、丰富的低结构、多变性、能让孩子发挥想象，创新玩法的游戏材料，接纳、支持和鼓励孩子游戏中的探究行为。

3. 教师进行有效观察，拍下孩子的创新、合作、解决问题的照片、视频，在分享活动中通过有图有真相的讲述、讨论，让孩子们向同伴学习，迁移他人经验，在学习中创新，推进游戏的进一步开展。

4. 分享活动中的回顾、总结及问题提出

①帮助孩子回顾自己游戏中的探究行为，讲述水枪吸水情况，下一步要怎么做。

②提出问题：怎样让浮在水面的物品沉下去，沉在水底的物品浮上来？激发孩子的探究欲望，让孩子的游戏持续、有趣、具有挑战性。

三、事件取样法的优缺点

（一）事件取样法的优点

第一，事件取样法具有实用性。事件取样法研究大部分目标行为，不受其发生频率的影响。观察者可以根据观察目标，选择观察对象的某一目标行为进行观察，只要目标行为发生，就可以进行观察记录，

第二，事件取样法具有省时、高效、完整的特点。在采用事件取样法时，观察者可根据观察目标进行目标行为的分类并设定操作性定义，观察目标指向明确，观察效率

高。同时，观察者可以综合采用符号记录方式和叙事描述记录方式进行记录，使其既具有符号记录方式的省时、高效，又具备叙事描述记录方式的完整与翔实。

第三，事件取样法可获得立即性、全貌性的样本资料。事件取样法在目标行为发生时，即做记录，同时在记录中，又获得目标行为的全过程的资料，包括目标行为的发生的背景、起因、经过和结果，收集到的资料具有连续性，呈现目标行为的全貌，方便观察者后期的分析与解释。

（二）事件取样法的缺点

第一，事件取样法只记录目标行为，容易忽略目标行为之外的资料。事件取样法在目标行为发生时立即做记录，对于其他行为或事件不予关注。这样，与行为事件有关的事件或行为就被忽略，导致在后续的分析与解释时，无法分析一些深层次的原因。

第二，事件取样法获得的资料，量化不够直接。时间取样法能够获得目标行为发生的频率、目标行为时间间隔等量化的信息，而事件取样法采用叙事描述记录形式获取的资料，需要将描述性文字转化为量化的数据，在一定程度上给研究者带来不便。

第三，事件取样法测量稳定性较低。在使用事件取样法时，只要目标行为发生就做记录，但这些目标行为在不同情境下，会有不同的意义和内涵。因此，观察者运用事件取样法时，要特别注意记录目标行为发生的背景或情境，为后续分析解释作好资料准备。

本章小结

观察取样是按事先确定的标准抽取部分对象为样本，然后以样本的结果推论总体情况。观察取样的方法有两种，分别是时间取样法和事件取样法。时间取样法是指以一定的时间间隔为取样标准，对学前儿童的目标行为进行观察，记录目标行为是否出现以及出现的次数与持续时间的一种观察方法。时间取样法通常适用于观察较常出现或出现频率较高，并且易于观测的行为。事件取样法是以特定的行为或事件的发生为取样标准，从而对目标行为进行观察记录的一种方法。事件取样法在自然情境中进行观察，当目标行为发生时立即做记录，观察所得的资料和信息具有连续性和自然性。时间取样法与事件取样法在运用中各有侧重，各有优劣，观察者可以根据观察目标和实际情况，选择适当的取样方法。

复习与运用

1. 时间取样法与事件取样法的运用各包括哪些过程？
2. 时间取样法和事件取样法有哪些优缺点？

3. 选取一个户外活动时间，用时间取样法对幼儿间互动行为进行观察记录。
4. 自选一目标行为，用事件取样法进行观察记录。

拓展资源

1. 黄意舒．儿童行为观察[M]．新北：心理出版社，2012.
   该书第六章第五节详细介绍了观察取样的选择与瞬时观察记录，并就事件取样与时间取样进行了对比。
2. [美]沃伦·R·本特森．观察儿童——儿童行为观察记录指南[M]．于开莲，王银玲，译．北京：人民教育出版社，2009.
   该书第七、八章详细介绍了时间抽样的编码系统、事件抽样与时间抽样的异同，并分析了时间抽样与事件抽样的优缺点。

第五章　学前儿童行为观察的方法——评定的方法

学习目标：

1. 熟悉行为检核法和等级评定法的含义。
2. 了解行为检核法和等级评定法的具体运用过程。
3. 学习运用行为检核法和等级评定法，能够编制简单的观察记录表。
4. 能够运用相关理论，对已记录的学前儿童的行为进行适宜的分析。

在描述、取样的方法的基础上，人们运用了另外一种更为简便的方法来进行观察记录，即评定的方法。评定的方法主要包括行为检核法和等级评定法。这两种方法不仅要作为观察法使用，还要对所观察到的行为作出评定与判断。一般来说，观察者通过评定法，将学前儿童的行为与发展常模进行对照，从而评定学前儿童心理或行为发展的水平，进而进一步指导教育教学实践。

第一节　行为检核法

一、行为检核法的含义

行为检核法是指观察者依据一定的观察目的，将一系列行为项目预先进行排列，并标明关于这些项目是否出现的两种选择，供观察者判断后选择其中之一并作出记号的方法，也称作清单法、检测表单法。行为检核法不受情境限制，可随时随地对学前儿童进行观察记录，是一种比较实用和便捷的方法。一般而言，行为检核法的记录方式为二选一，即用“有”或“无”、“是”或“否”来进行记录。例如，表 5-1 是一份社会性发展检核表，表中列了 6 个项目，代表幼儿应该达到的社会性发展水平，由观察者进行观察与记录。如果被观察者符合项目的描述，就在表格对应栏目内打勾，最后计算总分以评价幼儿社会性发展状况。

表 5-1 社会性发展检核表①

观察者： 被观察者： 观察日期：

幼儿发展常模	是	否
温和亲切，信任别人，亲近别人		
在购物、洗刷等家务活动上乐于帮助成人		
努力保持周围环境整洁		
生动地进行想象游戏，包括创造性游戏和创造出人物		
参与主动的想象游戏，包括创造性玩耍和创造出人物		
理解分享玩具		

由以上社会性发展检核表可以看出，行为检核法只记录所要观察的行为是否出现，并没有对行为如何发生进行描述。因此，行为检核法具有较强的封闭性。同时，行为检核法具有较高的选择性，观察者需要根据观察目标和实际需要，预先对所要观察的各项行为项目进行界定，并熟悉和理解各项目的内涵，然后根据所列出的行为项目核检被观察者是否有这些行为。虽然，行为检核法需要事先界定要观察的行为和事件，但某些项目行为需要结合实际情况来进行判断。以“社会性发展检核表”为例，表中所有条目，如“是否理解分享玩具”“是否参与主动的想象游戏，包括创造性玩耍和创造出人物”等，都需要结合幼儿平时表现作出判断。

二、行为检核法的运用

(一) 确定观察目标

采用行为检核法，往往基于对学前儿童的某些行为表现好奇，或希望了解学前儿童某些行为的出现情况，而这些都是基于特定的观察目标。无论是观察者出于何考虑，确定观察目标都是行为检核法使用的首要程序。在观察目标的描述上，参见之前取样方法

① Carole Sharman，单敏月. 观察幼儿：实践操作指南(第三版)[M]. 王晓平，译. 上海：华东师范大学出版社，2008.

部分。

(二)定义目标行为

行为检核法的使用，需要事先拟定检核表以供观察使用，而拟定检核表的先决条件，就是要明确定义目标行为。在对学前儿童进行观察时，学前儿童行为发生具有很多不确定性，以及行为内涵的多样性，因此，需要事先清楚地定义目标行为，甚至转化为具体的观察行为内容。例如，以幼儿的告状行为为例，将告状行为区分为“具体特定对象”和“不具体特定对象”，在“具体特定对象”方面进一步区分为“肢体冲突”“言语冲突”等项目；在“不具特定对象”方面进一步区分为“秩序干扰”“身体威胁”等项目。根据这些内容还可以进行细化，逐步形成详细的行为内容，进而转化为行为检核表。目标行为的内容要尽可能定义详细、具体且完整，这对后续检核表的发展相当重要，也关系到观察和记录的效度。

(三)选择记录方式

关于行为检核法的记录方式，一般是在特定情境的界定下，依据行为是否出现加以划记，以了解目标行为出现的情况。现以单一目标行为为例，常见的记录方式有两种。第一种方式，只针对目标行为是否出现加以划记，如划勾。这种记录方式只关心目标行为出现与否，观察者只要事先熟悉观察项目，便可以进行记录，划记方法相当简便。第二种方式，与第一种相似，但其目的不只在于了解目标行为是否出现，更在了解每一个观察项目在特定的时间范围内出现的次数，以便提供不同方面的行为信息。这种记录方式下，观察者也需要事先拟定检核表，列出所有观察项目，在观察时只要发现某一种行为，就在行为旁边划记号，如“正”字或其他累计符号加以记录。另外，也有观察者在划记栏位旁边增设“备注”“说明”等栏位，对观察行为进行简要的文字叙述。不管使用哪种记录方式，都需要依据观察目标，考量观察脉络的特征与实际需求等，从而采用适宜的记录方式。

(四)拟定行为检核表

行为检核表的内容是否完备，关系到观察的效度。因此，行为检核表的拟定，至关重要。行为检核表的拟定，首先要求内容的完整性，即行为检核表的内容要与观察目标、目标行为之间的关联；其次，要求观察具有便利与可行性，观察项目的数量、记录的方式等，都是关键。具体而言，行为检核表的拟定，是在观察目标确定、目标行为类别与定义明确的基础上进行进一步制定的。下面就目标行为分类细化后对行为指标进行组织整理转化为行为检核表进行说明。以学前儿童科学领域中学前儿童的观察实验能力为例。观察实验能力是指搜集事实证据的能力。不论学前儿童通过哪种方式进行观察，其观察实验的最终目的都是更加深入地了解认识事物。学前儿童观察实验能力的具体内容见表 5-2。

表 5-2　观察实验能力①

3—4 岁	4—5 岁	5—6 岁
发现事物的明显特征 发现事物的外部特征 学习运用多种感官感知事物的特征 观察现象的发生和事物的变化 在动作的尝试中进行探究 关注动作产生的结果 通过观察和触摸，使用简单工具收集信息	有顺序地观察事物 比较各个观察对象的异同点 运用简单的工具，搜集更多细节性的信息 在实验的过程中发现物体的性质和用途 在实验过程中发现物体之间的联系	学习观察事物的运动和变化 对事物进行长期系统的观察 探寻观察对象的变化规律 在观察中逐渐发现事物和现象之间的内在联系 学习运用标准化的工具来收集信息 在成人的帮助下，制订简单的调查计划并执行

根据观察实验能力的内容要点，可选择其中某一年龄段或几个年龄段设计行为检核表，以小班为例，如观察对象为单一幼儿，则进行如下设计，见表 5-3。

表 5-3　小班幼儿观察实验能力的行为检核表

幼儿姓名________　观察者________　观察时间__________		
发现事物的明显特征	是	否
发现事物的外部特征 学习运用多种感官感知事物的特征		
观察现象的发生和事物的变化		
在动作的尝试中进行探究		
关注动作产生的结果		
通过观察和触摸，使用简单工具收集信息		

如果要进行多名幼儿的观察记录，则可以将表 5-3 改为表 5-4 的形式。

① 张俊. 幼儿园科学领域教育精要——关键经验与活动指导［M］. 北京：教育科学出版社，2015.

表 5-4 小班幼儿观察实验能力的行为检核表

姓名	项目													
	发现事物的明显特征		发现事物的外部特征		学习运用多种感官感知事物的特征		观察现象的发生和事物的变化		在动作的尝试中进行探究		关注动作产生的结果		通过观察和触摸，使用简单工具收集信息	
	是	否	是	否	是	否	是	否	是	否	是	否	是	否
×××														
×××														
……														

(五)付诸观察并记录

在行为检核表制作完成后，观察者就可以使用行为检核表进行实地观察记录。在观察记录时，需要注意以下几点：第一，观察者需要明确观察目标并熟悉行为检核表中的行为项目。一般在正式观察前，需要进行预观察，进一步了解行为项目或根据预观察的情况对行为检核表中不适宜的部分进行调整与完善。第二，在进行正式观察前，观察者要选择适宜的观察地点或情境，需要明确具体的观察时间段与观察方位，便于观察的实施。第三，在进行行为检核时，观察者要尽量保持客观，避免对观察者的偏见。第四，在观察记录时，选择统一的记录方式，便于后续的统计分析。

(六)解释与分析

当观察记录完成后，观察者可以立即统计各项目行为出现的结果，也可以根据观察周期，设定每隔一定的时间进行汇总统计。因为行为核检法的观察结果容易量化，所以观察者也可采用一些统计方法进行数据的统计。除统计分析外，观察者必须保留每次的检核表记录结果，可进一步设定以某次观察对基准点进行对照分析，比较前后变化，使对目标行为的分析更深入。在对观察资料进行分析时，也需要依据相关儿童发展理论以及相关理论知识，具体见第四章相关部分说明。

三、行为检核法的优缺点

(一)行为检核法的优点

第一，行为检核法观察成本低，容易操作，可切实与观察目标相符。行为检核法不需要庞大的设备或器材，只需要对核检法有基本概念理解，运用简单的纸笔即可完成。

必须事先做好检核表，观察者只需要熟悉检核表的内容，在记录时采用封闭性填答方式，待目标行为出现适度划记即可。比较容易操作，即使缺乏观察实务经验者，也容易掌握。

第二，行为检核法结果便于观察者进行量化处理，并且能够进行多元运用。行为检核法因为检核表事先拟定，记录方式采用封闭式，且设计往往是标准化的填答格式，便于对观察结果进行分析。另外，行为检核法的分析结果可转化为量化资料讨论与保存，此结果可以多元化运用。比如，可以汇总不同阶段的行为检核表分析结果作为参照，对比不同时期所做的行为检核的结果，了解目标行为前后的差异；同时，也可以持续地汇总分析，呈现目标行为的发展与改变状况，对于了解学前儿童的行为，进行针对性的教育干预有重要意义。

第三，行为检核法可以与其他方法结合使用，对问题展开深入研究。行为检核法应用范围比较广泛，观察者可以把其作为一个初步的观察方法，了解目标行为的基本情况，在此基础上，再运用其他方法，如实况详录法、事件取样法等进行深入、细致的观察，这样可以避免消耗观察者太多的精力和时间。

(二)行为检核法的缺点

第一，行为检核法同一时间观察行为受限。行为检核法提供给观察者较高的自由度，但当观察目标行为同时出现时，观察者如何精准进行观察记录，如何兼顾多个行为，如何在目标行为持续出现时做好记录，成为观察者的一大挑战。

第二，行为检核表的编制容易存在不完善的问题。行为检核法是观者事先预设的，但观察对象的行为很难被全部预测到，若观察对象出现非预定的观察行为，该行为则会被排除在外，但排除的行为事件可能会影响对观察对象的行为理解，从而形成研究的缺憾。

第三，行为检核表法的使用对观察者自身的要求比较高。观察者需要熟悉并清楚地了解所有行为目标，才能保证观察记录的有效性。但受观察情境以及观察者自身素质的影响，观察者对单一行为的持续观察方式，以及对观察情境中的目标行为理解等有偏差，可能会造成观察记录的遗漏，直接影响观察结果与分析解释。

延伸阅读

ASEBA 评价体系的发展阶段介绍①

CBCL 的创始人是美国著名心理学家 Thomas Achenbach 博士，其研究最早始

① 李宏田，刘建蒙. 儿童行为问题检核表的使用现状及儿童行为问题的研究进展[J]. 中国生育健康杂志，2010(1)：58-59.

于20世纪60年代。经过约半个世纪的发展，CBCL由单纯以儿童青少年(2—18岁)为评价对象逐步过渡到以儿童青少年为主，涵盖全人群(1.5—90岁以上)的Achenbach心理行为问题评价体系(Achenbach System of Empirically Based Assessment，ASEBA)。

1.20世纪60年代初至60年代末。ASEBA基本概念、方法及理论的形成期，也是ASEBA应用于测量实践、培训和科学研究的初探期；Achenbach于1965年首次在美国儿童发展研究会做了有关ASE-BA的科研报告，并于1966年在美国心理学会发表了首篇ASEBA研究专著。

2.20世纪60年代末至20世纪末。ASEBA概念、方法及理论的完善期，也是相关量表的重要发展阶段。在20世纪60年代末至70年代初期，Achenbach与耶鲁儿童研究中心Melvin Lewis博士合作，致力于把ASEBA的基本理论和方法应用于研究实践，为CBCL的创立奠定了基础。Achenbach于1974年和1982年在发展精神病理学第1版和第2版中对ASEBA概念架构进行了系统阐述，并与马萨诸塞大学医学院Craig Edelbrock博士合作，于1983年编著了首部CBCL/4—18父母版使用手册，随后相继于1986年、1987年和1992年编著了CBCL教师版(Teacher's Report Form，TRF)、青少年自评版(Youth Report Form，YSF)和学龄前儿童使用手册。研究表明CBCL父母版、教师版和青少年自评版各自效度和信度均较高，但不同评价者对儿童行为问题评价仅中度相关，这也提示不同评价者对儿童行为问题评价的角度不全一致，任一评价均不可能作为金标准而替代其他评价。为增加不同评价者评价结果的可比性，Achenbach于1991年对CBCL/4—18父母版、教师版和青少年自评版进行了系统的分析和修订，并归纳出8个跨评价者综合征(Cross-in-Formant Syndromes)，每个综合征所含量表条目因评价者不同而略有差异，并依据全美代表性研究资料给出了不同年龄、性别和评价者相关的常模，随后Achenbach于1992年和1997年将跨评价者比较量表扩展到CBCL/2—3父母版和照顾者-教师报告表(Caregiver-Teacher Report Form，C-TRF)。除CBCL父母、教师和青少年自评版外，Achenbach于1986年和1990年创立了直接观察记录表(Direct Observation Form，DOF)和儿童青少年半结构式临床面(Semistructured Clinical Interview for Children Andadolescents，SCICA)。

3.21世纪初至今。ASEBA评价体系的成熟期和计算机化阶段。①Achenbach于2000年与布林茅尔学院Leslie Rescorla博士合作，将CBCL/2—3父母版和C-TRF扩展为1.5—5岁用表，增加了语言发育调查表(Language Development Survey，LDS)，并编著了学龄前儿童ASEBA使用手册。②Achenbach与Rescorla博士合作于2001年和2007年编著了学龄儿童新版ASEBA使用手册(包括CBCL/6—18，TRF/6—18和YSR/11—18)及学龄儿童跨文化评价使用手册

(含不同文化背景的常模)。Achenach 与 McConaughy 博士合作于 2001 年和 2004 年编著了 SCICA/6—18 和 TOF/2—18 使用手册。③ Achenbach 与 Rescorla 博士合作于 2003 年编著了成人(18—59 岁)自评量表(Adult Self-Report，ASR)和成人行为问题检核表(Adult Behavior Checklist，ABCL)使用手册，并给出了相应的美国常模。④ Achenbach 与 Newhouse 博士合作于 2004 年编著了老年(60—90 岁以上)自评量表(Olderadult Self-Report，ASR)和老年行为问题检核表(Olderadult Behavior Check List，ABCL)使用手册，并给出了相应的美国常模。⑤为方便 ASEBA 评价系统的使用，Achenbach 将 ASEBA 量表进行了计算机化，编制了测量数据管理(Assessment Data Manager，ADM)软件。最新版 ADM 9.0 于 2010 年 3 月发布，涵盖 1.5—90 岁以上人群全部量表以及 1.5—18 岁人群的跨文化评价量表和与美国精神病学会颁布的心理障碍诊断与统计手册(Diagnosticand Statistical Manual，DSM)相关联的评价量表。⑥网络版 ASEBA 量表于 2002 年研发成功。用户可直接通过网络下载和打印 1.5—90 岁以上人群的全部量表，请求和接收已填写完毕的量表，测评和输出被调查者诊断结果，以及下载和输出调查数据至 ADM 软件存储。

第二节 等级评定法

一、等级评定法的含义与分类

(一)等级评定法的含义

等级评定法是指对被观察者进行观察后，对其表现行为所达到的水平进行评定，并判断行为质量高低的一种方法。等级评定法与行为检核法有所不同，行为检核法只记录目标行为是否出现或发生，而等级评定法则帮助观察者进一步了解目标行为发生的程度、频次等，便于观察者能够快速、方便地概括出观察对象的特点。等级评定法往往不需要现场直接观察记录，而是事后观察者根据对被观察者的记忆进行记录，因此，等级评定法不是一种直接的观察方法，从一定程度上来说，更像是一种评估的方法。

(二)等级评定法的分类

等级评定法根据量表设计的不同方式，可以分为几种不同的分类，主要包括数字等级量表、图形量表、标准化量表、累计点数量表和强迫选择量表五种。

1. 数字等级量表

数字等级量表是使用定义好的序列数字来表示被观察者某一行为的不同程度或类型，观察者根据观察结果选择与被观察者行为最匹配的数字进行记录。数字等级量表一般有 3 点、5 点、7 点计分方式，最常见的是五点量表，也就是每一行为分别有五种等级表现，采用 1 到 5 或 0 到 4 这几个数字进行表示，如表 5-5 所示。

表 5-5　儿童依赖性观察评定量表①

维度	操作定义	等级
1. 要求权威者的承认	常向老师询问“这样好不好”，始终按照老师的要求去做	5 4 3 2 1
2. 身体靠近或接触	常喜欢站在老师身旁或依偎着老师的身体，和同伴朋友也是常拥靠	5 4 3 2 1
3. 求他人帮助	积极求人帮助，自己会做的事也要求人帮助，常哭泣	5 4 3 2 1
4. 求他人支配	常问别人怎么去做，按照别人的话去做	5 4 3 2 1
5. 模仿他人的行为或作品	模仿长辈或群体中最有影响的人物的言行，模仿别人涂画作品	5 4 3 2 1
6. 讨好别人	别人叫他做什么，就很快很乐意去做，别人要借什么就立刻出借	5 4 3 2 1

注：5. 极多见；4. 常可见；3. 普遍；2. 不常见；1. 极少见

2. 图形量表

图形量表指用一条横线来表示一个行为的程度，在横线上从左到右，依次表示行为表现由高至低或由低至高的不同程度，与数轴有些类似，见图 5-1。图形量表最大的特点在于直观性。

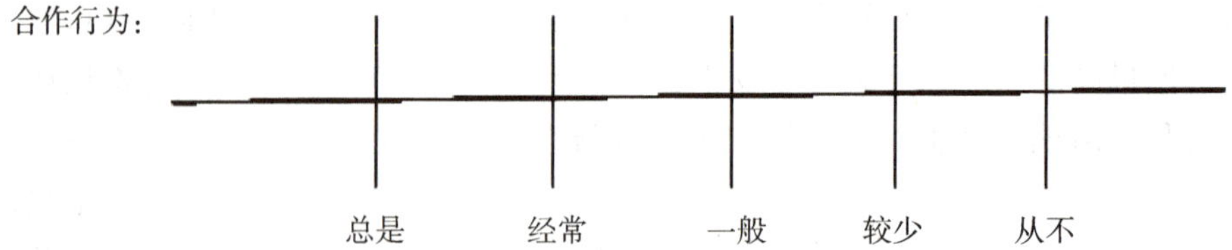

图 5-1　合作行为图形量表程度图

观察者在观察到学前儿童合作行为后，迅速做出评估，在图形量表五个等级中选择

① 施燕，韩春红. 学前儿童行为观察[M]. 上海：华东师范大学出版社，2011：76.

合适的等级打上对勾或者做其他符号记录。

图形量表还有另外一种形式，称为语义区分量表。在量表中，在横线的两端使用两个语义相反的形容词，中间分成几个等级，观察者根据学前儿童的行为作出判断。如表5-6所示学前儿童合作行为量表，使用了7点计分。

表 5-6　学前儿童合作行为量表

	1	2	3	4	5	6	7	
主动的 有目的的 自我导向的 ……								被动的 无目的的 他人导向的 ……

3. 标准化量表

标准化量表指观察者根据量表呈现的标准，判断学前儿童的行为表现属于哪一类型。例如，在语言领域，观察者可以根据设定的不同等级，如“从不，很少，经常，总是”或是“未满足，部分满足，满足，完全满足”等，以画圈或是打勾的形式，来评估幼儿阅读与书写的水平，快捷有效地记录幼儿的发展状况。如表5-7所示。

表 5-7　幼儿读写能力评定量表①

幼儿：A　　教师：S	时间：× 年 × 月		观察目标：对图书的兴趣	
行为程度	程度			
	从不	很少	经常	总是
1. 没兴趣，避开	✓			
2. 只在成人发起时感兴趣		✓		
3. 拿书让成人读				✓
4. 自己积极主动地看书			✓	

4. 累计点数量表

累计点数量表指观察者先对幼儿的行为进行评分，然后将各项分数相加得到总分(如果是负向描述则相减)，以此来评定幼儿的行为。累计点数量表中每个项目的计分

① 秦旭芳，王源滔. 让教室里的评价“活跃”起来——浅谈幼儿教师观察与记录的选择策略[J]. 天津师范大学学报(基础教育版)，2016(7)：78-79.

可以采用0、1计分方式，也可采用李克特量表的计分方式。量表的A行为正向描述，B行为负向描述，在计分时，先要分别核查A行行为与B行行为的得分，再核算总分，即A行总分减去B行总分，具体描述见表5-8幼儿行为表现累计点数表。

表5-8 幼儿行为表现累计点数①

A行	B行
能与同伴合作	总是要以自己为中心
能主动与同伴交往	总是等待别人和他说话
能和同伴分享玩具	总是独享玩具
与人友善	总是充满敌意
……	……

5. 强迫选择量表

强迫选择量表指不管题项中是否具有完全符和被观察者行为的选项，观察者都需要在一系列描述性短语中选择最符合被观察者行为表现的一项描述。在强迫选择量表中，需要在一系列描述性短语中尽可能包括不同程度的情况，即给出学前儿童不同的描述。观察者在选择时，只能选择与学前儿童行为表现最接近的一项，并且只能选择一项。比如：

请您评定幼儿独立完成如厕的行为：

A. 如厕后使用卫生纸、冲马桶及洗手。

B. 独立去厕所大小便。

C. 主动表示要上厕所。

二、等级评定法的运用

（一）选取适宜的等级评定量表

在确定观察目标与目标行为的基础上，观察者使用等级评定法，应该尽量查找并采用一些通用的、具有一定权威性、与观察目标相一致的量表，这样既可以帮助观察者获得大量有效的观察信息，又可以减少前期准备工作，缓解观察者的工作压力。参考量表见表5-9。

① 施燕，韩春红. 学前儿童行为观察[M]. 上海：华东师范大学出版社，2011：78.

表 5-9 具有权威性的等级评定量表统计表①

量表名称	适用幼儿	维度	查找来源
(学前)幼儿观察(记录)	2.5—6岁幼儿	主动性、社会关系、创造性表征、运动和音乐、语言和阅读、数学和科学	霍力岩，陈雅川，周彬.美国学前幼儿观察记录系统的评价内容、实施方法与借鉴意义[J].中国特殊教育，2015(1)：63-67.
Achenbach 幼儿行为量表	4—16岁幼儿评估的家长使用手册	情绪、行为、性格、思维、注意力等	http://wenku.baidu.com/view/8b716a1bff00bed5b9f31dae.html
Conners 幼儿行为问卷	3—16岁幼儿	品格行为、多动、不注意、被动和多动指数	http://wenku.baidu.com/view/程3014687e21af45b307a872.html
幼儿自我控制教师评定量表	3—5岁幼儿	自觉性、坚持性冲动、抑制性和自我延迟满足	戴晓阳.常用心理评估量表手册[M].北京：人民军医出版社，2010.

(二)设计等级评定量表

因为观察目标或研究目的的不同，在已有量表中很难找到合适的量表，这时就需要观察者自己设计量表。在行为检核法中已经涉及一些编制检核表的方法，其同样适用于等级评定法，在此不再赘述。但等级评定法与行为检核法还是存在一定的差异，因此在编制过程中需要注意以下几点：

1. 确定等级标准

等级评定法关注的是目标行为出现的频率和程度，因此，确定等级标准是运用等级评定法的关键。一般来说，等级评定法有四个或以上的等级，观察者可以从目标行为发生的频率(总是、经常、偶尔、极少、从不)或是目标行为发生的程度(优、良、中、差)等方面来确定等级标准。在确定了使用何种等级标准后，还需要进一步界定具体标准。

2. 注意量表中的语言运用

等级评定法中的语言使用要尽量简单、明了，尽量使用短而容易理解的语句来进行表达。在用词中，避免使用模糊性的或有歧义的词汇，应优先选用中性词，每个词只能描述一个特别的意义，不能重叠使用一个词或字，对目标行为的形容应避免涉及价值判断，影响观察者的评判。在量表中，所有的语句与提示都要与观察目标相一致。

① 王晓芬.幼儿行为观察与分析[M].上海：复旦大学出版社，2019：105.

3. 使用等级评定法的注意事项

等级评定法从本质上而言，是观察者对被观察者的主观判定，在使用时要尽量避免主观偏见干扰。为了使评价更为客观，在使用等级评定法时，应注意：

(1)多次观察。观察者一次、两次的观察可能使观察带有太多的偶然性与片面性，因此，观察者要进行多次观察，全面深入地了解观察对象，增强观察结果的有效性与可信度，有利于对观察对象做出更加准确的评定。

(2)多人观察。在使用等级评定法时，为避免观察者主观偏见的影响，最好有两个或两个以上的观察者对观察对象进行评定。在多个观察者评定的情况下，如果观察结果出现分歧，且分歧较大时，可通过重新评定或者观察者之间商讨的方式达成一致。相较单人评定而言，多人评定结果更为客观，在很大程度上减少了观察者个体主观偏见对等级评定的影响。

(3)提高评定者自身的专业性。在评定过程中，观察者要避免“月晕现象”“集中趋势”等现象。月晕现象是指在评定时，评定者受到不完全相关因素的影响，导致判断不正确。集中趋势是指评定者为了避免过于极端，而采用中间答案的方法，也容易造成评定等级的错误。作为评定者，要不断提升自身专业性，从而对观察对象做出客观评判。

三、等级评定法的优缺点

(一)等级评定法的优点

第一，等级评定法具有量化程度高、简单、方便的特点。等级评定法是观察者事先准备好学前儿童行为的一系列描述，在记录时做简要标记即可，避免了文字记录的麻烦，比较方便填写。另外，等级评定法中有固定的等级设计，在后续统计分析时可以直接量化，操作更为方便。

第二，等级评定法适用范围广泛。等级评定法适用于学前儿童各个方面的行为表现。比如学前儿童的认知、情感、动作、社会性发展等多个方面，或者幼儿园各环节中学前儿童各种的行为均可进行评定。

第三，可以帮助观察者发现学前儿童的个别差异。在使用等级评定法时，可以是对每一个学前儿童的情况进行分析，发现学前儿童个体的差异，从而更好地针对每个学前儿童的情况进行分析，提出有针对性的教育建议，做到因材施教。

(二)等级评定法的缺点

第一，观察者的主观评定容易造成评定结果有失偏颇。等级评定法是观察者对学前儿童行为表现进行主观评定的方法，这种主观评定很容易受观察者主观认识的影响，从而造成评定结果的不客观、不准确。特别是，观察者容易将个人的联想与猜测作为评定的依据，导致评定结果有偏差。

第二，等级划分不明确，只凭主观感受。等级评定法将行为进行了等级上的划分，但并没有明确界定哪些行为属于这一等级，因此，在观察中，主要通过观察者的主观感受来进行判定，每个观察者对等级的理解不同，难免影响观察结果的评定。

第三，等级评定法没有记录行为发生的具体内容。等级评定法与行为检核法一样，都没有给出目标行为的具体内容，如目标行为发生的具体情景、原因、经过、结果等细节的描述，从而导致观察者了解信息不全面，导致评定不全面，分析不深入。

延伸阅读

基于教师和家长评定的3—6岁幼儿发展特点研究（节选）①

研究对象

以北京市某两所幼儿园的297名3—6岁幼儿为研究对象，其中男孩161名，女孩136名；小、中、大班幼儿各113、119、65名，年龄介于3—6岁之间。

研究工具

儿童观察记录(COR)是高瞻课程中使用的幼儿发展评价工具，国外数以千计的学前教育项目都使用COR评价幼儿发展。包含6个维度：主动性、社会关系、创造性表征、运动和音乐、语言和阅读、数学和科学，共32个项目。

首先请英语专业研究生对COR的英文版进行翻译，然后请学前教育专业研究生对翻译的中文版进行回译，并与英文版对照，以便修改错误之处并完善语言表述。确定COR中文版后请某幼儿园8位主班教师对所在班的5位幼儿进行评价，同时请幼儿家长填写家长问卷，得到教师和家长有效填答的问卷各40份。对教师问卷和父母问卷的作答情况进行分析，并根据教师、家长填答后的反馈意见，修改部分项目的表述。

正式施测中，COR教师问卷6个维度的Cronbacha系数依次为：0.74、0.83、0.80、0.76、0.90、0.86；家长问卷6个维度的Cronbacha系数依次为：0.57、0.66、0.62、0.70、0.78、0.82。分别对教师问卷和家长问卷所得数据进行验证性因素分析。

研究过程与数据处理

首先，通过园方向家长发放知情同意书，家长同意后在知情同意书上签字。

① 李晓巍，刘艳．基于教师和家长评定的3—6岁幼儿发展特点研究[J]．教育研究与实验，2015(1)：93.

然后，经过培训的主试向幼儿教师说明研究目的及施测注意事项。主试与幼儿教师在家长接送孩子时向家长说明问卷填写的指导语和注意事项，要求家长两周内填完并交回。幼儿教师同时填答问卷对幼儿进行相应评价。采用 SPSS 20.0 和 AMOS17.0 统计软件进行数据分析。

儿童饮食行为量表(节选)①

儿童姓名：　　年龄：　　岁　　月　　性别：

过饱响应	从不	偶尔	有时	经常	总是
我的孩子很容易就吃饱了	0	1	2	3	4
我的孩子胃口很大	0	1	2	3	4
我的孩子会剩饭	0	1	2	3	4
饭还没吃完我的孩子就饱了	0	1	2	3	4
如果我的孩子在饭前吃了零食，他(她)就不吃饭了	0	1	2	3	4
进食缓慢					
我的孩子吃饭很慢	0	1	2	3	4
我的孩子吃饭需花 30 分钟以上的时间	0	1	2	3	4
我的孩子吃饭非常快	0	1	2	3	4
我的孩子会在一顿饭中越吃越慢	0	1	2	3	4

本章小结

评定观察法是观察者在对学前儿童进行观察的基础上，对其行为或事件作出判断的方法，主要包括行为检核法和等级评定法。行为检核法是指观察者依据一定的观察目的，将一系列行为项目预先进行排列，并标明关于这些项目是否出现的两种选择，供观察者判断后选择其中之一并作出记号的方法，也称作清单法、检测表单法等。行为检核法不受情境限制，可随时随地对学前儿童进行观察记录，是一种比较实用和便捷的方法。等级评定法是指对被观察者进行观察后，对其表现行为所达到的水平进行评定，并判断行为质量高低的一种方法。等级评定法往往不需要现场直接观察记录，而是事后观察者根据对被观察者的记忆进行记录，因此，等级评定法不是一种直接的观察方法，从一定程度上来说，更像是一种评估的

① 杨玉凤. 儿童发展行为心理评定量表[M]. 北京：人民卫生出版社，2016：182.

方法。两种方法各有优劣，观察者可根据观察目标和实际情况，选择合适的方法使用。

复习与运用

1. 行为检核法与等级评定法有何联系与区别？
2. 王老师是中一班的班主任，最近她发现在户外体能活动中，个别幼儿的身体平衡能力较弱，由此，王老师想更为全面地了解本班幼儿身体平衡能力水平如何，请帮王老师选择一种合适的评定法，并设计观察方案。

拓展资源

1. 杨玉凤. 儿童发展行为心理评定量表[M]. 北京：人民卫生出版社，2016.
   该书中选录了大量的儿童发展行为心理评定量表，量表具有较好的信度和效度。
2. 黄婉圣. 幼儿行为观察与评价[M]. 上海：复旦大学出版社，2020.
   该书参考《3—6岁儿童学习与发展指南》、儿童心理发展知识以及其他与幼儿发展相关的因素，以整体视角介绍幼儿行为观察与评价的主要方法。

第六章　学前儿童行为观察的分析

学习目标：

1. 知道整理与分析观察资料的重要性。
2. 学会阅读和分析观察资料。
3. 能够运用相关知识解释学前儿童的一些行为，并提出教育指导建议。

第一节　观察资料的整理与分析

对儿童的观察是对儿童日常行为的捕捉，这是一个持续性的、复杂的过程，因为行为是不断发展的、多方面的。因此对儿童观察的资料难免显得繁多杂乱，尤其是采用实况记录等描述方法进行观察而得到的记录资料。为了从这些繁杂的资料中，找出儿童行为的特点与意义，必须对观察记录的资料进行梳理、分析。资料的整理与分析，是指“根据研究目的，对所获得的资料进行系统化、条理化，然后用逐步集中和浓缩的方式将资料反映出来，其最终的目的是对资料进行意义解释”。① 即对观察记录资料按一定的方式进行加工，以便从大量的事实中分析出行为的特点及背后的本质意义。

一、整理补充观察资料

当我们在观察学前儿童行为时，为了快速记录下当时的情况，可能会使用简洁的语言、符号，如果不及时进行梳理、补充，等过段时间再去整理这些长期积压的观察资料，可能会出现遗忘、疏漏、偏差的现象。所以在对观察者完成观察后，需要及早地

① 陈向明著. 质的研究方法与社会科学研究[M]. 北京：教育科学出版社，2000：269.

(最好在当天之内)对观察资料进行梳理，把信息补充完整，包括观察时间、地点、背景、观察对象基本信息(包括年龄、性别、家庭背景等)等，形成完整的观察记录，避免原始资料价值的流失。如果有录音、视频等资料，还需要将其转录成文字记录，在转录成文字时需要尽可能把录音、视频里的每句话都详尽地记录下来，若记录内容里有肢体动作、表情、情绪、语调等，也需要以文字的形式记录下来。只有及时整理观察资料，才能获得完整、翔实、准确的相关信息与线索，为分析、解读儿童行为做好准备。

原始记录：

D向C走过来，C用半个身子挡住刚刚搭了一半的桥，喊道："不准过来，你会把它弄倒的。"

整理后：

观察对象：晨晨(5岁)；

观察场景：建构区；

观察时间：×年×月×日×点；

观察者：×××；

观察目标：同伴交往；

观察内容：多多向晨晨走过来，晨晨用半个身子挡住刚刚搭了一半的积木桥，喊道："不准过来，你会把它弄倒的。"(据之前的观察，发现有两次多多因其他小朋友不愿意跟他一起玩，多多就故意破坏其他小朋友的作品。)

括号里的叙述是补充说明，可以为晨晨的行为提供更多的相关信息，便于进一步分析、解读。

二、阅读与分析观察记录

完成了观察资料的整理后，就可以开展观察记录的阅读与分析了。阅读与分析观察记录，是指在阅读观察记录资料的基础上，找出资料中呈现出或隐藏着的内在本质与意义。

阅读和分析观察资料在实践中往往是不可截然分割的，因为在阅读资料时必然带有研究者的感受、想法、判断，所以整理资料的过程也是一个初步分析资料的过程。为了便于理解，在此将阅读和分析作为两个过程分开说明。

(一)阅读观察记录

阅读观察记录是指阅读经过整理、补充完整的观察记录资料。分析之前，须多次(至少两次)充分认真地阅读观察记录，熟悉观察记录的全部内容。值得注意的是，阅读者由于自身的经验、情感、知识背景、价值观，在阅读过程中，会对阅读资料产生一些主观的感受、想法，这些感受和想法是后期进行分析的一个重要来源，但是不能偏离、替代资料本身反映“事实”。因此阅读时需秉承实事求是的态度去阅读，尊重原始的观察记录资料，尽可能排除对客观事实有影响的个人和主观因素，保持客观的态度。

(二)分析观察记录

观察记录的分析，是根据观察目的寻找资料中所蕴含的脉络与意义；根据观察目的和需要，把相同或相近的资料放在一起，逐步浓缩记录资料，找出这些资料记录中儿童行为的一致性或关联之处，为儿童行为解释做好准备；及时开展记录文本资料的梳理和分析，对收集到的儿童信息作出价值判断，为下一步的观察和资料收集提供方向性指引。因为仅凭一两次的观察就展开分析，具有局限性，只有连续全面观察才能更准确深入地了解儿童。

一般来说，观察记录中的一个事件可能蕴含多方面的意义，可以从多个层面、多个角度去分析，这就需要根据观察目的和需要，进行选择与分类。比如要了解一个儿童的社会性发展情况，在分析观察记录资料时，就需要从原始资料中把儿童与人交往的资料进行分类，按顺序整理。例如：

案例 1

10.21：哈利德(5 岁)在不想参加游戏的时候就来寻求我的帮助。我将规则解释了一下，他有了信心，同意去玩游戏。

10.30：哈利德向我展示如何将管子穿过砖块，解释他所见到的现象。他将小汽车拿过来，展示汽车的特点。他滔滔不绝地说，表现出多个方面的知识。

11.12：哈利德问我达伦是否在清洁时间负责管理椅子。

11.20. 哈利德问我利亚姆和保拉之间是什么关系。

12.1：我让哈利德去和其他儿童轮流玩绳子。他遵从了指令，多次来让我看他在玩绳子和轮胎时的表现。

12.15：体能老师给了哈利德一些指令，他照做了。哈利德后来问了这个老师一个问题。

1.4：哈利德向我讲述了一个在建筑玩具上的发现，同我分享成功。

1.10：哈利德兴高采烈地向我展示他用黏土做的物品。

(本案例选自 Dorothy H. Cohen 等著，马燕，马希武译.《幼儿行为的观察与记录(第五版)》，中国轻工业出版社，2013 年版，第 236 页)

上述观察记录资料反映的是哈利德与教师的相处情况：哈利德与老师相处愉快，能够在需要帮助时主动寻求老师的帮助，但并不依赖老师，具有一定的独立性。同时能与老师分享自己的发现和快乐，信任老师，与老师建立起了积极的关系。接下来可以拟定观察计划，观察他与同伴的相处，比如如何发起交往、在群体中地位如何、怎么解决冲突等。

(三)观察资料的处理

观察的原始资料和整理好的观察记录都应存档保存好，以备日后按需查找、核实，同时注意保护被观察对象的隐私。

儿童的观察记录资料可以作为儿童成长档案，不仅能帮助教师全面了解儿童学习和发展的整个动态过程，也能为日后重温、分析和解释儿童的发展提供依据。

儿童的观察记录资料也可以作为教师与儿童、同事、家长分享的重要资料。新西兰提倡把记录了儿童积极学习体验的学习故事与儿童、教师和家长分享、回顾，拉近儿童、教师、家长之间的距离，发展儿童、教师、家长之间互动互惠的关系，建立起“学习者的共同体”。分享观察记录资料的另一个好处是能更客观、全面、准确地了解儿童。研究者观察儿童，不可能做到绝对“客观”，实现“客观”的第一步，就是要意识到有可能存在的“不客观”，然后尽量从多维度和多视角确定核实所观察到的情况。教师把观察记录读给被观察的儿童听，倾听儿童的心声，了解儿童的内在想法与真实动机；把观察记录与同事分享，了解同事对被观察儿童的理解；把观察记录与家长分享，获得家长对儿童表现的看法，如此多视角、多维度去了解儿童，能获得更全面、更准确的儿童真实情况。

第二节　行为的解释

儿童行为的解释是指基于观察到的儿童行为事实，运用相关知识、经验，进行分析、判断，赋予行为意义的过程。包括解读儿童的行为特点与发展水平，行为背后隐藏的行为成因、心理意义、反映出的个性特征等。科学合理的行为解释有助于我们准确地理解儿童，完善儿童发展的教育教学计划、促进儿童更好的发展。

通过解读观察记录资料，从资料提供的线索和事实中提取出儿童行为的特点与发展水平，阐释行为背后的动机与原因。在分析时，我们以资料中记录的行为事实为基础，结合相关的知识、经验，找出行为共同的特点，以儿童与人交往为例，抽取出那些共同反应儿童行为特点的相关部分，我们可以了解儿童的性格特点、同伴关系、交往技能等。

儿童是怎样与别人接触的？(大方自信地说“让我们一起玩吧!”，或紧张地、小声地以商量口吻问“我能跟你们一起玩吗?”，或者是站在旁边观看，等待别人邀请他。)用什么方法跟别人接触？(协商/直接加入/要求成人帮忙/提供物品、提出想法/……）儿童经常是邀请者还是被邀请者？参与别人活动时，表现如何？（主动/服从/迎合）儿童经常与人发生冲突吗，因为什么原因发生冲突（想法不同/争抢物品），如何解决的？（寻求老师帮助/协商/攻击）儿童在群体中地位如何？（受欢迎/受排斥/领导者）

解释儿童行为可以这样思考：这是一种什么性质的行为？这一行为具有什么特点，行为背后体现了儿童什么样的身心发展特点或个体差异？儿童为什么会出现这一行为？从哪些方面着手可以有效解决观察到的问题？教师应为儿童提供怎样的支持……对这些问题的思考，能够帮助我们真实地研究儿童、理解儿童，对行为进行深入剖析，发现行为的本质意义，客观、理性地认识每一个儿童个体，针对具体行为问题提出解决办法或调整措施，进而帮助儿童更好地发展。

一、儿童行为解释的依据

（一）儿童身心发展的特点与规律

身心发展是一个连续、完整、有规律的过程，有必然的方向性、顺序性、阶段性，儿童的语言、情绪和情感、个性等方面的发展都遵循一定规律。比如，儿童思维的发展遵循从直觉行动思维到具体形象思维再到抽象逻辑思维的规律。因此对儿童行为进行解释时，可以参照儿童身心发展特点与规律。由于儿童在不同发展阶段，语言、动作、社会、情感等方面的发展有着自己的特点，没有足够的儿童发展心理学、行为科学的相关知识，主要凭着教育经验或主观感觉分析，不够准确，容易有失偏颇。

案例 2

辰辰（2.5 岁）和东东（2 岁）两个小朋友在沙池里玩沙，东东要拿辰辰的铲子，辰辰不同意，两人僵持不下。辰辰妈妈赶紧走过去对辰辰说：“把铲子给弟弟玩一会儿，我们要和其他小朋友分享，以后别人才会把他的玩具给你玩。”可辰辰就是不肯，双手把铲子攥得紧紧的，嘴里不停地说着：“这是我的，这是我的……”

2—3 岁是儿童自我意识飞速发展的时期，“我”的意识逐渐清晰，开始将自己和他人区分开来，逐渐把这种区分延伸到其他事物上，并把自己的所属物品“保护”起来，在他们眼里“什么都是我的”：“妈妈是我的”“椅子是我的”“小汽车是我的”……他们不愿“分享”，看上去似乎很“自私”、很“霸道”。案例中的辰辰不愿把自己的铲子给东东玩，就是自我意识发展的体现，他开始发展物权意识，“这铲子是我的”，如果把这一行为解释为“自私”，强迫他分享，就是违反了儿童自我意识发展的特点与规律。可以通过其他方式帮助辰辰培养分享意识，比如：在他的玩具上贴上写有他名字的标签，告诉他，玩具上有他的名字，代表玩具是属于他的，弟弟玩了以后会归还给他。

儿童行为受遗传、认知、个性等生理、心理因素的影响。

有研究发现，攻击型幼儿父母的性格特征多具有好动性急的特点；攻击型儿童大脑半球均衡性发展与协调功能较正常儿童低，左半球抗干扰能力较差，右半球完形认识能力较弱。① 婴儿期稳定的脑电不规则模式能中等程度地预测童年期的行为抑制和气质性害怕，同时行为抑制的儿童与非抑制的儿童相比，交感神经系统反应性强，肌肉紧张，心跳频率高，瞳孔扩大。②

儿童餐前不洗手，可能是他认为洗手与吃饭没有关联，洗手不是为了吃饭；洗手就是玩水、玩洗手液搓出来的泡泡，现在不想玩，所以不洗；太饿了，洗手是吃饭的一个障碍，洗手会耽误吃饭，等洗完手去吃饭就晚了，因为“他们会把好吃的菜都吃完，我就没得吃了”。

(二)儿童发展的相关理论

行为是外在的，行为背后的意义需要根据儿童发展理论推理获得。儿童发展理论是认识儿童的出发点，不同理论根据研究的不同侧重点和方法，对理解儿童心理实质有不同的认识。解释儿童行为时，可以根据具体情况选择相应的理论，对儿童行为进行深入的解释与分析，了解其行为的特点、发展水平、内在动机等。

行为主义发展理论认为行为是人适应环境的反应系统，环境是行为发生的重要诱因。环境因素包括家庭氛围、亲子关系、师幼关系、同伴关系、成人言行、动画片等家庭环境、幼儿园环境、社会环境。如当儿童的家庭发生突发性事件(如弟弟妹妹的出生或父母离婚等)时，儿童由于感受到压力可能会出现一些不正常行为：尿裤子、吃手指等。儿童可以通过观察学习而习得一些行为，练习、强化可以促进行为的发生，所以有的儿童会模仿故事和动画片里的人物的行为。

皮亚杰的认知发展理论认为儿童是以自我为中心的，他把儿童认知发展划分为感知运动阶段(0—2岁)、前运算阶段(2—6、7岁)、具体运算阶段(6、7—11、12岁)、形

① 曾玲娟. 攻击行为研究综述[J]. 株洲示范高等专科学校学报，2001(6).

② 施燕，韩春红. 学前儿童行为观察[M]. 上海：华东师范大学出版社，2011：214.

式运算阶段(11、12 岁以后)，教育可以促进儿童认知发展，但无法超越儿童发展的阶段。

维果茨基的社会文化理论认为社会交往是儿童心理发展的条件，儿童认知是在与成人的交往中发展的，语言是儿童思维的工具，学前儿童的自言自语现象是其思考和自我指导的体现。他还提出了“最近发展区”，教学的可能性是由最近发展区决定的，所以教育应走在发展的前面，对儿童加以引导。

美国心理学家霍华德·加德纳认为个体身上相对独立地存在着的特定的认知领域和知识领域相联系的八种智能，这八种智能在每个人身上以不同方式、不同程度组合，使得每一个人的智能各具特点。儿童面对同一对象，由于思维方式的不同，引发儿童不同的智能表现行为。有的倾向于人际沟通智能，有的倾向于视觉空间智能，有的倾向于数理逻辑智能。

案例 3

一场大雪后，一连好几天，2 岁的麦克在户外活动的大部分时间都在快乐地往教学楼的一面墙上扔雪球。最后他走到老师身边，说：“雪碎成了一小块一小块的。”(本案例选自 Dorothy H. Cohen 等著，马燕，马希武译，《幼儿行为的观察与记录(第五版)》，中国轻工业出版社，2013 年版，第 151 页》

根据皮亚杰的认知发展阶段理论，可以看出，麦克处在感知运动阶段。他实际上在做着一种练习性游戏，从不断重复地朝墙上扔雪球的动作中获得了快乐。麦克的“雪碎成了一小块一小块的”是一种直接感知认知，由他自身观察“雪球扔在墙上”这一动作的结果得知，认识到的只是雪球碎成块状的表面现象。

(三)《3—6 岁儿童学习与发展指南》

《3—6 岁儿童学习与发展指南》(以下简称《指南》)以幼儿的现实、全面、协调的发展和未来的可持续的、终身发展为出发点与落脚点，提出了 3—6 岁各年龄阶段的儿童在健康、语言、社会、科学和艺术五大领域学习与发展的目标、典型表现、合理期望及相应的教育建议。运用《指南》不仅为我们观察和解读 3—6 岁儿童的行为特点、年龄特征、学习与发展的内涵水平及方向等提供了科学依据，而且有助于针对儿童某一发展目标，制定下一步教育计划、设计和改善教育教学环境和活动，以促进幼儿更好地学习与发展。

运用《指南》解释幼儿行为，要求我们必须全面理解和掌握《指南》的各领域及目标。只有心目中有儿童整体发展的形象，才能对观察到的儿童行为进行客观、全面的解释。

案例 4

润润(4.5 岁)十分高兴地跑到欣欣面前，兴奋地说：“看，我有一只七星瓢虫！刚刚在那棵小草上抓到的。”说完，他将合拢的双手打开一条缝给欣欣看。接着，润润捧着虫子给果果看。后来，三人一起到刘老师身边，润润一边把手里的虫子给刘老师看，一边说：“刘老师，刚刚我在花坛里的小草上抓到了一只七星瓢虫，你看。”刘老师看后，问道：“你怎么知道是七星瓢虫?”润润答道：“它的背上有点点，跟七星瓢虫一样。”润润和欣欣开始数虫背上的点点：“1、2、3、4、5、6、7、8、9、10。呀，怎么这么多点点? 七星瓢虫只有 7 个点点，这个虫子有 10 个，比七星瓢虫的点还多。”刘老师说：“对呀，这是七星瓢虫吗?”润润说：“不是，肯定是十星瓢虫。”说完便咯咯地笑起来。刘老师：“对，瓢虫有很多种，有七星瓢虫，有十星瓢虫，还有十一星瓢虫……”老师还没说完，润润问道：“那背上有几个点点就叫几星瓢虫吗?”刘老师：“可以这么说。”润润对其他两个小孩说道：“我们再去花坛里看看，还有没有其他星星的瓢虫。”说完，三个小孩就跑开了。

根据记录片段，润润对在花坛里发现的瓢虫非常感兴趣，开心地把它给欣欣、果果和老师看，与老师讨论瓢虫的特点，根据数瓢虫身体上的点点，总结出“背上有几个点就是几星瓢虫”的结论。从《指南》科学领域目标提出的“喜欢接触大自然，对周围的很多事物和现象感兴趣”“能根据观察结果提出问题，并大胆猜测答案”，社会领域目标“有高兴的或有趣的事愿意与大家分享”，数学领域目标“能通过数数比较两组物体的多少”可以看出，润润是一个愿意与人交往，能理解数的含义和 10 以内的数量关系，喜欢探究，具备一定的探究能力的孩子。接下来，教师可以提供相关的书籍或开展相关的活动，引导儿童继续探究瓢虫的身体特征、种类、生活习性等。

二、儿童行为解释时应注意的问题

观察、记录、解释儿童行为，是为了在全面、准确了解儿童的基础上促进儿童更好地发展，所以解释儿童行为时，应把儿童的发展放在首位，尽量客观、准确、深入，为制定下一步的教育计划提供可靠依据。

(一)尽量客观

1. 摒弃成见

在对儿童行为进行解释时，要摒弃可能存在的一切已有“成见”，尽可能实事求是，让记录资料本身“说话”，力争客观、真实地“说出”资料自身反映出的“事实”。受到我们自身的知识经验、对儿童的期待等因素影响，对儿童可能存在预期、主观判断，假如带着这样的预先“偏见”去分析、解释儿童行为，是不客观、不准确的。比如有的幼儿园老师会根据儿童平时表现来解释此次观察到的行为，平时儿童很调皮，这次与同伴的争执就是该儿童的问题。再比如有的老师对性别有偏见，会说“你看她，没个女孩子的样子”，会认为男孩应该玩什么玩具、游戏，女孩应该玩什么玩具、游戏。因此我们需要经常反思，反思自己的认知偏好与成见，努力做到无偏向、不扭曲，不带固有认识、价值观、预期、主观标准，绝对性地解释和评价儿童行为。

2. 多次观察

连续多次观察才能深入、全面地了解真实的儿童。为避免凭借仅有的几次观察对儿童行为作出片面，甚至是错误的解释，我们应该结合多次观察和记录进行分析，以获得对儿童更真实、全面、丰富的认识。比如这次观察到儿童在自由游戏时一个人玩，不能立刻给出该儿童同伴关系差、社会性发展落后的解释。儿童的单次、个别的行为不一定具有显著意义，只有当这一行为反复多次出现才表明它是儿童的行为特点或存在的问题。尤其是问题行为，偶尔出现的某些问题行为对儿童来说是正常的、普遍性的，它可能只是由于某些环境因素造成的。

3. 多元主体交流

男孩，骁骁，5.5 岁，对 A 教师来说，他聪明、思维敏捷、上课认真，发言积极主动；对 B 教师来说，他常常不举手就回答问题，不遵守纪律、好表现自己；对 C 教师来说，他很敏感，有很多行为习惯的问题。妈妈说，在家里，他人来疯，不好好吃饭，爱吃零食。哪一个是真正的骁骁？他是如何看待自己的呢？

不同的观察者从不同的角度出发，只看到了儿童表现的一个方面，因此要对儿童行为进行客观、全面、真实、深入的解释，需从多元化主体、多方面观察与剖析儿童行为特点及其背后的原因。

(二)尽量准确

1. 避免泛化

对儿童行为进行解释时应尽量准确，避免泛化，即作出的解释应该以观察到的儿童行为事实作支撑，结合观察到的行为发生的具体情境、周围环境等对儿童行为表现有重要影响的因素，不做假设性、泛化的解释。如把 2 岁儿童为了拿到玩具而咬别人的现象，解释为“爱咬人”，把见到老师没有主动问好，解释为“没有礼貌”，就是一种扩大化、泛化。2 岁儿童用咬人的方式获得想要的玩具，可能只是由于不懂得用语言去表达、缺乏交往技能；见到老师没问好，只是由于今天被妈妈责备了，不高兴。如果我们对儿童的行为不能做出客观、准确的判断，那么，提出的教育策略也会随着判断“走错方向”，很难真正促进儿童的发展。

2. 重视儿童做了什么

学前儿童常常通过他们的眼神、声音、身体姿势、手势、言谈举止、面部表情、跳上跳下等与我们交流；通过所做的事情、做事的方式来向我们展示他们的内心世界。①儿童的自信、胆怯、不安、焦虑、愤怒、紧张都可能通过身体姿势和动作表现出来。因此，对学前儿童行为做解释分析时，不能只关注他们的语言，还必须重视他们做了什么，他的身体、动作传达出了哪些有意义的信号。

案例 5

乐乐站在教室门口，张望了一下四周，然后一步一步踱着步子朝手工区走去，在离其中一张桌子还有几步远时停了下来。他静静地站着，看着晴晴。晴晴正在给一只苹果涂色。突然，乐乐走到桌前，取了一只蜡笔和一张画有香蕉的纸，开始涂色，边涂边拿眼睛瞅晴晴，晴晴一直专心地给苹果涂色。一会儿，乐乐涂完色，离开，去了阅读区，拿着一本书，一页页地翻着，眼睛注视着晴晴。在这一过程中，两个儿童没有说一句话。

乐乐来到教室，没说一句话，但从他的一系列动作：“张望”“一步一步”“静静地站着看”“瞅”“注视”，可以看出，他想要接近晴晴，与晴晴一块玩，但不能大胆地表达出自己的想法，有些胆怯。

（三）尽量全面深入，避免表面化

有研究表明，部分幼儿教师在对儿童的行为表现进行分析时，把分析重点放在学习品质、语言、社会性发展方面。儿童发展应该是全面与整体的发展，在对儿童行为进行分析与解释时，不仅要重视语言、社会性的发展，还必须重视儿童在艺术、数学、科学等其他方面的发展。

解释儿童行为时，不能只关注儿童表面行为，还需结合行为发生的真实情境、儿童成长背景、儿童发展理论等，深入分析行为背后隐藏的原因、儿童的内在需求。

---

① Dorothy H. Cohen，等. 幼儿行为的观察与记录（第五版）[M]. 马燕，马希武，译. 北京：中国轻工业出版社，2013：6.

案例 6

蛋糕店

“卖蛋糕啦，今天我们便宜卖生日蛋糕！”游戏刚开始，“老板”就搬了一张桌子，拿了两桶橡皮泥放在教室的中间，玩起了蛋糕店的游戏。过了一会儿，“妈妈”推着手推车来了：“我买一个蛋糕。”“老板”高兴地递过去一个用橡皮泥做成的蛋糕：“给你。”“妈妈”说：“我要蜡烛，我们宝宝今天过生日。”“老板”说：“好吧，你等等。”“老板”用橡皮泥搓啊搓，搓出 4 根“蜡烛”：“是 4 岁吗？”“妈妈”说：“3 岁。”“老板”又拿掉一根，然后把 3 根蜡烛和蛋糕一起递给了客人。

（该案例选自浦月娟《提升幼儿教师在角色游戏中观察力的行动研究》）

分析：本案例中，“老板”自己构建蛋糕店主题，并通过改变彩泥的形态来做蛋糕和蜡烛，满足客人的需求，反映出该幼儿能借助材料创造性地解决问题的能力。同时，从他与“妈妈”的互动中也能够看到幼儿的售卖经验，反映出他较好的角色意识。

上述案例中，教师从儿童解决问题的能力、角色游戏经验方面对儿童行为表现进行了分析与解释。但忽略了“老板”与客人就蜡烛进行的交流与沟通。这个过程中，不仅反映了儿童把生活经验运用到游戏中，也反映了儿童对数字概念、加减运算的理解与掌握。“老板”先是搓了 4 根蜡烛，问顾客“是 4 岁吗？”，说明该儿童已经理解了“4”这一数字代表的含义，当顾客说“3 岁”，“老板”拿掉一根蜡烛，说明儿童已经理解了“4-1=3”。当教师看到了孩子在数学方面的发展，才能再采取相应的教育措施促进孩子在数学方面的进一步发展。

（四）避免成人化、高于儿童年龄水平的要求

对学前儿童行为进行解释时，应站在儿童的角度，依据学前儿童身心发展的知识、儿童的年龄和实际发展水平进行分析与解释。不能脱离儿童年龄，忽略学前儿童的本能和天性，“高估”儿童能力，用一种高于儿童发展水平的“成人化”的标准来看待其言行表现，即将学前儿童发展阶段中出现的正常表现，看成不良的、消极的行为。

案　例

（小班）早操结束后，班上的小男生和小女生分批去喝水、上厕所。十分

钟后，别的幼儿都按老师的要求回到座位，只有涛涛和佳佳还在盥洗室。进去一看，果然两人还把手放在水龙头下开心地玩水。涛涛在洗完手后基本不会主动离开，总是在那儿玩水，直到老师来叫他，才会不情愿地跟着老师离开，常常因为玩水把衣袖弄湿。

涛涛喜欢玩水，没能按老师的要求自觉离开盥洗室，但老师来叫他后，能随老师离开，符合《指南》中对 3—4 岁（小班）幼儿的“行为规范”要求：“在提醒下，能遵守规则”。对于学前儿童来说，喜欢玩水是他们的天性，在幼儿玩水的过程中成人可以对他们进行适当的引导，让他们“知道节约用水，保护水资源”。《指南》对 4—5 岁儿童提出“在提醒下，能节约粮食、水电等”，对 5—6 岁儿童提出“爱护身边的环境，注意节约资源”的目标要求，涛涛在小班，不能自觉节约用水，属于正常现象。如果把上述案例中涛涛的行为解释为“没有规则意识，不能按老师的要求去做。喜欢玩水，不知道节约用水，浪费水资源”，就是高标准、成人化，对儿童的要求脱离了其年龄水平范围。

拓展阅读

案例 1：兰兰画画①

兰兰是幼儿园中班的孩子。一天，她拿起纸和笔画画，画之前她自言自语地说：“我想画小猫咪。”先画了猫头、猫耳朵，再画猫眼睛。然后画了条线，说这是草地，在上面画了绿草、小花，接着又画了只兔子。她一边画一边说：“哎呀，不像，不像！……像什么呀？……像小火车。”这时，她又突然想起来：“小猫还没有嘴呢！也没画胡子。”于是又画了起来。

行为解释：兰兰画猫的过程反映出幼儿想象的一个突出特点：幼儿的想象以无意想象为主，想象的主题不稳定，容易变化。兰兰开始时画的是猫，但是，当她画到线条于是改画草地、小花和小兔；随着画作的继续，根据画出的图案，又把画作想象成火车。可以看出，兰兰作画还没有稳定的主题，不能按一定的目的进行下去，很容易从一个主题转到另一个主题。这说明幼儿的无意想象占优势。

教育指导建议：①丰富兰兰的记忆表象，为其想象提供足够基础与素材；②通过丰富多彩的游戏、音乐、文学等活动发展兰兰的创造想象能力；③注重培养兰兰的有意想象；④教给兰兰表达想象形象的技巧。

案例 2：讨厌的阳阳②

一天早上自由活动时间，大一班的一名幼儿跑来向老师告状：“老师，阳阳

① 沈雪梅. 关爱与方法：幼儿行为观察案例分析[M]. 上海：复旦大学出版社，2014：26.
② 沈雪梅. 关爱与方法：幼儿行为观察案例分析[M]. 上海：复旦大学出版社，2014：27，28.

把我的柜子涂了乱七八糟的颜色，我说了不让他弄，他偏弄。”之后又有幼儿纷纷来告状：“老师，那天洗手时，阳阳突然从后面抱住我，我生气了让他松开，他最后用力推了我一下。”“老师，昨天我们在建筑区玩游戏，阳阳去那儿捣乱，把我们要完成的作品给破坏了，可把我和其他小伙伴气坏了。”抱怨的声音此起彼伏，充斥了整个活动室……

行为解释：根据社会测量法，幼儿的同伴关系分为受欢迎者、被拒绝者、被忽略者、有争议者和一般者。案例中的阳阳属于被拒绝者，大多数幼儿不喜欢他，被拒绝者往往具有自私、攻击性强、不守规矩、捉弄别人等特点，阳阳的行为表明，他不能好好地与同伴相处，没有掌握一些必备的与同伴交往的技巧和能力。

教育指导建议：①与他单独谈话，让他明白其他小朋友不喜欢和他玩的原因，并帮助他掌握与同伴相处的技巧，如分享玩具、轮流玩、遵守游戏规者等；②在班级表扬他的优点，增强自信心；③有计划性地让他与受欢迎的小朋友一起玩，让他可以学习受欢迎小朋友的受欢迎行为；一旦他表现出友好行为，及时给予表扬、强化，增加良好行为的发生；④多给他为班级服务的机会，并当众赞扬他的好行为，使其逐渐获得同伴的认同与接纳；⑤通过角色扮演游戏，让他学习倾听、理解他人的想法、感受，培养移情能力；⑥与班上幼儿讨论改变不良行为的方法；⑦与家长交流、沟通、配合，共同帮助他。

复习与运用

1. 学前儿童行为解释的依据是什么？
2. 学前儿童行为解释应注意的问题是什么？
3. 如何看待儿童发展理论在幼儿行为观察中的价值？

拓展资源

1. 施燕，韩春红. 学前儿童行为观察[M]. 上海：华东师范大学出版社，2011.
2. Dorothy H. Cohen，等. 幼儿行为的观察与记录(第五版)[M]. 马燕，马希武，译. 北京：中国轻工业出版社，2013.
3. Eva Essa. 幼儿问题行为的识别与应对(教师篇)[M]. 王玲艳，张凤，刘昊，译. 北京：中国轻工业出版社，2014.

第七章　学前儿童生活活动中的行为观察与分析

学习目标：

1. 了解幼儿生活活动的观察视角，及不同视角对观察的影响。

2. 掌握幼儿生活活动观察的目的与内容，能够依据需要确定具体的生活活动观察目的。

3. 掌握幼儿生活活动观察的基本技术，并能灵活应用于实践。

日复一日的生活活动是观察幼儿的宝贵资源。幼儿园生活活动指幼儿园一日生活中，入园、如厕、盥洗、饮水、进餐、睡眠、离园等所有满足幼儿生活需要的常规性活动的总和。生活活动贯穿于一日活动的始终，日复一日地重复着，占据了幼儿在园的大部分时间。幼儿的学习就是从日常生活中开始的，幼儿的发展随着琐碎的生活自然而然地展开，而影响幼儿一生发展的习惯和品质也是在生活中日益形成。对幼儿而言，幼儿园生活活动不仅在幼儿学会生活、养成卫生健康习惯、培养自理能力方面发挥着举足轻重的作用，而且在幼儿独立性与自主性、做事态度和品质、情绪情感的养成等方面彰显出独特的价值。在生活活动中实施观察可以获取丰富的幼儿发展信息，同时也为指导幼儿生活活动提供具体依据。

第一节　生活活动的观察视角

观察是对生活活动中幼儿行为的具体感知，观察结果取决于观察者的角度和思维的棱镜。可通过以下三个视角观察生活活动。

一、幼儿的视角

对于成年人来说，生活活动是实现目的的手段。比如穿背心是为了户外活动不受凉，洗手是进餐前的卫生必需，喝水是补充身体水分。可是在幼儿眼里，生活活动中做的每一件事情的意义常常与成人所认为的意义有所不同。幼儿不是运用成人所认为的原则来指导自己的活动。对于幼儿来说，生活活动本身就是目的，比如洗手可能是探索肥皂泡和体验流水的大好时机，于是他们用手指将水柱分流最终随着力度加大做成喷泉。洗手成了玩水游戏，洗手本身就具有吸引力。大多数时候，幼儿只是模糊地理解实践和生活作息安排，当老师不断催促幼儿“快点吃加餐，不然就赶不上做早操了”，或者“快点吃午餐，餐具需要及时送伙房清洗消毒了”时，却总有孩子在不急不慢地细嚼慢咽。有时，幼儿认为生活活动是其他更加重要的活动的牵绊。比如清理餐盘、清洁餐桌活动时幼儿急躁、厌烦，因为这耽误了他去搭积木游戏的时间。女孩子上完厕所后不擦屁股就跑掉，是担心晚到一步就当不了娃娃家的“妈妈”。

生活活动对于幼儿的意义，并不是成年人所认为的意义。快乐原则是主宰幼儿生活活动的首要原则，“我想要”“我愿意”“我喜欢”成为驱动幼儿参与生活活动的第一内在动力。由此教师要将观察的视角转向幼儿，站在幼儿的视角观察、理解生活活动对于幼儿的意义，理解他们在生活中做事时的独特的感受、体验和收获，由幼儿的意向指引观察的方向。

案例 1

观察对象：熙
观察时间：2018 年 5 月 2 日　11：05—11：20
观察地点：幼儿园进餐区
观察目标：观察该幼儿进餐行为习惯
观察实录：

午饭时间到了，今天吃土豆丝、大头菜、虾、葡萄干米饭和胡萝卜菠菜汤。幼儿们都很爱吃，很自然地吃了起来，一个个吃得香喷喷的。熙熙是最后一个进的教室。进入教室后，她先是走到打饭的地方慢吞吞地拿起盘子，趴在桌子上。轮到她打饭时，她拿起勺子在菜里面搅来搅去，迟迟没有把勺子里的菜放到餐盘里。老师问：“我帮你盛菜?”她大声说道：“我会自己盛!”她把勺子里的菜盛好回到座位上。

然而熙熙并没有直接开始吃，她将虾最长的那根须缠在手指头上，还对我说："祺祺老师，你看，虾的小胡子好长啊，你说虾被煮熟了疼不疼?"老师对她说："它肯定很疼啊，但是她看到熙熙能够大口吃饭一定就没有那么疼了。"这时熙熙才开始大口吃了起来。可是刚大口吃没多久，她就又对汤里的胡萝卜丝很感兴趣，把胡萝卜丝一根一根地都揪了出来。后来又揪出来了一根很小的菠菜叶对我说："祺祺老师，我想把它带回家。""为什么?""因为我想拿回去喂家里的小蝌蚪。""小蝌蚪不能吃这个，可是熙熙可以吃，我来看看熙熙的小老虎嘴大不大?"这时熙熙便大口吃了起来，在后来吃饭的过程中，老师一直不停地鼓励她，表扬她，最后她把饭全都吃干净了。

二、学习的视角

生活活动因具有基础性、重复性和琐碎性等特征，通常被视为常规活动。在大班额幼儿生活环节里，一日生活作息制度带来的时间紧迫状态，常常使得老师无暇去关注幼儿在生活活动中的学习经验。其实，幼儿在每天的生活活动中，反复练习生活自理基本技能的过程并不是重复相同的，而会反映幼儿不同的学习方式和智慧，体现幼儿不同的个性特征和学习品质。所以只要老师留意观察幼儿学习的过程，就不难在常规性生活活动中发现个体幼儿的差异性，发现幼儿解决问题的过程，发现其专注性、意志力、坚持性等做事品质。

动手做事是生活活动的基本构成。幼儿在进餐、喝水、如厕、穿脱衣服等活动中，不仅自我照顾、自我整理，而且在自己身体与生活世界接触联系的过程中，得到动作发展、自我认知以及认知能力的学习。可见，幼儿在生活中学习、发展和成长。

生活活动中总是充满着幼儿探索学习的丰富曲折过程。好奇、好问、好动的内在动力一直促使幼儿想要抓住每一个探索时机，比如系鞋带、用筷子、自主盛汤等对于幼儿来说都是特别具有挑战性的学习过程。这些看似平常的生活环节都潜藏着孩子们的探究行为和学习时机，如何让幼儿拥有更多生活活动的掌控权、决策权，如何营造民主、和谐、温暖、友爱的生活氛围，老师们通过观察幼儿日常具有行动性、具体性、情境性的生活行为，发现理解幼儿复杂行为背后的学习过程和意义，从而为采取恰当的教育指导策略提供依据。

下列关于散步环节的观察记录，呈现了生活活动中的任何小环节都蕴含着幼儿自主学习的时机。

案例 2

自主散步

青岛市城阳区桃源居幼儿园　黄岩　禚琪

第一次观察：餐后散步自己说了算

午餐后，我说："以后餐后散步你们自己说了算。"这便在孩子们的小世界里炸了锅，大家用亮晶晶的小眼睛盯着我，七嘴八舌地问："啊，什么意思?""我们想去哪里就去哪里?""耶！太好了吧。"听到我非常肯定的回答之后，孩子们开始骚动："我们去中班找我朋友怎么样?""我们去楼下荡秋千吧?""好!""老师，我想去那边看书!""去楼下荡秋千!""去小菜地!"此时的场面有些失控，让我措手不及，总不能让孩子独自去自己想去的地方吧。于是我说："今天先由老师来选一名小领队，以后每天就由小领队来决定散步地点，带领大家散步。"接着孩子们又进入了争当小领队的讨论中。"老师，我想当小领队!""老师选我，选我!"此时我的脑海中浮现出能担当大任的那几个孩子。"今天由明明来带队，他今天上课、做操都很好。"我坚定地做出了决定。明明走到队伍前面，一脸茫然地看着我，他的表情告诉我，他不知道该做些什么。我与他做了简单的交流："你需要告诉小朋友我们要去哪里散步，去的路上要注意什么问题。"散步开始了，明明在前带队，我在后压阵，整个散步活动我仍然要不停地提醒领队如何走、纠正其他小朋友掉队和说话的问题。

【教师解读】

散步主导权的改变让幼儿对这一活动产生了兴趣，幼儿面对自主散步是开心和兴奋的，他们积极发表自己的看法，由之前的被动接受变成了主动参与。面对自主散步幼儿出现了"思想发散和不知所措"，每个人都积极表达和争取，却没有实际的规划和做法，出现了有想法无方法的问题。面对幼儿散步地点想法爆棚的情况下，我立刻将自主权收了回来，选取了一名小领队，整个散步仍然由教师掌控。

第二次观察：谁是小领队

第二天午饭结束后，孩子们便马不停蹄地结束洗漱到走廊上集合，都想争个小领队。男孩子们争吵最激烈。小杰："是我先来的!"文远："不对，我先来的！我已经把帽子放在这里了，我刚才去拿衣服了!"小杰："不行，你刚才走开了，现在我是第一个。"文远："你昨天已经当过第一个了呀。"小杰："不行，我今天还是第一！”男孩以为站在第一位的一定能被选作小领队。

女孩子们互相说着悄悄话。莫莫：“今天我先来当小领队，明天换你，好不好？”梓晔：“不行，我也想当的。”莫莫：“那你忘了我还送你漂亮粘贴了？那我和悠悠都不和你玩了！”梓晔：“哼。”

在一旁听了好一阵之后，我走到他们中间：“今天谁想来做小领队？”几乎每个人都举手了。“想做小领队的小朋友说一说，你想带大家去哪里散步，怎样才能带好队伍。”问题抛出后有许多位小朋友的手放下了。小杰：“我要带大家去饲养角看小兔子。”“说一说你会怎样带好队伍？”小杰：“嗯……”他说不下去了。梓晔：“我要带大家去小树林，大家排好队、不说话、不掉队，不然我就不带大家去。”永杉：“我要带大家去东院攀爬架，今天上午我们没去那儿玩。”……最后我请小朋友举手表决同意谁的建议，最终大家选择了永杉的建议。去之前我们共同讨论了领队带队的方法。小玉：“要先整好队。”文文：“去的路上不能说话聊天。”涵涵：“不能掉队。”永杉：“老师每次带散步都要点人数，我也要点人数。”讨论后永杉带着我们去了东院攀爬架，这次我跟在队伍后面基本什么都没做，只是提醒了一下永杉回教室的时间。

回到教室，我们进行了“明天谁是小领队”的谈话，孩子们一致认为应该请表现最好的来当小领队。我问：“谁来决定谁是表现最好的小朋友？”孩子们说：“老师。”我：“今天的散步情况，今天的小领队最清楚，由他选出明天的小领队，是最好的。”

【教师解读】

散步前的激烈争论，说明孩子们很喜欢做自主散步的小领队，争论也反映了男孩与女孩不同的思维方式：男孩简单强势，女孩婉转。激烈的争论让孩子们的思维更加活跃。解决问题的过程要比结果更重要，教师为幼儿留足了争论的时间，也为自己留出了观察与思考的时间，让大家推选小领队、讨论带队方法，散步后又与幼儿讨论了选取下一位小领队的方法。

第三次观察：我们要去找罗老师

这个周的周五，结束午餐的小朋友陆续来到走廊，他们三三两两地开始讨论“今天谁是小领队”的话题，不外乎都是表扬自己昨天表现好，认为自己能当小领队。昨天的小领队永杉走了出来，涵涵悄悄地凑到他身边：“永杉，选我当小领队吧，我送给你一个小贴画。”永杉没有说话。其他小朋友也都过来找永杉说情。我想，永杉今天的抉择会有一定的难度。我走过来问：“永杉，你想好今天要选谁当小领队了吗？”永杉：“我想选韩毅，今天早晨他说，他当小领队的话会带大家去看罗老师（小班时的老师），我们都很喜欢罗老师，就选韩毅当领队吧。”我原以为他会被其他小朋友的糖衣炮弹迷惑住，没想到他这么有主见，我会心地笑了。

散步开始了。“稍息，立正，向前看齐！”“嘿！”“我们走吧！”小领队一声令下，孩子们开心地出发了。“嘿，你别看了，快跟上我们！”“哎呀，别从队伍里歪出来嘛，快进去，进去！”小领队一边领着同伴们向前走，一边不停地提醒着队伍里的小朋友。“到楼梯口啦，前面的人快停下，等等后面的人。”“拐弯啦，你快走呀！”后面孩子们也时不时地在队伍里提醒同伴要注意。

散步后的谈话，我围绕着“假如你是小领队，你会如何选出明天的小领队”进行交流，我表扬了永杉今天选的小领队很好，也对小领队提出了要求，并让学生一定要说出他/她推选新领队的理由。

【教师解读】

把自主权放手给孩子之初，必然会遇到各种障碍和难题，而这些难题正是孩子们成长所需。为了让自己成为小领队，他们想出了各种招数，有正面的说服，也有反面的“贿赂”，这个讨论与争执的过程也是孩子不断思考和提高的过程，教师恰当的出现、适当的提问，让孩子们掌握了做小主人的正确方法，将“服众、公平、尊重”暗含其中。现在的他们不仅已经学会协商解决问题，而且能够在集体讨论中表达自己的意愿，并且互相配合着完成集体的散步。在放手让孩子自主活动时，我心里最放不下的就是孩子们的安全问题。但是通过自主散步活动的进一步推进，他们遵守纪律和提醒他人遵守纪律的情况明显好于前期，安全顾虑也由此打消。

三、取长的视角

每个观察者都有着内隐的儿童观、教育观和价值观，在观察记录过程中，这些缄默的个体见解会暗中影响着观察者的视角。观察者关注、聚焦孩子的缺失与不足，就会以问题为出发点，发现分析幼儿与其他同龄人相比还有哪些方面发展欠缺，哪些方面需要重点培养和提高，针对幼儿的不足之处采取措施调整、巩固和提高。这是大多数生活活动观察的“补短”视角。如果将这一“补短”的视角转向取长，即观察者多关注幼儿的优势，就会着眼于幼儿“能做的”和感兴趣的事，相信幼儿可以自己做主、有能力做事、能够做得更好。例如幼儿洒了牛奶时，我们能够观察到“A 幼儿碰洒了牛奶杯，镇定自如地从盘底下抽出抹布，一一擦干净桌子后，又将抹布整齐地叠好，放回原处”，而不是“A 幼儿今天加餐又走神了，胳膊碰倒了牛奶杯，洒了一桌子的牛奶，还若无其事地擦干牛奶，继续吃面包”。

幼儿是作为完整的个体作出反映，涉及其思想、情感和身体活动。取长视角可以帮助教师从琐碎的幼儿问题中看到一个“有能力的学习者”形象，一个“完整的幼儿个体”形象，不断发现幼儿在生活中的点滴进步。观察者注意到了什么信息，对信息作怎样的描述，是对幼儿生活中的行为进行选择的过程，观察时不以审判者的眼光去评判孩子的缺点，而是从发现幼儿的闪光点出发，将更有助于幼儿在生活中自信地成长。

第二节　生活活动的观察目的与内容

一、生活活动的观察目的

从生活活动对幼儿发展的价值来看，观察的目的包括幼儿的健康概况、幼儿生活自理能力与生活习惯、幼儿集体生活的适应能力与社会行为等方面。

(一) 观察幼儿生活活动中的健康状态

通过多方面观察获取健康状况信息是教师的首要职责。幼儿的健康状况首先从其吃喝拉撒睡的行为细节中表现出来，有效的观察可以获取幼儿健康状况的具体信息，以确保满足幼儿生命成长基本需求。

1. 综合观察幼儿的整体健康状况

教师可观察幼儿的脸色、神色、声音高低、动作特征(活泼的、敏捷的或者懒散的)、行动方式(依赖的或主动的)、情绪反应(愉悦的、生气的或者沉闷的)及其他体征(如呼吸、出汗、发热、尿液颜色)，全面获取健康状况信息，从而综合判断幼儿一日生活中的健康状况。

2. 敏锐观察发现幼儿的异常行为表现

教师在综合观察幼儿基本健康状况基础上，需要用心观察每个幼儿的吃喝拉撒睡具体行为，敏锐发现其异常行为表现，分析判断异常行为的主要原因，从而作出及时反应。一个具有敏锐观察力的老师可能从孩子食欲的突然减退发现感冒的征兆，从孩子高频率的小便次数发现隐藏的生理疾病，从孩子午睡急促的呼吸声息中发现疾病突发的先兆，使幼儿得以及早疗理与诊治，确保孩子健康成长。

(二) 观察幼儿的生活能力和生活习惯

通过观察幼儿的生活活动可以深入了解幼儿生活与卫生习惯、基本的生活自理能力。了解幼儿的生活自理能力需要观察幼儿在日常生活中照料自己生活的自我服务性劳动状况，了解幼儿是否愿意自己的事情自己做，尝试不依赖他人照料自己。了解幼儿的生活与卫生习惯需要观察幼儿的饮食、睡眠、盥洗、作息等习惯以及幼儿个人的生活卫生习惯、学习卫生习惯及公共卫生习惯。

一是精确观察到幼儿生活能力与生活习惯所处的发展水平，比如哪些幼儿能熟练穿背心、哪些幼儿自己努力一下就能穿上背心、哪些幼儿尚需他人的帮助，从而有针对性地指导不同水平幼儿提升其自理能力。

二是细致观察到幼儿生活习惯与生活能力现有的发展需求，比如穿不上衣服的孩子、系不上鞋带的孩子、整理不好衣橱的孩子……其面临困难的关键在哪里，根本的原因是什么，从而可以提供给他们有效的指导。

三是具体观察到个体幼儿生活习惯与生活能力的发展差异，比如慢吞吞吃饭、洗手、整理餐具可能是黏液质气质幼儿的表现，吃饭不停与旁边幼儿交流、取餐时常提醒前边幼儿可能是多血质气质幼儿的表现……教师通过观察幼儿生活活动中的具体表现，为每个幼儿勾画出其特有的个性差异轮廓，以采取个性化生活指导。

3. 观察幼儿集体生活中的社会行为

幼儿园生活作为家庭生活的延伸，更利于幼儿社会行为的发展。在幼儿生活活动中可以观察到幼儿在集体生活中的举止行为、互动交往、规则规范、责任感与任务感等。

比如当前面的同伴在使用水龙头洗手时，后面的幼儿需要等到使用者让出来再用。于是幼儿意识到共同生活并非建立在个人愿望之上，了解尊重别人与等待轮换的重要性，“尊重与等待”的社会行为逐步衍生。幼儿不仅照顾自己的吃喝拉撒睡，还要负责班级活动室力的玩具收拾、桌面清理、地面整洁、动植物的照顾等，天长日久，对所处的环境的归属感和责任感日渐滋生。

幼儿生活活动社会行为发展等级评定表

幼儿姓名：　　　年龄：　　　　　　观察日期：　　　年　月　日

	1	2	3	4	5
协助保持教室整洁					
尊重他人的物品/权利					
对自己的健康负责任					
集体活动时表现出自制					
能够和老师、同伴一起愉快生活					
能够向他人表达自己的需要					

续表

	1	2	3	4	5
主动和同伴接触和互动					
尊重同伴游戏的优先权					
对同伴有同情心					

（说明：1=从不；2=很少；3=尚可；4=经常；5= 总是）

（该表由平度市开发区中心幼儿园官伟丽设计）

了解某方面社会行为的发展可以观察多种活动场景获得全面的信息。比如观察幼儿生活活动中的礼貌行为，可以从下列行为中进行：

- 有事找老师时，唤叫老师注意方法
- 走过狭隘通道时等待或礼让
- 轻轻敲门、开关门有礼貌
- 有礼貌地打招呼
- 不得不中断他人讲话时有礼貌
- 感谢与道歉
- 递交物品有礼貌

二、生活活动的观察内容

生活活动观察内容包括幼儿生活活动的环境、幼儿在生活活动中“做什么”以及“怎么做”三个方面。

（一）观察幼儿生活活动的环境

环境对人的行为产生巨大影响。有多大空间、空间里的物品及其安排、空间的社会心理含义等因素综合起来决定和指导我们的行为。

不同的环境决定或影响着幼儿的行为。某一特定时间、地点、情境中行为是被允许的，而另一些时间、地点、情境中的行为又是被禁止的。例如，入园见到老师、小朋友时，老师鼓励幼儿主动打招呼，而午睡时幼儿则需要安静下来不讲话。幼儿之间的互动也会受到环境的影响。例如教师如果不在洗手间里，幼儿洗手、如厕的行为可能很不相同。不同教育风格的老师指导进餐，幼儿的进餐行为也可能不尽相同。观察不可缺失的部分是了解幼儿如何受到周围环境的影响，如何对周围的物理环境作出反应。因此，对幼儿生活活动行为的观察，首先要关注幼儿行为发生的环境与背景。

现场环境包括物质环境和精神环境。物质环境指生活活动所处的场所、空间，影响活动的硬件设施设备，以及幼儿所使用的器具的大小、材质、样式等。精神环境指生活活动中教师、幼儿之间形成的关系、氛围等。与幼儿密切相关的家庭环境或者社会环境是影响幼儿生活活动行为的重要外部因素，比如幼儿家庭进餐方式、独生子女现状等都是分析幼儿生活活动行为原因的动态层面信息。

以幼儿进餐的环境为例列出如下清单：

1. 进餐的地点：独立的餐厅、活动室中间或者活动区域内
2. 进餐的桌子、餐具大小、样式
3. 进餐各种用具摆放位置
4. 进餐的食物：种类、数量多少、色泽等
5. 进餐时成人的指导位置
6. 进餐时环境：安静的、燥乱的或者温馨的
7. 进餐时播放的音乐：轻柔的、欢快的或者激烈的
8. 进餐的规则：教师分发食物还是幼儿自取？进餐时是否允许幼儿交流？
9. 进餐时的自主权利：幼儿对想要或不想要的食物以及要多少食物有选择的权利吗？餐后桌子、地面由幼儿自己清理还是成人清理？

（二）观察幼儿在生活活动中“做什么”

观察幼儿“做什么”，即观察幼儿具体的生活技能学习或练习过程以及获取的具体经验，特别要具体观察幼儿在生活活动中做事的内容、做事的步骤，以及做事中遭遇的困难与解决过程。

具体而言，就是要观察幼儿生活活动行为是如何引发的，其又以怎样的态度、行为方式，做了哪些活动，是如何持续活动，之后结果如何。包括幼儿如何与材料、器具互动，如何与教师的互动、与同伴互动。

1. 幼儿正在从事的生活活动是什么？
2. 幼儿所做事情发生的始末是什么？
3. 他花了多少时间做这件事情？包括完成的时间以及重复的时间。
4. 当他重复做同样事情时有何不同？
5. 幼儿按照怎样的步骤、方式或秩序从事当前的生活活动？
6. 当环境中出现容易分散注意力的刺激时，幼儿是否仍然持续工作？对他有何影响？
7. 当幼儿从事的活动受到干扰，幼儿的行为发生了怎样的变化？
8. 幼儿反复做生活活动中的事情时，恒心和耐心情况如何？
9. 幼儿从事生活活动时表现出来的秩序状态如何？
10. 幼儿从事生活活动时的情绪状态如何？
11. 幼儿从事生活活动时遇到困难时的表现是怎样的？

12. 幼儿对教师的组织指导有何反应?

13. 幼儿在什么情况下会表现出兴趣或挫败?

14. 幼儿在什么情况下会依据他人指令去做?

15. 幼儿在什么情况下会热情地投入到生活活动中?

16. 幼儿从事的生活活动是否受到同伴的影响?受到同伴哪些影响?是如何受到影响的?

17. 随着时间的变化,幼儿的行为有没有改变?有何改变?

如果想着重观察幼儿生活活动中的互动情况,需要观察以下几个方面:

1. 时间?

2. 谁先主动?

3. 互动的方式是什么?是动作还是语言?

4. 双方都说了什么?做了什么?

5. 对方分别有何反应?

6. 接着发生了什么?

7. 互动如何持续?

8. 互动如何结束?

9. 互动结束之后,幼儿立即表现何种行为?

(三)观察幼儿在生活活动中"怎么做"

可以获取幼儿生活中做事品质的发展信息,以培育幼儿学会生活、学会做事。

除了需要观察幼儿在生活活动中"做什么"之外,还要观察幼儿在生活活动"怎么做"。"怎么做"注重的是幼儿的活动品质,即儿童是如何参与生活活动的,其情意状况、动机态度以及做事的习惯、倾向怎样,体现在持续的长期的生活活动中做事的态度、倾向与风格特质。如主动还是被动,独立还是依赖,乐于想办法解决问题还是等待成人帮助。做事品质包括情感和行为两个维度,情感维度指向兴趣、快乐与做事动机,行为维度指向专注、坚持、灵活和自我调节等。举例来说,有的幼儿午睡起床后光着膀子,一动不动地等待老师过来帮助穿衣服;有的幼儿洒了汤,抬起胳膊张开手眼睁睁看着汤从桌子上流到自己腿上,等待老师过来帮忙。透过观察到的持续性的、稳定的行为方式,可以看到幼儿缺乏自我主动做事的兴趣和内在动力,行为中呈现出来的是不专注、依赖被动等活动品质。

一个具有敏锐观察力的老师总是能从幼儿生活活动行为中关注幼儿行动的源头,即其行为的动机(自发兴趣或不得不执行的成人指令)、幼儿的行为方式(主动的、独立的,或具有依赖性的)、幼儿行为的特质(能否坚持解决问题、能否自我控制调节、能否灵活采用不同方式或策略)。

例如下列对于幼儿做事品质的观察,可以帮助老师具体了解生活活动中幼儿的个体差异与风格特质，以进行个别化指导。这些不同的活动品质没有好或者坏之分，只是代表幼儿在某些方面的某些风格或者特质。

幼儿生活活动做事品质评价表

做事品质	具体表现	幼儿 A	幼儿 B	幼儿 C
易于投入	幼儿很有兴趣地投入到生活活动中，做事情时乐于积极回应。			
勉强参与	幼儿出现排斥参与活动的行为，需要成人用言语安抚或者重新调整活动形式。			
有自信	幼儿会自己决定采取怎样的方式，很轻松地以其能力来做事情，无论成功与否或能力高低，都自信满满地完成事情。			
缺乏自信	幼儿参与生活活动时看起来对自己做的事情没有把握或能力不足，很担心“做错”或“做不好”，需要教师不断评价赞赏。			
专注的	幼儿参与生活活动时表现出一种热情的态度，不受周边环境的干扰专心于自己做的事情。			
容易分心的	幼儿参与生活活动时很容易受到环境影响，注意力飘忽不定。			
有恒心的	幼儿在生活活动中遇到困难，不屈不挠地想各种办法坚持做完，对于需要重复做的事情，坚持认真做好。			
易挫折的	幼儿在生活活动中遇到挑战或挫折难以调适，可能会马上找老师帮助，也可能不情愿继续做。			
倾向于慢慢地做	幼儿需要花费或者需要充分的时间去参与生活活动，如洗手、进餐等，进行中做得很慢，但按部就班地去做。			
倾向于赶快做完	幼儿做事的节奏较大部分的幼儿快，能很快地投入活动，并且很快做完。			
健谈的	幼儿在生活活动中，倾向于更频繁地和老师或幼儿聊天，主动讨论或者分享有关或无关的事情。			
安静的	幼儿在生活活动中几乎不说话，只有当被要求说话时才说话。(不说话并不表示不高兴)			

如果观察到某些情境或者事情最易使幼儿感到挫折，那么教师需要给予额外的帮助与鼓励；如果观察到某些活动难度较大、任务较重，幼儿难以坚持，教师就需要分层次、小步走，不断让幼儿获得成功感；如果观察到某些幼儿做某些事情时缺乏信心，教师除了提供适宜难度任务之外，还需要了解家庭教养方式对幼儿生活自理能力的个别化影响。

第三节　生活活动观察的关键技术

观察在最初一直被作为研究方法使用。现今，对于一线的幼儿教师来说，观察渐渐成为解决自身教育实践问题的一种工具。当幼儿教师能够熟练使用观察获取儿童发展信息，并基于观察信息确定教育起点、采取有效策略时，观察又成为幼儿教师专业发展的隐形翅膀。观察作为专业能力的标志之一，其提升确实需要一些关键技术。然而当熟练掌握了这门“技术”，且观察成为专业生活的一部分，并自然而然地热爱观察幼儿了，观察便成为超越技术层面的“艺术”。

一、定向识别技术

观察是有目的、有计划的专业行动。虞永平强调观察并不是随便看，而是有目的、有计划的。美国学者沃伦·R·本特森认为观察是有目的地获取儿童行为中的信息，并对这些信息进行定义，以此促进儿童的成长与发展，获得全面的幸福。

观察的定向识别技术是指依据幼儿发展需求，确定观察目的，并在复杂多变的教育情境中，对幼儿的行为及其所处的环境进行定向、甄别、选择观察时间、场景、对象、内容的技术。对于生活活动中的观察来说，定向识别技术是观察者敏锐捕捉幼儿在生活活动中获得相应的发展价值或者关键经验的具体场景，从而聚焦这一时空中幼儿的行动动机、过程与结果。

提高生活活动的观察定向识别技术，可从以下两个方面入手：

(一)熟知生活活动的幼儿发展目标或关键经验

教师熟知生活活动中幼儿可能获得的发展目标或关键经验是提高观察定向识别技术的潜在决定因素。我国《3—6岁儿童学习与发展指南》可以为观察的定向识别提供有效的帮助。其中目标部分分别对3—4岁、4—5岁、5—6岁三个年龄段末期幼儿应该知道什么、能做什么，大致可以达到什么发展水平提出了合理期望，指明了幼儿学习与发展的具体方向。比如熟知并理解健康领域中的子目标①“身心状况”，包括目标1“具有健康的体态”、目标 2“情绪安定愉快”、目标 3“具有一定的适应能力”；子目标③“生活习惯与生活能力”，包括目标 1“具有良好的生活与卫生习惯”、目标 2“具有基本的生活自理能力”等，能够使得生活活动中的观察目的更容易确定和清晰，对观察对象、情境的捕捉更加敏锐；除此，熟知其他领域中的目标比如社会领域子目标①“人际交往”中的目标 2“能与同伴友好相处，能够使得生活活动中的观察关注幼儿与同伴间的互动因素”。再如，熟知语言领域子目标①“倾听与表达”的目标 1“认真听并能听懂常用语言，能够使得观察中关注幼儿倾听与表达对生活活动的影响因素”。可见《指南》是支持观察的有效工具，自观察的初始、过程到观察的分析都发挥着导向标的作用。

延伸阅读

Highscope 的 COR(儿童观察记录量表)，与生活活动关系最为密切的“自我照顾和健康行为”列出 0—7 个水平的关键经验。

水平	关键经验	解释
水平 0	幼儿会表达最基本的生理需求	幼儿通过声音(如哭、发出吮吸声)、活动(如扭动身体、转头)或手势(如伸手、抓)，表达自己对食物、换尿布或拥抱等的需求。
水平 1	幼儿自己用手拿食物	幼儿用手自己抓食物(如水果、蔬菜或燕麦)吃。幼儿也可以用幼儿杯喝水。
水平 2	幼儿给身体的基本部位命名	幼儿给身体的基本部位(如头、胳膊、脚)命名
水平 3	幼儿在他人的帮助下照顾自己	幼儿在一些帮助、提示或暗示下照顾自己。
水平 4	幼儿独立照顾自己	在没有他人帮助的情况下，幼儿独立完成洗手、洗脸、穿衣服和如厕等活动。
水平 5	幼儿作出有益健康的选择并能解释原因	幼儿不仅能做出健康的行为，而且能够解释这样做的好处。
水平 6	幼儿可以解释遵循安全规则的原因	幼儿必须就规则或步骤作出基于安全的解释。

水平	关键经验	解释
水平 7	幼儿可以解释人们如何以及为什么要保护自己的身体	幼儿知道只有爱惜身体，才能保持健康继续工作。健康不是自然而然的。幼儿能够解释不健康的行为会如何伤害身体，导致生病或无法正常工作。

（二）生活活动中的选择性注意

“注意”是观察定向识别的前提。观察发生在驻足、定睛时刻，注意力集中于某个场景持续一段时间。选择性注意发生在认知加工过程中，即个体对同时呈现出来的两种及以上的刺激信息中的目标进行选择加工的过程。一个人的内在需要、期望、任务和他的过往经验都是选择性注意的重要影响因素。对于幼儿教师生活活动的观察注意阶段来说，教师对观察对象的期待、教师观察的目的和任务、教师的已有经验都会影响观察的定向识别。生活活动每天大多在重复相同的内容，加上教师的工作任务琐碎而繁重，疲惫不堪精力耗尽时，很难将注意力集中于观察。这就需要教师经常更新生活活动的审视视角，明确清晰而具体的观察目的，选择设计有效的观察方法，从看似平常的生活活动中识别出有价值的观察信息。

比如生活活动中有特殊需要的儿童，或者在某个方面需要特别关注的儿童。

案例 3

不午睡的晨晨

- 观察对象：晨晨
- 年龄：6 岁
- 家庭背景：晨晨的爸爸妈妈工作都比较忙，爸爸妈妈休息时间较少，所以平常都是由姥姥带，妈妈只有休息时间才带晨晨。姥姥对晨晨比较溺爱，只要是晨晨提出的要求，姥姥都会满足。

第一次描述观察：（9 月 12 日）

午休时间，小朋友们都午睡了，活动室里静悄悄的。突然，下床传来一位小朋友“哈哈哈哈”的笑声，循声走去，我看见晨晨正趴在小床上，两只手各持一只拖鞋，晃来晃去，嘴里还嘟囔着什么，像是在用拖鞋比划一个故事，脸上洋溢着开心满足的笑容。整个中午的时间，晨晨在老师的提醒下会安静一小段时间，但是始终没有睡着，偶尔还是会发出声音。

第二次事件取样观察：（9 月 15 日—19 日）

晨晨在园一周午睡情况的观察表

阶段＼星期	一	二	三	四
睡前准备	其他孩子在自己睡觉的地方脱衣服时，他跑到 A 小朋友那里，抓起 A 刚叠好的衣服看看，就跑开了。	C 小朋友刚要躺下，他趁机从下面抽走了 C 的枕头，C 捂着头告诉老师："我不要他躺在我身边。"	老师讲睡前故事，他听的时候用手拽拽旁边小朋友的头发，又把自己的枕头翻过来倒过去。	老师把他的被子放在离其他小朋友一段距离的地方，他顺手拿起玩具玩了起来。
入睡时间	躺在那里翻来翻去，一会儿坐起来看看周围，一会把被子盖在头上。	一会儿把枕头放这里，一会儿又放那里。趁其他孩子不注意，钻进 B 小朋友的被窝。	用手拨弄左边 D 小朋友的小辫子，又转过身去，把腿搭在右边小朋友的被子上。	毫无顾忌地扒拉玩具并发出哗啦啦的声音，老师将玩具拿走，他大叫："你们都是坏人，都不喜欢我。"
评价	C	C	C	C

（备注：这个周五没来园。）

评价：A 睡觉　B 不睡觉但不打扰他人　C 不睡觉且打扰他人

第三次描述观察：（9 月 23 日）

一天放学离园时，我和晨晨进行了沟通，了解到他知道午睡时不应该打扰其他小朋友，但是他总是控制不住自己的行为。在沟通过程中我用冷静的言语，有步骤、有余地地引导晨晨换位思考："晨晨你想一想，如果你是班里中午想睡觉的小朋友，如果一直有个小朋友在打扰你，让你不能安静睡觉，你是什么心情？"他若有所思地回答我："我肯定会很不喜欢这个小朋友。""那你希望小朋友们都不喜欢你吗？"我追问道。他摇了摇头。"这样吧，我们约定，你以后午睡的时间可以不睡着，但是不能影响其他小朋友，好吗？”“好吧。”他回答道。

第四次描述观察：(9月24日)

一天中午的午休时间，晨晨像往常一样在自己的小床上，踢被子、玩拖鞋。我利用中午睡前故事的时间给班里的孩子们讲了《猴小弟学睡觉》的故事，大部分孩子听着故事渐渐进入了梦乡，晨晨也安静下来不再玩拖鞋了，但是入睡对他来说还是有些困难。我走到他的身边，帮他把小手放到被子里并轻轻地对他说：“猴小弟，你也该睡觉了。”他不好意思地对我笑了：“好的，猴妈妈。”只见他自己盖好小被子，闭上眼睛侧躺着，我在一旁静静的陪他，不一会儿他也进入了甜甜的梦乡。

家庭教育访谈与原因分析

晨晨的爸爸妈妈工作都比较忙，爸爸妈妈休息时间较少，所以平常都是由姥姥带，妈妈只有休息时间才带晨晨。姥姥对晨晨比较溺爱，平常晨晨想要什么东西，姥姥都会给，对于晨晨的要求姥姥也都会答应。平常在家，到了午睡时间，晨晨还想玩，不想睡觉，姥姥就让他玩。有时候为了哄他睡觉，姥姥就躺下陪着他睡觉。

家长没有意识到培养孩子良好午睡习惯的重要性，觉得孩子还小，累了自然就会睡觉。对于孩子的睡姿也并不重视，觉得孩子躺着，舒服就行。而家长陪睡更是司空见惯了。他们认为陪孩子睡是很正常的事情，并没有意识到孩子独立睡觉不仅是一种良好习惯的养成，这对孩子独立性格的培养也具有重要性。

教育对策：

1. 家园沟通策略

告诉家长培养孩子午睡习惯的重要性，改变家长的教育观念，与家长达成共识，家长表示愿意配合幼儿园老师来解决孩子午睡问题，提高午睡质量。班级老师与家长商量之后，共同制定了一些培养孩子午睡习惯的措施：

(1) 让孩子了解午睡的重要性

通过绘本、视频等让孩子了解午睡的重要性，让孩子能够重视午睡。

(2) 孩子出现问题或提出需求时要有足够的耐心

当孩子想睡觉却睡不着时，要帮助他解决问题，看是否是因为吃得太饱或者躺着不舒服等原因造成睡不着，当孩子要求陪睡或者再玩一会儿时，家长不能生气或者立马责骂孩子，而是耐心地告诉孩子这是午睡的时间。

(3)多鼓励孩子

若孩子能够主动入睡，到了午睡时间时能够不做小动作，不玩枕头，不说话，家长要多鼓励他，让他把这种好习惯坚持住。同时也可以利用一些小奖品来奖励他，让他能够有动力将这些习惯坚持下去。

2. 幼儿园教育引导的策略

(1)提醒孩子保持正确的入睡睡姿

在平常时间里，老师通过绘本、视频、图片等告诉幼儿睡觉的正确姿势，让幼儿在睡觉时注意保持正确的睡姿。当午睡时间到了，老师要提醒躺在床上的孩子们不能趴着睡，不能把被子盖到头顶。最好是右躺，这样有助于睡眠。

(2)给孩子提供清爽、舒适的午睡环境

在孩子午睡时，老师要给幼儿提供清爽、舒适的午睡环境，这样有助于幼儿快速入睡，例如：室内布置、拉好窗帘、定时通风、设定温度等。在午睡时间，要求幼儿不能够大声喧哗，幼儿园里也不要播放一些声音特别大的广播等。老师与老师之间也不要大声谈话。

(3)用奖励的形式鼓励孩子

当孩子在午睡时能够保持好正确睡姿，能够不大声讲话，不乱动等时，老师就可以奖励给表现优秀的孩子小红花、五角星等，以此来激励他们继续保持良好的午睡习惯。

二、细微化技术

观察的细微化技术是指具体而微、详致而细地观察幼儿在生活活动中做了什么以及如何做的，幼儿在这个过程中说了什么，幼儿在这个过程中的情绪和感受，以及过程中发生的时间、地点、周边环境等。

(一)生活活动细微化技术的要求

1. 生活活动中幼儿的动作观察

观察幼儿做了什么以及如何做的主要从幼儿的动作中获悉，这就需要观察幼儿在生活活动中的身体姿势、头的姿势、手势、身体方位上的移动，以及手部小肌肉的动作。比如幼儿用四指大把握小勺，还是拇指食指捏小勺。比如案例 4 是一位教师对幼儿进餐情况的描述。

案例 4

果果不喜欢吃小米粥，老师给他塞了两口鸡蛋，他只好含着，一点儿也不愿意咀嚼，就那样呆呆地坐在那里，百无聊赖地看着桌子上的饭菜，旁边的小朋友陆续吃完离开餐桌，果果的饭菜都凉了，可是他还是满嘴鼓鼓的。老师还在催："快把嘴里的饭咽下去，再吃一口！"

2. 生活活动中幼儿的语言观察

观察幼儿在生活活动中说了什么，可以帮助教师了解幼儿此刻的生理、心理需求是什么，此时此刻的情绪状态以及幼儿用语言表达自己要求的水平等。不仅要观察幼儿说话的内容，还要观察幼儿的声音、说话的速度等。

比如幼儿声音反映情绪，不同的声音表达了不同的需求。同样的一句话，比如午餐时毛毛说"我想要"，如果教师没有记录毛毛说话时的情绪特质——是小心翼翼地小声说，还是大声抢在别的小朋友前头喊着；是委屈地嘟囔着，还是开心地微笑说……就无法判断毛毛语言背后的意义。

案例 5

一天，在幼儿起床如厕后，我像往常一样在逐个为幼儿进行检查。点点小腿上耷拉着裤子向我走来，两手一摊，笑眯眯地对我下了指令："老师，帮我提裤子。"似乎提裤子是我的事情。这次我没有停下手，只看了她一下，说："你看，老师现在很忙，你必须自己的事情自己做。""老师，我不会，"她皱着眉头，仍不死心，语气里带着央求的味道。我还是没有帮她，说："我知道你的小手很巧，听你妈妈说你在家学会提裤子了，在幼儿园里也一定能行。"听到我的鼓励，她确定没有他人的帮助了，说："我来试试吧。"于是，我提醒道："你要快点，不然就过了吃午点的时间了。"说完我依然忙着做自己的事。小不点看看我又看看吃午点的伙伴，她开始动手了，抓着裤腰往上拉，左边拉完拉右边，最后还是提起了裤子，虽然裤子扭向了一边，我还是夸张地表扬了她，并帮她整了整。孩子高兴了一个下午。

3. 生活活动中的场景观察

场景的细微观察对于幼儿行为的分析与解读十分重要。场景细节包括：生活活动中幼儿人数、活动持续时间、空间大小、是否拥挤、器械设备材质型号、操作工具或材料等。比如衣帽橱是一层、两层还是三层，会影响幼儿穿衣速度、秩序以及安全。再如只有描述清楚幼儿穿的鞋子是子母扣、拉链、纽扣还是鞋带，才能具体评价幼儿穿鞋水平。

案例 6 中可以看到，老师对生活活动中场景的细致观察，是解决生活活动中存在问题的有效途径。

案例 6

现在天气越来越冷，小孩们穿的衣服也在变多，导致穿脱外套的频率也增加。一天早操前，老师说："男生先去穿衣服，女生再去。"男生"呼啦"一下子冲出去，开橱门拿衣服时特别拥挤。不一会儿，浩浩坐在地上捂着头告状："老师，他用橱门碰我的头。"正在开中间一层橱门的丁丁说："我不是故意的，我也要拿衣服啊，你的头太高了。"川川说："你没看到我在等着吗？我最上面的橱门没法开呀！"老师看了看，发现最底下一层小朋友正拿，紧接着上一层小朋友也开橱拿，一站起来很容易撞到头。有的小朋友关橱门时总是很用力地甩门，看着就心惊胆战。小朋友们经常拿完衣服甩门而去，很远都能听到"哐哐"的声音，拿完衣服从橱子里带出来的东西也经常掉一地没人管。尽管老师经常一个一个提醒，但是依然看得心惊胆战。

第二天，老师说："大家出去拿外套，不按组也不按男女生去拿了，我们按最底下是第一层，中间第二层，最上面第三层来分组，一层一层地出去拿衣服。"果然，再次取衣服时，碰头的现象没有了，井然有序，而且快了许多。

（该案例由青岛市实验幼儿园张园园提供）

（二）如何提高生活活动的细微化观察技术

观察面对的是川流不息的事件流，无论我们使用怎样具体详致的描述都记录不尽观察的事件，因此观察总是依据观察目的与任务，对观察行为有选择性地进行记录。细微化技术并不是对所有的细节详致描述，不是眉毛胡子一把抓，观察到什么就记录什么，也不是平铺直叙地像记流水账一样，对整个事件的记录既不持续又不深入。细微化技术需要有目的地观察到相应的细节，有重点地突出观察的核心，有选择地捕捉到关键性行为。以下三个方面可以提高观察的细微化水平：

1. 掌握生活活动幼儿行为的内涵

只有深入理解所要观察内容的内涵，才知道要在现实的教育情境中观察什么，才能观察到具体的细节行为。生活活动中的观察内容大多是一些看似熟悉的幼儿行为，比如生活习惯、自理能力、适应能力等，但如果不能从内涵层面进行深刻的把握，观察就会错失众多关键性的细节。比如观察幼儿生活活动中的适应能力需要理解“适应”与“适应能力”等的内涵。“适应”最早起源于生物学，用来表示能增加有机体生存机会的那些身体上和行为上的改变。“适应能力”是个体根据外界环境的变化而进行不断调整以达到与环境保持和谐发展的能力。

操作性定义就是给予必须观察或测定的行为详尽的说明和规定，确定这一行为或现象观察记录的客观标准，即观测指标。比如观察幼儿整理书包的自理能力，其操作性定义为幼儿具有分类，有序放置、使用学习用品、用具的基本技能，能坚持每天独立、自主地整理书包中的书、本子及学习用具，且形成习惯。依据其操作性定义就很容易从态度、技能、习惯三个层面制定出观察记录表格，在观察幼儿整理书包过程中，也容易捕捉更多的行为细节。

幼儿整理书包情况观察记录表

项目	观察内容	很好　一般　差
态度	幼儿主动整理书包 幼儿饶有兴趣地整理书包 幼儿很爱惜自己的书包及学习用具	
行为习惯	幼儿每次完成作业后都能将书本放回书包 幼儿总是能够保持铅笔盒物品摆放整齐 幼儿书包里的书本总能保持整洁	
整理技能	幼儿会用卷笔刀削铅笔 幼儿会将书、本子进行分类整理 幼儿会整齐地将各类物品放进书包	

（该表由平度市开发区中心幼儿园穆春燕设计）

2. 熟悉幼儿生活活动中行为发展特点与轨迹

幼儿在生活活动的行为与在这个年龄阶段的生理、心理发展水平密切相关，当熟悉幼儿知识、技能、情感等在每个发展阶段的特点时，观察就有助于教师敏锐捕捉到关键性细节。

案例 7 关于幼儿穿鞋的观察记录中，幼儿穿鞋过程中的语言细节、动作细节以及情境细节，都反映了小班幼儿的动作发展特点、认知发展特点、情绪发展特点。小班幼儿的小肌肉群发育还不够精确，精细化动作发展程度不够，加上认知方面还难以区分左右脚，以及左右鞋，所以教师对于幼儿穿鞋中的观察要细致入微。

案例 7

观察对象：小童
年龄：3 岁 3 个月
观察情境：起床后整理环节

起床的时间到了。“老师，我不会穿鞋子。”“老师，我的拉链拉不上。”“老师，小红的鞋子穿反了。”房间里充斥着各种声音。小童很高兴地走到我跟前说：“老师，今天是我自己把鞋子穿好的。”我看了一眼他脚上的鞋子，可爱地各自向两边歪着，就对他说：“你很棒，可是鞋子穿反了，把它换过来。”他回到了自己的座位上，用力撕开子母扣，把鞋子费力地拽下来，左看看右看看，又问了一遍：“老师，这样穿是对的吧?”我点点头，他才伸进脚去，虽然按上了子母扣，可还是露出了一小截。我赞赏地朝他微笑：“这就穿对了，自己穿很棒哦!”可是一连两天，小童都同样是自己穿好鞋子，可是每次穿的都是反的。

今天中午小朋友起床后，我就叫他们坐在午睡台边上，一边把小脚并拢一边念儿歌：“两只鞋宝宝，一对好朋友，穿对了，高兴头碰头，穿反了，生气背对背。”我让小朋友相互检查，看一看鞋宝宝是生气了还是高兴了，我看见小童自己认真地检查起来，嘴里还说着“生气了”，于是他脱下鞋换了过来。

（该案例由青岛市实验幼儿园张园园提供）

3. 借助媒体技术

拍照和录像可以帮助我们反复观察，提高观察的敏锐性。由于文字记录的速度，以及记忆力、观察力的局限性，我们可以借助照片、视频留住幼儿行为的细节，视频可以随时暂停、倒退，教师可反复观看、琢磨、记录幼儿行为的细节部分。

三、系统化技术

观察的本质意义并不在于观察对象或内容本身，而产生于影响观察对象或内容的错综复杂的时、空关系网中。系统化技术是指从观察目的这一并不孤立存在的聚焦点出发，通过一个或者一串微观具体的场景，将其放置于一个相互联系的人、事、物之间的关系网中，一个动态发展过程中观察。沿着空间的横向线索来看，观察需被放在一个与观察对象、内容产生千丝万缕联系着的人、物关系网中进行；沿着时间的纵向线索来看，观察对象或者观察内容需被放到动态的、发展着的流线上进行。

先看案例 8：

案例 8

中午午睡时，我们都会让小朋友洗手、小便，然后再上床睡觉。但是，这一天悠悠在上床之后，他又说："老师，我要上厕所。"我感觉很疑惑，但抱着不能让孩子憋尿的心理还是让他去了，去了没有一会儿他就出来了，速度非常快。我问他："你怎么又上厕所，上床之前你没上吗?"他小声说："我上了，可是我还是有点儿想上。"从那天之后连续三天，悠悠中午都会上床之后再去小便。

这一天悠悠又说要去上厕所，于是在他上厕所的时候，我就跟着他一起去了厕所，在门口悄悄地看他到底在干嘛。只见悠悠在厕所横沟的一侧，扶着墙小心翼翼地迈过去，可是蹲了一会儿之后，没有小便也没有大便，又起来了。他的小脸儿憋得通红。我就很奇怪，我说："悠悠，你怎么啦?"悠悠红着一张小脸儿摇了摇头。

实习生观察到悠悠屡屡上床后又去上厕所，倘若只是一次观察，我们很难确定悠悠小朋友是什么原因上床后又去上厕所，是上床前贪玩忘记了，还是上床后不愿意睡觉想去溜达一下，还是真的恰好想上厕所。所以观察有时特别需要持续一定的时间，反复观察才能发现这个行为背后的原因与意义。

后面连续三天都有这样的行为，这引起老师的重点关注，但观察到悠悠没有小便，说明上床前上过厕所了，可是又真的是去蹲坑了，也不是贪玩。这时观察特别需要突破已有的关系网，在范围更广泛的关系网中探索一个孩子内心焦虑却又不愿意吐露出心声的行为原因。

这时班里的胡老师进来了，我和胡老师小声说了一下情况。胡老师把悠悠叫起来，拉着他的手走到厕所说："悠悠，你是害怕幼儿园这个厕所的坑吗?"悠悠眼里开始含着眼泪了，点点头："嗯，坑很深，我害怕掉下去，我拉不出来。""没关系，不要害怕，我听你爸爸说啦，你害怕在幼儿园里上厕所，不敢蹲坑儿。来，我跟你一起蹲。"说着，胡老师拉着悠悠一起走到厕所坑上，悠悠犹豫地蹲了下来，胡老师一边安慰他，一边陪着他一起蹲。胡老师说："不要怕，我小时候也害怕蹲这个，我连看都不敢看，你比我还厉害呢。"通过这种办法，悠悠渐渐地放松了下来。他顺利地上了厕所，回了寝室上床睡觉。

实习生与班级老师沟通后，班级老师拥有孩子来自家庭中的更多信息，爸爸跟老师沟通过悠悠上大便时害怕蹲幼儿园的厕所坑。幼儿行为背后的原因得到正确的解读后，在教师的温暖陪护和策略引导下，终于解决了幼儿上大便的难题。

由此可见，幼儿在幼儿园生活活动中的行为与家庭中的生活习惯密切相关，物质、设备环境的差异会带来幼儿生活活动行为的适应障碍，心理氛围环境的变化也一样会影响其集体生活中的生活行为。

同样，幼儿与教师之间的关系不同，也会影响幼儿的行为。实习生与悠悠相处的时间短一些，了解得少一些，沟通中孩子还难以一下子将内心的声音大胆、自然、主动地表达出来；幼儿与班级胡老师之间相处时间长，师幼关系更加亲密友好一些，悠悠更敢于表达自己面临的困难。

总之，系统化观察技术要特别注意将幼儿与家长、教师、同伴联系在一起持续、系统观察。

（一）与幼儿家庭教育联系在一起

幼儿生活活动行为受家庭影响较明显，家庭环境与幼儿园环境的差异给幼儿的生活活动行为带来众多的适应问题，幼儿的生活卫生习惯与自理能力与家庭教育息息相关，所以幼儿生活活动行为的观察必须放在以幼儿为圆心的幼儿园、家庭双重同心圆中进行。

（二）与教师联系在一起观察

教师在场营造的不同氛围影响着幼儿生活活动行为。不同的老师在场，同一幼儿的生活活动行为可能不同。比如，中一班幼儿在穿衣服时，发现周一、周三静静小朋友很热情地帮助三位小朋友拉拉链、整理领子等，周二、周四却没有帮助其他小朋友，小新走过来她也没有理。后来才发现 A 老师允许幼儿在穿衣服环节自由交谈，很少催促幼儿，而 B 老师要求幼儿安安静静穿衣服，而且点名表扬穿得快的幼儿。所以不能脱离环境观察分析幼儿的互助行为，而要将其放置在不同教师的指导背景下进行分析。

（三）与同伴联系在一起观察

同伴是幼儿生活活动行为的重要影响源，教师在观察时必须观察幼儿与同伴的交往与互动，即是否与同伴发生直接的互动、是如何互动的以及幼儿在互动中的表现。比如，下列发生在小班幼儿间的同伴互动行为是直接的、双向的同伴关系。一个发生在生活活动环节中的意外事件，却转化为幼儿合作解决问题的探索过程。案例中，教师不仅没有责备幼儿、没有代替幼儿安装，也没有中途介入，而是充分尊重幼儿自主解决问题的权利，提供自由探索的空间，这反映出民主的师幼关系的隐性影响。

案例 9

一天，柏良在放水杯的柜前摆弄着一扇脱落下来的柜门，并设法按照原位置将柜门装上。很显然，由于他的顽皮，柜门才脱落了下来。柜门很重，在安装时，门在他的手里摇晃着，不听使唤。

经过一段时间，柜门仍没被安装回去。他调整了手的位置，左手抓住柜门上面的边，右手扶着有扣环的柜门边，正准备把柜门上边的插销插入柜橱的扣环时，潘蕤过来帮忙了。潘蕤也用双手抓住柜门铁门的边和角，并注视着杯柜的扣环和柜门上的插销，希望在自己的帮助下柏良能把门装好，可是，插销和扣环不容易对准，况且，两个人的动作很不协调。也许潘蕤感到了两人动作之间的不协调，他调整了身体的位置，站到了柏良的正对面，与柏良一起扶稳柜门，并把门托起，将柜门下面的插销对准柜橱下面的扣环，插了进去。这样做好像很有效果，柜门和柜橱连接起来了，他们俩都很满意。

也许他们认为，柜门的下面安装好了，上面就会很容易安装了。但是，显然他们想错了，在安装上面的插销和扣环时，由于下面固定了，柜门可移动的位置却局限了，因此尽管他们费了很大的力气，却怎么也不能把门安装上。正当他们一筹莫展的时候，诗乐也过来帮忙了。三人在一起省力多了，由潘蕤和诗乐捧住柜门，柏良腾出身来，专门关注柜门上下插销与柜橱扣环之间的连接处，不一会儿，柜门就装上了。最初，柏良的左手还不敢松开，他重新检查了一下，发现确实装好了，才放心地把手拿开，还用小手把门轻轻摇起来，试一试刚装回去的柜门是否灵活。安装成功了，三个小伙伴满意地笑了。

——选自《纪录，让儿童的学习看得见》中案例《安装杯柜门》

延伸阅读

生活活动观察完整案例：

洗手超快的沐沐

（青岛市城阳区桃源居幼儿园 黄岩 孙晨）

上午加点的时间到了，刘老师正在组织幼儿进行分组洗手，我则在餐点桌前准备指导幼儿有序取餐。不一会儿，沐沐从洗手间里冲了出来，跑到我面前的取餐桌旁说：“琪琪老师，你看，我快吧！第一名！”他一边说着，一边高高举起了还在滴水的小手给我看。我马上询问：“沐沐，洗完手之后你有没有给小花浇浇水呢?”说完，我指了指地上的水渍。还没等沐沐回答，后面洗完手跟上来排队取餐的浩浩小朋友说：“他没甩手浇花呢，我都看到啦!”接着，涵涵也插了一句：“他没好好洗手，就冲了冲，连肥皂都没用。”还有几个洗完手从洗手间出来的小朋友也在说：“他就想当第一名，洗得太快了，不认真。”听到小朋友们这么说，沐沐很不服气，争辩道：“我洗了，也打肥皂了，我就是速度快!”

听到沐沐在和小朋友不停争辩到底谁的洗手速度快，我便开始回想沐沐最近在洗手和取餐环节时的站位情况。因为现在班级中的幼儿都能够做到有序排队取餐，所以排在取餐队伍前面的小朋友肯定是洗手速度快的，而近期的确会经常看到沐沐站在取餐桌前前几名的位置上，但是洗手速度快的沐沐真的洗干净小手了吗？这使我产生了疑问。于是进行了以下的观察与记录。

<table>
<tr><td colspan="3">观察目的：该男孩洗手习惯的养成情况</td></tr>
<tr><td colspan="2">观察对象：5 岁男孩沐沐</td><td>观察者：琪琪老师</td></tr>
<tr><td colspan="3">观察时间：2019 年 10 月 16 日
上午加点，中午午饭，下午加餐前、后的洗手环节</td></tr>
<tr><td colspan="3">环境：幼儿园教室内的洗手间</td></tr>
<tr><td colspan="3">观察记录</td></tr>
<tr><td rowspan="2">上午加点环节</td><td>加点前
上午
8：55</td><td>活动区讲评后，沐沐所在的第一组首先进入洗手间洗手。沐沐先是快速找到一个空的洗手盆，打开水龙头把手伸了过去冲了一下，再拿起了肥皂转了一下就放回了肥皂盒，小手没搓几下便打开水龙头冲干净了手，紧接着他看到自己手上有早上在美工区画水粉画时弄上的颜料，便又拿起肥皂对着有颜料的地方搓了搓，再一次冲洗，两次洗手约 20 秒。冲洗结束后他便马上离开洗手间，直接来到了取餐的位置，此时沐沐前方已经有一位小朋友在取餐，沐沐说：“你怎么这么快!”</td></tr>
<tr><td>加点后
上午
9：05</td><td>今日的加点是苹果和香蕉，沐沐很快就吃完了，他端着小盘子将果皮、餐巾分类放好后便来到了洗手间漱口、洗手，在洗手间内他和旁边的小朋友说：“我全吃了，我用纸包着，一点都不粘手。”(沐沐习惯将香蕉皮全部剥掉后再吃)沐沐漱口后将水杯挂回位置上，看了看手，并未进行洗手，直接用擦手的毛巾擦了一下嘴巴就离开教室了。</td></tr>
</table>

续表

午餐环节	午餐前 中午 10：55	午餐前的洗手仍然是分组进行，沐沐在第二组。沐沐进入洗手间时每个洗手盆前都有小朋友在排队，他左右看了看，最终选择了人最少的一组等待，轮到他洗手时，他说："终于到我了，你们洗得真慢！" 说着他便打开了水龙头，冲了冲手，拿起肥皂在手中转了五六下才放下肥皂。他先是搓手心和手背，然后双手交叉握住，挤着两手中间的肥皂泡泡玩，他边洗边扭动身体，后面的小朋友一直在催他，让他动作快一点，沐沐扭头说："我手上有灰，不洗干净怎么吃饭？"随后，他打开水龙头冲干净手，把手对着镜子甩了甩，然后小手往身上一蹭就直接走到取餐桌前排队了。整个洗手过程持续50秒左右。
	午餐后 中午 11：30	今天的午餐有芹菜炖土豆和米饭，沐沐在午餐时把它们拌在一起吃，在用勺子盛餐盘里最后一点米饭时，他把手指头放在盘里抓了抓米饭，把米饭捏起来放在了勺子上吃了下去。随后他对餐盘和纸巾进行了分类整理，然后进入洗手间刷牙、漱口，最后开始洗手。他把牙杯放在洗手盆旁边，拿起肥皂转了两圈，搓了搓手指后就冲干净了手，接着他看了看刚才捏米饭的手指，说："好粘啊，我再洗一遍吧！"然后又按照刚才的方法洗了一遍手指。随后他放好牙杯后离开了洗手间，站在毛巾架前直接把手放在自己的毛巾上随意擦了两下就走开了。整个洗手过程持续15秒钟左右。
加餐环节	加餐前 下午 2：55	此时洗手间内只剩下沐沐和三个小男生了。沐沐转头看了看身后，对旁边的小男孩说："快点洗，就剩我们了，我们被落下了。"说完，他做了挽起袖子的动作，但并没有把袖子拉上去，就直接打开水龙头开到最大，双手合十伸到水柱下，没有任何洗手动作，冲洗三秒，关上水龙头结束洗手，手掌里有大量的水被带到地板上，整个洗手过程持续9秒钟。随后就离开了洗手间直接去取餐了，离开时还对洗手间内的几个小男生说："你们要快点，太慢了！"
	加餐后 下午 3：10	加餐是小面包和牛奶，沐沐吃得很慢，一只手拿着面包，一只手一点一点捏下来吃，这天的加餐他是最后一个吃完的。送完餐盘后沐沐来到了洗手间，他对着垃圾桶来回摩擦了双手后就离开了。

观察分析：

通过对沐沐在一日内六个时间节点中洗手过程的观察，发现：

沐沐在洗手中呈现出"倾向于赶快做完"和"灵活性强"的个性特征，从时间看，幼儿洗手时间短，分别为9秒钟、15秒、20秒，最慢一次50秒；从言行看，看出沐沐洗手快、急、麻利，由此可见他喜欢很快地投入活动。沐沐洗手环节的灵活性强，他能快速判断哪里可以尽快洗手，灵活选择洗手位置完成快速洗手目标；想办法用纸包住香蕉，免得弄脏手，减少洗手时间。

2. 沐沐洗手时并未固定在一个模式化的洗手步骤中，而是能够依据具体情况作出有益健康的选择，并能解释原因。他洗手打香皂时能够依据手的污染程度选择打遍香皂后，再在有颜料的地方重点打香皂洗，午饭前非常认真地洗手，耗时最长50秒，有小朋友催他快点，他并解释道："我手上有灰，不洗干净怎么吃饭。"午饭后冲洗手后，有的手指因抓过饭比较粘，于是再次冲洗，解释为："好粘啊，我再洗一遍吧！"吃水果加餐时觉得手没有弄脏就不洗手，解释道："我全吃了，我用纸包着，一点都不粘手。"但是对于水果加餐和点心加餐后的不洗手现象，可能他认为手上看不见脏东西就是干净的。

3. 从沐沐中午饭前的洗手环节中可以看出他在认知层面熟知洗手主要步骤和方法，包括从打开水龙头、冲手、转肥皂、搓手心和手背、双手手指交叉搓、洗完甩手等环节，但在行为习惯层面存在着不洗手、打肥皂过多或不打肥皂、弄湿袖子、因追求速度而导致的洗手步骤缺失、洗手后忘记甩手、不用毛巾擦手等问题。其主要原因在于在行为的意志坚持方面，做不到每一次洗手的每个环节都自主坚持做到位，很容易受到自己性格和外在评价或者环境的影响。

4. 沐沐在洗手过程中喜欢投入做事，但急于完成任务，有时比较马虎、粗心大意，不大计较成果的质量。沐沐洗手的动机受到"想争抢第一名"的极大影响，从他洗手的动作、心情、速度和与同伴交流的语言中可以看出，他特别想通过快速做完洗手环节，争取到排队第一。这可能与老师常常通过排队名次来评价幼儿洗手速度有关。沐沐特别愿意得到他人的积极评价，他想要以"我是最快的、我是第一名"来获得老师的表扬和肯定，因此容易出现"只追求速度"的心态。

教育措施：

1. 对于沐沐快速投入洗手活动、灵活解决洗手中遇到的问题等给予积极评价，激励其维持良好的品质与习惯。

2. 对于沐沐能依据具体情况作出有益于健康的正确选择行为给予积极评价，鼓励其与同伴分享对于原因的解释。对于没有作出有益于健康的选择行为，如上述不良洗手行为给予具体指导。比如运用录像或图片开展"看不见的细菌"活动，引导幼儿认识到看起来手是干净的，其实还有看不见的、不利于身体健康的细菌需要洗干净。并在此基础上进一步强调打上肥皂认真搓到手的每个角落的重要性。

3. 在幼儿洗手环节的指导需要班级教师间的协商交流，教师偏重于洗手速度，在洗手步骤与质量方面的评价偏少，给幼儿带来了消极的语言暗示，使得沐沐等部分幼儿为追求快而忽略做细、做好洗手各个步骤。由于幼儿良好的洗手习惯更多依赖于教师的外在评价，因此教师需要减少对洗手速度的评价，加强洗手步骤与质量方面的积极评价。

4. 对于沐沐在洗手行为意志坚持方面形成的洗手问题，教师需要在注重激发幼儿自主性的基础上给予及时的语言、非语言指导以及积极的提示与暗示。例如结合弄湿袖子、往身上擦手等行为让幼儿体验这些不良习惯给自己带来的真实感受。结合不甩手，水滴到地面上上给自己和小朋友带来的不便和危险，让幼儿体验到细致做好洗手每个小环节带给自己和他人的益处。

5. 教师需要在尊重沐沐个性特征的基础上进行个别指导。由于沐沐倾向于快速完成，容易马虎大意，因此每当他能够静心细致地完成整个洗手步骤时，便及时给予表扬强化。由于沐沐做事的主动性、灵活性较强，因此要鼓励他自己解决洗手中的问题，并以自主评价为主。

复习与运用

1. 试举例分析不同的观察视角对生活活动观察的影响。
2. 结合生活活动的进餐、午睡、盥洗环节分析你所在班级的生活活动观察的目的与内容。
3. 哪些技术可以帮助我们提高生活活动观察能力？尝试运用这些技术写一篇完整的生活活动观察记录。

拓展资源

1. Dorothy H. Cohen，等. 幼儿行为的观察与记录[M]. 马燕，马希武，译. 北京：中国轻工业出版社，2013.

   本书的第二章详细介绍了如何记录儿童在常规活动中的行为。
2. 美国高瞻教育研究基金会. 学前儿童观察评价系统[M]. 霍力岩，等译. 北京：教育科学出版社，2018.

   本书详细介绍了高瞻课程模式中的儿童评价工具。

第八章　学前儿童游戏行为中的观察与分析

学习目标：

1. 了解观察在游戏活动中的价值。
2. 掌握角色游戏的观察要点，并尝试进行观察、记录、分析。
3. 掌握建构游戏的观察要点，并尝试进行观察、记录、分析。
4. 掌握表演游戏的观察要点，并尝试进行观察、记录、分析。

第一节　观察学前儿童游戏活动中的价值及观察要点

一、观察在游戏活动中的价值

众所周知，游戏是幼儿的基本活动，也是他们的基本权利。游戏不仅能满足幼儿身心发展需要，还能促进幼儿的身体、认知、语言、社会性、情绪情感以及个体发展。因此，游戏在幼儿的一日生活中占有非常重要的位置，亦是幼儿园课程中非常重要的一部分。2012 年颁布的《幼儿园教师专业标准(试行)》中明确指出，“教师要提供符合幼儿兴趣需要、年龄特点和发展目标的游戏条件和材料，支持、引发和促进幼儿游戏”。组织、支持和引导幼儿的游戏活动，是幼儿园教师的专业能力之一。

老师如何了解幼儿的兴趣、发展需求和已有水平呢？当然是观察。观察是一切课程实施的基础，在游戏活动中，教师只有通过观察游戏中的幼儿，才能更加真实地走近幼儿，了解幼儿的兴趣、需要及发展水平，为支持、促进幼儿游戏提供适宜的帮助。

案例 1

小班角色游戏开始了。馨馨小朋友选择了娃娃家。她在娃娃家里扮演妈妈的角色。她在梳妆镜前摆弄“化妆品”。一会儿给自己画画眉毛，一会儿涂涂嘴唇。玩了一会儿，她离开娃娃家，选择进了超市。她看了看超市的东西，“我要这个，”她指着泡面说。她拿着泡面回到了娃娃家，给了娃娃家的其他小朋友。她又一次返回超市，买了牛奶带回了娃娃家。就这样，她从娃娃家到超市，再从超市到娃娃家，来来回回走了 8 次。最后一次，她终于开口问：有口红吗？超市人员告诉她说没有。她又默默回到娃娃家玩了起来。

问题：如果你是馨馨的老师，接下来你会怎么做？

教学一线是鲜活的教育实验场，像这样的案例，每天每时每刻都在上演。不懂观察的老师，会认为馨馨这个孩子不懂游戏常规，玩游戏的过程中走来走去，没有坚持性。但是懂观察的老师，就会从案例中捕捉幼儿的年龄特点、个性特点，以及幼儿的游戏需求，从而帮助幼儿更好地游戏。针对上述案例我们可以有以下思考：馨馨去超市是需要生活日用品还是需要口红？她为什么来来回回走了 8 次，才最终说出自己的需求呢？是个性特点决定的吗？如果她不需要生活日用品，为什么每次去都会买回一些东西？是年龄特点决定的吗？老师如何做才能够满足馨馨需要口红的游戏需求呢？如果提供口红的材料，能不能更好地推进游戏区间的联动以及幼儿角色间的转换呢？

上述案例及分析，能够很好地帮助我们理解观察在幼儿游戏活动中的价值。懂得观察的老师，会更好地推动幼儿游戏行为深入、持久地发生与发展。

二、观察要点

游戏行为在幼儿一日生活中无时无刻不在发生。我们本章主要讨论的是观察在创造性游戏(角色游戏、结构游戏、表演游戏)中的价值与应用。教师在开展游戏或者观摩别人开展游戏的时候，应明白要观察什么。我们可以从以下几个方面做参考：①

如果你是游戏组织者，可以从以下内容进行观察：

1. 游戏主题。即：幼儿游戏的主题是什么？是怎么确定的？主题与生活、与主题教育教学有何关系？主题的稳定性如何，是怎么转移的？

① 董旭花、韩冰川、刘霞等著. 自主游戏观察与记录——从游戏故事中发现儿童[M]. 北京：中国轻工业出版社，2019：6-7.

2. 游戏角色。即：幼儿游戏中有角色分配吗？是怎么分配的？角色分配过程中是否有冲突？是怎么解决的？幼儿的角色意识如何？角色扮演的水平如何？

3. 对材料的选择和运用。即：游戏过程中喜欢选择和使用哪些材料？是怎样使用的？使用材料时是否表现出一定的创造性？是否有更多的以物代物的假想性游戏行为？是否能够灵活地处理材料不足的问题？

4. 游戏情节的发展。即：幼儿游戏过程中有哪些情节的变化？每次情节变化的诱因是什么？游戏内容是否丰富？

5. 游戏中的语言和交往。即：幼儿在游戏过程中的表达和交流如何？同伴关系如何？游戏中是主动还是被动的？遇到矛盾冲突时有什么表现？是否能采用协商、轮流、适当妥协等多种方法化解矛盾？

6. 游戏的持续时间与游戏兴趣。即：幼儿的游戏时间持续的长短如何？持续多久后开始转移？游戏过程中表现出的投入程度如何？

7. 对游戏规则的理解和遵守。即：幼儿在游戏过程中是否能控制自己，自觉地遵守游戏规则？若因为缺乏规则导致发生冲突，幼儿是否能通过协商来确定游戏规则？幼儿能否坚持遵守规则？

如果你是游戏旁观者，你需要对以下内容进行观察：

1. 游戏的场地与空间。即：幼儿的游戏发生在什么样的场地上？空间是否拥挤？周围是否有能让幼儿分散注意力的物品、人物或声音？

2. 游戏材料。即：游戏环境中提供的玩具、材料有什么？种类和数量如何？放置的位置合适吗？是否有取放和使用的限制？

3. 游戏时间。即：本次游戏时间的长短如何？游戏前的计划交流、游戏过程、游戏分享各占多少时间？每天、每周的游戏时间各占多少？

4. 游戏中教师的介入以及介入后对幼儿游戏的影响。即：在游戏过程中是否有教师介入？是什么时间、以什么方式介入的？教师介入之后幼儿的游戏有什么变化？

以上内容可以作为教师观察游戏时的一个抓手，根据游戏发展脉络及要素，做到有条不紊、有针对性地观察。

三、观察方法

请思考几分钟，如果给你一个班级，你会怎么观察游戏中的幼儿？

让我们一起来听听一线教师的声音：“那么多孩子怎么看得过来？”“你看了这些孩子，那些孩子就看不过来”“老师每次都是走来走去，走马观花，最终什么都看不到”“我们很难捕捉幼儿较为完整的游戏过程，每次看的时候，都不知道前因后果”“孩子在一次游戏中的表现并不能代表幼儿真正的水平”……的确，面对教育现场 20、30 甚至 40、50 个孩子，作为游戏组织者，如何去观察孩子呢？如何去兼顾全体幼儿又能观照个体的需要呢？这成为一线教师在观察游戏时的首要难题之一。

在观察幼儿游戏的时候，教师可以从以下几个角度进行观察记录：

1. 扫描观察法

扫描观察法，是指在固定的时间段里对幼儿依次进行轮流观察的方法。这种方法适合于了解全体幼儿游戏情况，一般在游戏开始和结束的时候使用。它可以帮助老师判断游戏空间和材料是否能够满足幼儿活动需要，了解游戏的主题有哪些，每个幼儿选了什么主题，扮演了什么角色，使用了哪些材料，还能够较快地发现幼儿间的冲突，等等。

使用扫描观察法时要确保所有的孩子都在老师的视线范围内。其流程如下：

设计观察表格(表格内容根据观察内容而定)——确定观察对象和顺序——实施观察活动。一般以 5 或者 10 分钟为一个单位，对观察对象依次观察记录，教师直接在表格里做记号。

表 8-1　游戏类型及水平(参考)

时间	幼儿	活动类型					
		无所事事	旁观	单独游戏	平行游戏	联合游戏	合作游戏
9：00—9：03	A						
9：03—9：06	B						
9：06—9：09	C						
……							

2. 定点观察法

定点观察法，就是在固定的区域里，对进入该区的幼儿做细致观察的方法。这种方法主要适合于了解一个区域中幼儿较为细致的游戏情况。比如，该区域有多少幼儿感兴趣，他们使用什么材料，他们怎样互动，他们的游戏水平，等等。

使用定点观察法时，即使在该区域游戏的幼儿离开也要继续在此区域观察。其流程如下：选择要观察的区域；提前固定位置；观察进入该区域的幼儿游戏情况；选择适宜的记录方法记录(一般使用实况描述或事件抽样法)。

表 8-2　建构区的故事

观察时间	9：00—9：30
观察地点	建构区
观察对象	进入该区域的幼儿
观察实录	

3. 追踪观察法

追踪观察法，即定人观察法。教师确定好研究对象后，幼儿走到哪里，教师就要走到哪里。这种方法主要适用于了解个别幼儿在游戏中的表现和水平。

使用这一方法的时候，教师要确保幼儿在相对自由的环境下游戏。其流程如下：确定观察对象；幼儿走到哪里，教师跟到哪里；选择适宜的观察方法记录(一般使用图示法)。

观察对象：A

观察时间：9：00—10：00

图 8-1　A 幼儿在角色游戏中的行动路线(参考)

绿心：起点(娃娃家)　红心：终点(超市)

充分合理使用以上 3 种角度的观察方法，基本就能解决我们之前的困惑。

四、观察分析要点

观察分析是整个游戏观察中的重点，也是难点。通过观察分析，了解幼儿兴趣、已有经验以及现有发展水平，分析其发展的可能性和必要性，为幼儿更高一级发展提供依据。而且，现实是这样的：“会写不会分析呀”“我知道他在做什么，但我没有办法分析他的行为水平呀”。如何解读幼儿行为背后的心理学及学科意义，分析幼儿的需要及动作、语言、情感、认知和社会性等方面的现有发展水平，判断其发展的可能性，为设计教育环境、投放材料、组织教育活动做好信息收集，成为教师不可忽视的专业能力之一。

关于幼儿游戏的解读，我们可以表 8-3 作参考。①

表 8-3　幼儿游戏行为的观察要点及其发展提示

	观察要点	发展提示
表征行为	能否清楚地分辨自我和角色、真和假的区别	自我意识
	出现哪些主题和情节	社会经验范围
	动机出自物的诱惑、模仿、意愿	行为的主动性
	行为仅仅指向物还是指向其他角色	社会交往、语言表达
	行为指向哪些相应的角色	社会关系认知
	行为与角色原型的行为、职责的一致性程度	社会角色认知
	同一主题情节的复杂性和持久性	行为的目的性
	行为是以物品为主还是以角色关系为主	认知风格
	是否使用替代物进行表征	表征思维的出现
	同一情节中是否使用多物替代	想象力
	替代物与原型之间的相似程度	思维的抽象性
	用同一物品进行多种替代	思维的变通与灵活
	对不同物品进行同一替代	思维的变通与灵活
表征行为	对物品进行简单改变后再用以替代	创造性想象
构造行为	对结构材料拼搭接插的准确性和牢固性	精细动作、手眼协调
	对造型是先做后想，还是边做边想，或先想好了再做	行为的有意性
	构造哪些作品	生活经验
	是否按一定规则对材料的形状、颜色有选择地进行构造	逻辑经验
	注重构造过程，还是不同程度地追求构造结果	行为的目的性
	是否会用多种不同材料搭配构造	创造性想象力
	构造作品外形的相似性	表现力
	构造作品的复杂性	想象的丰富性
	是否能探索和发现材料特性并解决构造中的难题	新经验与思维变通

① 上海市教育委员会. 上海市学前教育课程指南(试行稿)[M]. 上海：上海教育出版社，2017：14-15.

续表

	观察要点	发展提示
合作行为	独自游戏、平行游戏、合作游戏	群体意识
	更多主动与人沟通还是被动沟通	交往的主动性
	更多指使别人还是跟从别人	独立性
	是否会采用协商的办法处理玩伴关系	交往机制
	是否会同情、关心别人和取得别人的同情和关心	情感能力
	交往合作中的沟通语言	语言与情感的表达与理解
	是否善于调整自己的行为以适应他人	自我意识
规则行为	是否能爱惜物品、坚持整理玩具、物归原处等	行为习惯
	是否使用一定规则解决玩伴纠纷	公正意识
	是否喜欢规则游戏	竞赛意识
	是否自觉遵守游戏规则	规则意识
	是否创造游戏规则	自律和责任
	游戏规则的复杂性	逻辑思维

当然，教师们在具体分析的时候，还可以结合《纲要》《指南(试行)》、教育学心理学及游戏理论，从幼儿的兴趣、经验、认知、动作发展、社会性发展、情绪情感，及影响幼儿行为发展的因素等角度进行综合分析。

第二节　角色游戏中的观察与分析

角色游戏是指幼儿“以模仿和想象，通过扮演角色创造性地反映周围生活的游戏”，是学前期幼儿最主要的游戏活动类型之一，① 也是孩子们最喜爱的游戏之一，很少听到孩子们说“老师，我不会玩”。在幼儿园的实际课程组织中，因各地区对角色游戏的理解和认识不同，有的幼儿园把角色游戏归为游戏区活动，有的幼儿园将其归为单独组织开展的游戏活动，比如一周一次、一周两次、一周三次。但不管哪种组织形式，角色游戏已俨然成为幼儿园课程组织中不可缺少的一部分。本节我们一起来讨论在角色游戏的组织实施中，教师要如何观察幼儿，观察什么，如何分析观察到的内容，并如何运用分

① 刘焱. 幼儿园游戏与指导[M]. 北京：高等教育出版社，2012：114.

析结果推进幼儿的下一次开展等内容。

游戏的观察分析要点，在本章的第一节我们已经做了一个概述。但各类型游戏在实际的组织开展中，因其游戏的独特性，其观察内容的侧重点也不尽相同。说到角色游戏的观察要点，我们首先要来了解一下角色游戏的结构，可能会更好地帮助我们了解幼儿在角色游戏中的表达意义。

一、角色游戏的结构

主题、角色、动作和规则是角色游戏的基本结构要素。其中，主题(比如，娃娃家、医院、超市等)是核心要素，直接决定游戏中的角色、动作与规则。①

简单说，所谓主题，就是幼儿在游戏中所反映的生活经验的内容。我们通过幼儿的游戏内容，就可以直接观察到幼儿所感兴趣的游戏主题。主题决定着角色游戏的社会性。

案例 2

游戏开始了。颜颜拿着水管在班级里走来走去。“起火了，起火了！”娃娃家的孩子们喊了起来，颜颜拿着水管立马赶到，两手高举着水管喷向娃娃家起火的地方。“好了好了，火灭了。”“喂，119 吗？我们这里起火了！”奶茶店的孩子们打起了电话。颜颜听到电话，立马奔赴“火灾”现场。

上述案例中，我们能够非常清楚地观察到孩子们所感兴趣的主题就是“消防”。

角色是幼儿在游戏中模仿的对象。比如，娃娃家的爸爸、妈妈、爷爷、奶奶、哥哥、姐姐，小吃店的老板、收银员、服务员、客人等。幼儿的角色决定了游戏的动作和规则。② 如，收银员收钱，服务员点餐送餐的规则。

此外，在角色游戏开展的过程中，材料是游戏开展的基础。从材料的使用情况，教师可以判断幼儿在游戏中以物代物的能力、想象力、创造力及表征能力的发展水平。

二、角色游戏的观察与分析要点

从角色游戏的结构和要素来看，我们可以从角色扮演、社会性和以物代物三个方面来观察分析角色在游戏中的发生与发展。下面的图表可以帮助我们更好地理解。

---

① 刘焱. 幼儿园游戏与指导[M]. 北京：高等教育出版社，2012：115.
② 刘焱. 幼儿园游戏与指导[M]. 北京：高等教育出版社，2012：115.

表 8-4 儿童角色游戏评价的指标①

角色扮演	
角色转换	指向自己
	扮演他人
	扮演他物
角色意识	无角色意识，由材料诱发角色行为
	提出角色名称，但不能坚持
	能坚持扮演某一角色
角色分配与轮流	无角色分配
	有角色分配，但无轮流意识
	自主分配角色且有较强轮流意识
游戏主题	家庭生活中的人物与情节
	家庭之外的社会生活
游戏情节	情节单一、重复
	情节丰富，有内在逻辑线索，但具有随意性
	能够预先计划游戏情节
以物代物	
真实物品	
类似真实物品的玩具，与真实物品的形式相似但功能不一致的物品	
形式与功能都不同于真实物品的物品	
无需物品支持，仅用言语和肢体动作	
社会性互动	
无任何社会性活动	
有简单的同伴互动	
有互补的角色互动	

① 潘月娟. 学前儿童观察与评价[M]. 北京：北京师范大学出版社，2018：169.

从角色游戏的组织实施来看，我们可以从游戏主题的确定、游戏场景的布置、角色的选择与分配等方面来观察和解读幼儿的游戏。

表 8-5　角色游戏的观察与分析要点

游戏主题的确定	玩什么主题的游戏(娃娃家、超市等)
	幼儿能够按照自己的意愿自主地选择游戏主题
	幼儿喜欢玩的游戏主题有哪些
	是否生成新的主题
游戏场景的布置	利用老师提供的
	根据游戏的需要自主进行布置
角色选择与分配	游戏中有几个角色
角色的选择与分配	是怎么分配角色的
	有没有出现矛盾
	角色选择是否有偏好
角色扮演	是否有角色意识
	对角色的认知
	能够较逼真地模仿与扮演角色
	能够创造性表现角色特征
	有没有出现非角色行为
游戏情节	表征了哪些游戏情节
	游戏情节是否丰富、健康
	是否发展和推进游戏情节
	游戏情节和幼儿生活经验的关系
转换替代	选择了哪些游戏材料
	喜欢哪些游戏材料
	转换替代情况(实物、模拟物、材料、动作、言语)
	能够根据游戏需要自制玩具

续表

社会交往	主体内不同角色之间的交往情况
	不同主题之间的交往情况
	与同伴交往与合作情况
	社会性发展水平(无所事事、旁观、独自游戏、平行游戏、联合游戏、合作游戏)
	交往情况(主动加入或者发起、被动应邀)
	交往技能(友好提出请求、交换玩具、想办法吸引、轮流分享)
	合作情况(小领袖、积极分子、服从者)
	冲突解决(听从劝解、寻求帮助、自行协商)
	沟通能力(倾听、不愿倾听)
情绪情感	成功的积极体验
	失败的消极体验
遵守规则	任务意识
	规则意识
	遵守规则意识(自律、他律)
	材料的爱护、整理、摆放
	自我控制
语言表达	有序、连贯、清晰、生动
材料选择	高结构、低结构、非结构
活动选择	果断还是犹豫、独立还是服从、选择后坚持还是不断更换材料

(本表根据原福建师范大学教育学院林菁教授的讲座整理而成)

三、角色游戏观察分析实录

游戏中的观察分析是教师介入、指导、推进游戏的基础。为更好地推进幼儿游戏，老师们需要客观翔实地记录幼儿在游戏中的行为并对其进行有依据地分析。

案例 3

水果店的故事

（希希：3 周 4 个月）

游戏开始了。孩子们根据自己的兴趣选择了自己喜欢的游戏场景。有的选择了娃娃家，有的选择饮料店，有的选择小吃店，有的选择超市。

希希和烁烁小朋友选择了饮料店，当起了饮料店的老板。希希把饮料店的空杯子，一个一个地摆在桌面上。烁烁把水果模型放到了空杯子里。这时候，两个小朋友来买饮料。

希希："你们要买什么？"

然然："给我放个葡萄。"他一边说，一边动手拿了起来。

希希马上说："不用你拿。我们才是老板。"说完，希希马上装满了一杯子水果模型。"给你。"

过了一会儿，水果店没人了。希希很小声地说："快来买呀！"她一连说了好几遍，见仍没有小朋友来买，有点不知所措地看着我（老师）。刚好，她又看到一个小朋友走过来，脸上立马挂满了笑容。

分析：在游戏过程中，希希进入饮料店，当小朋友自己装水果的时候，她立马制止，因为她才是水果店的老板。说明她具有一定的角色意识，她就是卖水果的人，并且对自己角色的职责有较为清晰的认识。当饮料店没有人的时候，希希说："快来买呀。"通过叫卖的方式，吸引客人，说明希希有一定的生活经验，并能够在游戏中迁移自己的经验，具有一定的问题解决能力。但当这种方法没有吸引来顾客的时候，她开始有点不知所措了。在游戏中表现出一点不自信。

案例 4

没人使用的"电热毯"①

（滔滔：4 岁 2 个月；峰峰：4 岁 7 个月）

中班上学期，两个男孩一起玩娃娃家。峰峰是爸爸、滔滔是哥哥。

① 上海市中小学（幼儿园）课程改革委员会．游戏活动（3—6 岁）[M]．上海：上海教育出版社，2017：66.

滔滔将一根彩链的一头压在小床的枕头下面，另一头连接在玩具橱内的筐里，之后心满意足地离家，走向超市。峰峰回来了，抱起小床上的娃娃并拉掉彩链。

滔滔回来了，发现彩链被扔在一边，他仔细地将彩链连接好，没有其他表示。

教师看着滔滔忙碌，奇怪地问："哥哥，这是什么？"滔滔答："电热毯。""为什么用电热毯？""这样娃娃就不冷了。"教师继续追问："你这么关心娃娃，你家里人知道吗？"

滔滔没有任何反应，走开了。

分析：滔滔已经获得关于"电热毯"的局部外形和功能的经验，在游戏中他使用替代物——一根彩链来表现物品的原形电线的特征。但幼儿尚不具备合作意识，在整个游戏过程中，幼儿只满足于追求自己制作，满足于个人象征，并不在乎与人协商、共享。教师在游戏中的介入是试探性地了解幼儿的合作经验，并暗示他应当告诉同伴，但幼儿没有反应，教师怕干扰他，也就不再坚持。

延伸阅读

以物代物能力的发展①

以指代物在形式上与想象物之间的关系来看，儿童在角色游戏中使用的替代物在功能和形式上与被替代物的一致性越来越低，实际物品对儿童以想象和表征为基础的装扮行为的支持作用越来越小。

最初，儿童只是转换情境，在无真实需要的情况下使用真实物品。例如，1岁5个月的小鱼儿拿起爸爸的手机说"喂，噢(停顿，沉默一会)，啊"，或者拿起空杯子装作喝水的样子。此时，儿童没有真正打电话或者喝水的需要，但是游戏中使用的物品并没有发生转换，所以只是脱离真实需要情境的、基于表征的一种假装行为。

随后，儿童能够用与真实物品相一致的玩具进行装扮行为，这在2—3岁的儿童中间非常常见。在这个阶段，只有真实物品和类似真实物品的玩具才能引发儿童的装扮行为。

① 潘月娟. 学前儿童观察与评价[M]. 北京：北京师范大学出版社，2018：168.

接下来，儿童可以利用形式上与真实物体相似但功能不一样的物品展开装扮游戏。例如用香蕉假装电话听筒，用细纸筒假装麦克风。香蕉和电话听筒、细纸筒与麦克风在外形上相似，但功能完全不同，不过这对儿童的想象与模仿并不构成障碍。

随后，儿童可以用形式与功能完全不同于真实物品的物品进行装扮。例如，可以跨在扫把上骑大马，倒骑椅子当作开火车，把积木当电话。扫把与大马、椅子与火车、积木与电话在形式和功能上不存在任何的一致性。此时，儿童的表征能力更强，可以无需具体实物的支持进行转换和替代，甚至可以不用任何物品仅用语言和肢体动作来完成。

第三节　建构游戏中的观察与分析

建构游戏是幼儿运用各种结构元件，如积木、积塑等材料进行建构造型的游戏活动。① 其中积木游戏因其多变性、易操作深受幼儿喜爱。目前，幼儿园建构游戏大多以积木游戏为主。因此，本节的建构游戏特指积木游戏。

在教学一线，建构游戏的组织与实施对老师来说，还是有一定难度的。首先，老师要清晰地了解建构游戏与幼儿学习发展之间的关系，这样才能够看懂幼儿建构游戏的意义。其次，在建构游戏中，幼儿需要一定的建构技巧，才能够将自己看到的或者想象的物体用一定的建构材料表现出来。而这些技能的习得，需要同伴间的学习及教师的引导。所以，老师需要储备一定的建构技能。如何看懂幼儿的建构游戏，如何引导幼儿开展更高水平的建构游戏，本节将从上述问题着手，探讨建构游戏的观察与分析。

一、积木游戏的意义

积木游戏经历了各种幼教理论和意识形态的考验，一直受到许多信奉不同类型学习理论的教育家的肯定。通过积木游戏，幼儿可以学习各领域内容，建构关于物质世界的知识，了解周围的社会生活。下面这张表格，可以很好地帮助我们了解积木游戏与幼儿学习发展之间的关系。

① 朱琴红. 幼儿园建构游戏环境的创设[J]. 基础教育研究，2019(4)：95.

表 8-6　积木游戏的学习发展功能①

幼儿学习与发展的领域	积木游戏的功能
主体性	主动性、独立性、计划性、创造性、胜任感、自信心、自主性
健康	眼手协调、手的精细动作和大肌肉活动的协调；搬运重物对身体重心的变化、携物行走的能力
数学	形状；空间关系(距离、方向)；数量概念和数量关系(多少，相同/不相同，相等/不相等，对称/不对称)；分类、排序、配对；测量(大小、长度、高度、宽度、深度、面积、体积)；模式
科学	物体特性(材料和质地等)；力的相互作用、引力；倾斜、平面、斜坡；结构与性能(稳定性、重量、平衡)、系统；尝试与探索，试验，发现与归纳
语言	表征、描述、设计与计划、标志、整理
艺术	美感(型式、对称、平衡、均衡)、想象与创造
社会学习	社会环境和功能；人的活动与相互关系；对他人劳动的尊重；合作、分享、规则、秩序

二、常见的建构技能

积木游戏是幼儿自主表达、想象创造新世界的一种手段。幼儿通过积木的不同组合方式，来反映认知中的事物。因此，建构技能是建构游戏中较为核心的要素。下面，我们一起了解一下幼儿在建构游戏中常见的建构技能。

表 8-7　常见的建构技能

平铺	将若干水平延长的积木组合在一起，形成一个平面。
延长	单维度地将积木一块接一块水平延长。
围合	至少用四块积木形成一个包围圈，把一块空间完全地包围在里面。
加宽	在原有的搭建结构上重复运用该技能使之变宽。
对称	指左右对称。

① 刘焱. 儿童游戏通论[M]. 北京：北京师范大学出版社，2014：531-532.

续表

堆放	没有真正的建构行为，只是摆弄积木。
垒高	积木之间向上堆放连接，单维度地将积木一块叠一块地垒高。
架空	用一块积木盖在相互之间有一定距离的两块积木之上，从而把它们连接起来。
盖顶	用积木将平面排列的积木由上而下地遮盖。
排列	积木之间有间隔地排列。
组合	用两块或两块以上积木进行合拼，形成一个新的形状。
模式	将材料按照一定的方式排放在一起。比如，在一块红积木之后放两块绿色的积木，不断重复这种组合。
表征	开始出现有意识地给建构物命名的倾向。

（根据陈红霞主编的《创意拼搭—幼儿园建构游戏方案》内容自行整理。）

三、建构游戏的观察与分析要点

根据建构游戏的核心要素，我们可以从如下几个方面去观察分析幼儿的建构水平。

表 8-8　儿童建构游戏评价的指标①

建构行为	非建构行为
	堆叠、平铺、围拢
	简单架空
	简单组合
	复杂架空
	复杂组合
表征行为	无表征
	简单表征
	复杂表征

根据建构游戏的组织实施及积木游戏的意义来看，我们还可以从游戏的主题、材料

① 潘月娟．学前儿童观察与评价［M］．北京：北京师范大学出版社，2018：182.

选择与运用等方面进行分析。

表 8-9　建构游戏的观察与分析要点

建构主题	建构什么主题
	喜欢建构什么主题
	建构的主题和幼儿已有经验的关系
建构目的	活动前是否有明确的目的
	能够根据主题有目的、有步骤地建构
材料的选择和运用	用什么材料建构？需要选择材料？
	能够综合运用材料
	是否爱护建构材料
	能够归类收拾材料
建构技能	平铺、围合、延长、叠高、架空、组合等
表征和想象能力	建构物的形象是否逼真
	能够反映出事物的主要特征
	建构物造型是否复杂？
	建构物的稳定性和色彩搭配情况
创造力	构思独特
	模仿他人
专注与坚持性	在游戏中能否认真且坚持
手眼协调能力	
社会交往	社会性发展水平(无所事事、旁观、独自游戏、平行游戏、联合游戏、合作游戏)
	交往情况(主动加入或者发起、被动应邀)
	交往技能(友好提出请求、交换玩具、想办法吸引、轮流分享)
	合作情况(小领袖、积极分子、服从者)
	冲突解决(听从劝解、寻求帮助、自行协商)
	沟通能力(倾听、不愿倾听)

续表

情绪情感	成功的积极体验
	失败的消极体验
遵守规则	任务意识
	规则意识
	遵守规则意识(自律、他律)
	材料的爱护、整理、摆放
	自我控制
语言表达	有序、连贯、清晰、生动
材料选择	高结构、低结构、非结构
活动选择	果断还是犹豫、独立还是服从、选择后坚持还是不断更换材料

(本表根据原福建师范大学教育学院林菁教授的讲座整理而成。)

四、建构游戏观察分析实录

在进行游戏分析的时候，要以案例描述的事实为依据，逐一分析案例中幼儿的发展水平及发展的可能性。

案例 5

门倒了

(昊昊：3 岁 6 个月)

建构游戏开始啦。昊昊选了短的长条形小积木开始搭房子。

他把两块积木间隔地竖在地板上，手里拿着一块积木，看了一眼，两手拿着积木横着搭在两块竖起来的积木中间。他用手把下面的一块积木往外挪了一点，让上面的积木刚好搭在两块积木中间。他看了一下积木没倒，又拿了两块积木迅速地搭在横着的积木上面，搭出了第二层。

他竖着放了一根积木在第二层上，又竖了一根，要去拿积木的时候，突然房子塌了，只剩下一根积木立在地板上。他望着塌了的房子，愣住了，看了几秒后，继续搭起来。

他拿了一根积木横在竖着的积木上，又拿来一根积木，立在积木的下面，他看了看，继续拿起积木小心翼翼地放在横着的积木上，放到第二根的时候，他看了看，发现房子没有倒，他开始继续搭建起来。第二层、第三层。到第四层的时候，房子又倒了。

看着倒掉的房子，他快速地把积木推到一边，又开始第三次的搭建。他留下一根积木竖起来，又拿了一根积木竖起来，拿来第三根积木，放上去发现两根积木之间的距离太远，这时旁边小朋友的喊声分散了他的注意力，他突然手滑了一下，积木倒了。他平静了一会儿，又很快进入状态，调整起来。他把上面的积木和下面的积木对得整整齐齐，又调了第一根柱子的距离。他快速地搭好了第二层的柱子，他双手拿着中间的积木，将它们小心翼翼地放在两根柱子上面，第二层搭好了。他又开始搭第三层，柱子没有放好，房子又倒了。他再次把积木推向一边，开始了第四次的搭建。

分析：昊昊小朋友有着坚持不放弃的学习品质。在搭建房子的过程中，从刚开始房子倒了，他有点诧异，到后来房子倒了，他快速调整自己的状态，开始一次一次地搭建房子，整个游戏过程中他搭建了四次房子，最终也没有胜利，但是他仍然一直坚持搭房子这件事，遇到困难不气馁，不放弃。

他对空间距离的判断有初步的感知能力。在搭房子的过程中，昊昊通过观察，调整两个柱子之间的距离，满足上面的积木能够刚刚好搭在下面的两块积木上，说明对空间距离有初步的感知能力。

昊昊有一定架空的建构经验。整个房子搭建的过程中，昊昊都是采用架空的技巧在搭建房子，符合小班幼儿搭建的年龄特点。

他在搭房子的过程中，不断探索房子的稳固性。刚开始搭房子的时候，他会小心翼翼地放积木。当第二次再开始搭房子的时候，他会更加小心把积木对准、对齐。可能在他的思维中，对准、对齐了，房子的牢固性就会强，具有一定的问题解决能力。

延伸阅读

幼儿积木游戏发展的七个阶段①

幼儿积木游戏的发展经历了不同阶段，但对于经历了哪些阶段目前尚无定论。在研究文献中引用最多的是哈丽特·约翰逊的七阶段划分。约翰逊通过多年对儿童使用单元积木的观察，于1993年最早发表了建构游戏的阶段划分。他将建构游戏(Block Play)划分为以下七个阶段。

阶段1：搬运(Carrying)

非常小的婴儿对积木的反应与对其他物品的反应一样。他们倾向于用自己的感官去探索物品，因此，我们可以看到他们拨弄、敲打、啃咬积木，把积木装进盒子里再倒出来然后再装进去。他们还经常把积木从一个地方搬运到另一个地方。这一阶段的儿童尚未表现出明显的建构行为。

阶段2：堆叠(Stacking)

这一阶段的儿童喜欢沿水平方向或垂直方向把积木连在一起或摞在一起，并且不断重复这一动作。但是，不同的儿童的堆叠行为存在一定的差异，有的只是单纯地重复堆叠，如把积木摞高直到积木坍塌，有的则会关注积木摆放得是否整齐，会调整积木成一条直线。

阶段3：架空(Bridging)

这一阶段的儿童会将两根垂直放置的积木拉开一定距离，在垂直积木上面放置一根横木。这就要求两根垂直积木之间的距离适当，或者横木的长度适当。

阶段4：围拢(Enclosures)

儿童调整积木放置的方向，将积木围拢在一起形成一个闭合的空间。随着儿童不断尝试，不断重复，他们就能够逐渐建构不同大小以及不同形状(如圆形、方形、椭圆形)的闭合空间，甚至一系列联合的闭合结构。

阶段5：模式与对称(Patterns & Symmetry)

这一阶段的儿童建构出稳定的、对称的结构。他们可能会命名自己的结构，也可能不会。此时的儿童能够比较明确自己需要什么样的积木，如他们会和同伴协商要某块积木，或到玩具柜中寻找自己想要的某块积木。总之，这一阶段的儿童开始运用自己对空间关系的理解来进行积木建构。

---

① 潘月娟. 学前儿童观察与评价[M]. 北京：北京师范大学出版社，2018：178-179.

阶段 6：早期表征(Early Representation)

这一阶段的儿童能够整合前面所学技能建构出更为复杂的结构，并且能够在建构过程中或之后对搭建出的结构进行命名。

阶段 7：后期表征(Later Representation)

这一阶段的儿童能够在建构之前就提出自己想要搭建什么，表现出明显的目的性和计划性。儿童能够调动已有经验，来表征所熟悉的周围事物的结构与细节。

第四节　表演游戏中的观察与分析

表演游戏是幼儿通过扮演文艺作品中的角色来再现文艺作品的内容、表达对于文艺作品的理解和情感体验的游戏活动。① 我们做个简单的比较，帮助大家更直接地理解什么是表演游戏。我们都知道角色游戏是幼儿以生活经验为脚本，通过游戏创造性反映现实生活。同理，表演游戏是以儿童故事为脚本，通过游戏创造性反映故事里的内容。因此，表演游戏相比角色游戏，有一定的规则性。基于表演游戏的上述特点，老师在组织表演游戏的过程中就会存在诸多困惑："表演游戏太难了""教师插手叫高控，教师不管叫放羊""到底什么样的游戏是好的表演游戏""表演游戏到底是表演性重要还是游戏性重要"……关于表演游戏的基本问题没有厘清，很难做好表演游戏的观察分析。所以，本节将围绕表演游戏的一些基本问题，探讨表演游戏的观察与分析。

一、表演游戏的性质与特点

(一)游戏性先于表演性

在幼儿园的表演区，我们经常会看到歌舞表演、时装表演、乐器表演，还有一些儿童剧表演。这些看起来似乎与表演有很大的关系，但却不是真正意义上的表演游戏。表演游戏是幼儿根据自己的脚本在游戏。他们对故事的表现方式是相对自由的，可以用日常对话的方式，也可以用嬉戏、夸张的手法去表现故事中的内容。在表演游戏中，幼儿不在乎"观众"，这是他们自娱自乐的游戏。

① 刘焱. 幼儿园游戏与指导[M]. 北京：高等教育出版社，2016(05)：130.

案例 6

老虎大王过生日（片段）

表演游戏开始了，幼儿自主选择同伴开始游戏。八九个孩子，选择了“老虎大王过生日”这个游戏。松松和志志扮演老虎大王的小助手。游戏一开始，松松和志志选择了建构区的乐高，开始拼搭老虎大王的生日蛋糕。两个人的意见不太一致，蛋糕拼了很久都没有拼好。其他小动物就要来给老虎过生日了，但是松松和志志并没有因此而妥协，他们继续在争吵中拼着蛋糕。

“你们准备好了吗?”其他小动物问。

“蛋糕还没有好，你们等一下。”松松和志志一同回答。

过了一会儿，其他小动物提着礼物过来问：“你们准备好了吗?”

“还没呢，等一下。”松松和志志头也不抬地回答。

“天哪，又等，又等，我们都等到天黑了。”

“我们不玩了。我们回家睡觉吧。”其他小动物们一起回家了，游戏结束了。

游戏观摩结束，在分享时刻，有的老师就提出了质疑：“我感觉不像是表演游戏，孩子们太随意了。你看，拼蛋糕的时间太长了，游戏结束了，那两个老虎的助手连蛋糕都没有拼好，导致游戏不能够正常开展下去。”对于认为表演游戏应该是规规矩矩按照故事情节表演下来的老师，上面的表演游戏情节，的确给他们思想认识带来很大的冲击。但幼儿园的表演游戏本质是游戏而不是表演，如果失去游戏性，表演游戏将失去作为游戏活动的质的属性。因此，表演游戏中，幼儿的游戏性是先于表演性的。

（二）教师介入是表演能力提升的关键

表演游戏、角色游戏、建构游戏一直以来并称为幼儿园创造性游戏的三驾马车。近些年，幼儿园自主游戏席卷全国，尊重幼儿游戏主体，把游戏权利还给幼儿，成为每位一线老师组织游戏时的紧箍咒。在这场“游戏变革”中，表演游戏成为老师们最难组织的游戏类型。更有甚者，有些幼儿园直接不再组织专门的表演游戏。在幼儿园教学一线，会经常听到这样的声音：“现在的表演游戏太难了，又要幼儿自主，又要体现表演的特性，老师真的很为难。”“‘教’吧，专家说不给孩子自主；不‘教’吧，孩子就纯玩了，表演游戏的表演性都没有体现出来。”

刘焱在《儿童游戏通论》里有这样的表述，在没有成人介入的情况下，中、大班幼儿的表演游戏以一般性表现(幼儿说话语气平淡、表情单薄)为主，生动性表现行为(幼儿能用夸张但适宜的语气、语调、动作、表情等逼真形象表现角色)并没有随着游戏过程的持续而明显增加，表明幼儿自身并不能完成从一般性表现到生动性表现的提升。在幼儿的表演游戏中，成人的介入是必要的。

厘清以上对表演游戏的模糊甚至错误认识，对我们接下来关于表演游戏的观察与分析的讨论有着非常重要的作用。

二、表演游戏的观察与分析要点

根据表演游戏的组织实施内容，我们可以从如下几方面进行观察与分析。

表 8-10　表演游戏的观察与分析要点

装扮情况	选择哪些材料装扮自己
	装扮与角色吻合性
场景布置	能够根据游戏内容布置适宜的场景
角色分配与交换	是怎么分配角色的
	能够交换角色
表现力	语气、语调、对话的掌握
	表情、动作
作品的改编与创编	是否对作品进行了改编或创编
	改编或创编了什么内容
社会交往	社会性发展水平(无所事事、旁观、独自游戏、平行游戏、联合游戏、合作游戏)
	交往情况(主动加入或者发起、被动应邀)
	交往技能(友好提出请求、交换玩具、想办法吸引、轮流分享)
	合作情况(小领袖、积极分子、服从者)
	冲突解决(听从劝解、寻求帮助、自行协商)
	沟通能力(倾听、不愿倾听)
情绪情感	成功的积极体验
	失败的消极体验

续表

遵守规则	任务意识
	规则意识
	遵守规则意识(自律、他律)
	材料的爱护、整理、摆放
	自我控制
语言表达	有序、连贯、清晰、生动
材料选择	高结构、低结构、非结构
活动选择	果断还是犹豫、独立还是服从、选择后坚持还是不断更换材料

(本表根据原福建师范大学教育学院林菁教授的讲座整理而成。)

三、表演游戏观察分析实录

下面，我们用“白雪公主”的案例来阐释一下表演游戏观察分析推进的过程。

案例 7

白雪公主系列活动

活动由来：

“老师，喜晗哭了。”小朋友来告状。

“怎么了?”老师问喜晗。

“没人愿意与我玩白雪公主，我就想玩白雪公主嘛。”

“你可以去邀请她们呀。”

“她们都不愿意来。”

原来喜晗想了一个新主题，但是并没有小朋友愿意加入进来。

分析：

白雪公主的故事，是大班幼儿非常喜欢的，尤其是女孩子特别喜欢的故事。现在有孩子想要表演这个故事，但是因为找不到伙伴而苦恼。其他小朋友可能对这个故事不是很了解，所以不愿意加入喜晗提出来的游戏。

推进：

基于对幼儿兴趣的需要以及对这个故事的分析，我每天利用午睡前及放学时间，在班级讲述或者多媒体播放白雪公主的故事，希望有更多孩子能对这个故事感兴趣。

第一次游戏

观察记录：

表演游戏开始了。这次，在喜晗的提议下，乔恩、可欣、芷琪都参加到白雪公主的游戏中来。她们在商量角色的时候遇到了麻烦。

“我要演白雪公主。”

“我也要白雪公主。”

“我也想演白雪公主。”

眼看游戏又要没办法开展了，我(老师)抛出一个问题：“这么多人都想演这个角色怎么办?”

“我们退出吧，等下我们轮流演白雪公主。”可欣很快地做出了决定。

她们继续在商量角色，发现没有人愿意来演“恶毒皇后”这个角色。

我(老师)继续抛出问题：“角色不够怎么办?”

可欣很快地做了决定：“我们可以去找别人来演。”说完，她跑到教室外面去找人了。过了一会儿，她回来了。并没有其他小朋友愿意加入她们的新游戏。

游戏再一次要中断了。我(老师)便以“恶毒皇后”的身份加入她们的游戏中。孩子们看到我的表演，对“恶毒皇后”这个角色非常感兴趣。第一次游戏就这样在钢琴后面的一个小角落结束了。

分析：

本次游戏有4个小朋友对“白雪公主”的游戏感兴趣。在游戏的一开始，她们就遇到了角色分配的问题。3个人都想表演白雪公主，谁都不想妥协。最后在老师的建议下她们决定用轮流的方法来演白雪公主。接下来，她们又遇到角色不够的问题，因为没有人愿意来扮演恶毒皇后。最后也是老师的介入化解了孩子们的问题。整个游戏中，可欣面对问题，在成人的提示下愿意妥协，并能够寻找解决问题的办法，其社会性发展水平比较高。

推进：

针对本次游戏中没人愿意演坏角色的问题，可以跟孩子们聊聊故事中和电视中“坏角色”的作用，如果一个故事或者电视中没有坏角色，大家还会觉得这个故事和电视精彩吗?同时，肯定可欣在本次游戏中愿意通过协商、轮流的方法解决问题的表现。

第二次游戏

观察记录：

可能因为上次游戏中教师的加入，孩子们对白雪公主的游戏产生了极大的兴趣。“娶新娘”小组的昕语、芯雅都表示想到“白雪公主”组。

游戏开始了，乔恩、昕语、喜晗都想表演白雪公主。

“我就是想演白雪公主。”喜晗说。

“我们也想。”乔恩和昕语一同说。喜晗躲到一边，双手抱着肩膀，撅起嘴巴。

“那我们一起演小矮人吧。”昕语握住乔恩的手说，乔恩很高兴地答应了。

就这样，游戏又顺利开始啦。

“我们小矮人不够呀。”乔恩说。

“没关系，等我演完猎人，我就跟你们一起表演小矮人。”可欣回答。

小矮人们，从材料超市拿了很多杯子、碗来做小矮人的道具。

表演正式开始啦。孩子们根据故事情节，完整表演了一遍。

但在表演的过程中，作为“王子”的辰瀚小朋友，好像很无聊，没有他出场的时候，他就静静地待在自己的家里。

分析：

本次游戏中，孩子们对角色又起了冲突，但是在喜晗的坚持下，乔恩和昕语都妥协了。从这几次的游戏来看，喜晗小朋友特别喜欢白雪公主的角色，而且特别坚持，比较自我。乔恩和昕语为了游戏能够继续开始，她们很快妥协了，愿意为了游戏开展放弃自己的“利益”，具有一定的团队意识。可欣小朋友能够想到一人扮演多角色的方法来解决角色不够的问题，问题解决能力很强。在游戏中，孩子们用盘、碗来创设小矮人家的氛围，有一定迁移生活经验的能力。辰瀚小朋友在没有轮到他出场的时候无所事事，游戏水平处于比较低的阶段。

推进：

肯定游戏中孩子们的表现并提出问题引发幼儿讨论：当没有轮到自己上场的时候，你可以做些什么事情？如果你是故事中的王子，你希望自己可以是一个怎样的王子？通过问题，引发孩子们对角色的认识与表达。

第三次游戏

观察记录：

表演区的新材料（印第安人的权杖、锄头、篮子）等物品，马上吸引白雪公主表演小组的关注。可欣、昕语拿了印第安人的权杖。她们把公共阅读区围合起来的变成皇后宫殿。昕语不知道从哪里找到了一本带镜子的书，把它立在小画板上，做皇后的魔镜。“小矮人”去美工区拿了很多低结构的材料，为小矮人家布置场景。

游戏开始了。

“魔镜、魔镜，谁是这个世界上最美丽的女人?”芷琪对着“魔镜”喊起来，从语态、形态上像极了童话中的皇后。

孩子们根据故事情节，再一次完整表演了故事。

分析：

本次游戏孩子们开始关注到角色的装饰物，他们用适宜的材料装扮她们自己，使他们看起来更像这个角色。在前面表演游戏的基础上，孩子们越来越能理解故事内容，了解故事流程，体会角色的表达，逐步从仅有对话，发展到有感情、有冲突的表演。

推进：

肯定幼儿优秀的表现。并准备什么都不做，看看孩子们接下来的表演。

第四次游戏

观察记录：

游戏开始了，孩子们自主准备服装、场地和道具。本次游戏，表演白雪公主的孩子们对游戏情节进行了创造性改编。白雪公主被坏皇后绑架到了皇宫，被坏皇后和魔镜绑在了架子上。

“快说，谁是最美丽的女人?”

白雪公主拼命摇头。当坏皇后和魔镜再次逼问的时候，白雪公主向她们吐了口水。

“什么? 白雪公主被抓起来啦?”王子喊道。“快去救她!”

结果，王子也被恶毒的皇后抓了起来。

当小矮人知道这件事以后，小矮人来找恶毒的皇后决斗。

“快把王子和白雪公主放了。”七个小矮人喊道。

“那来救他们呀。”恶毒皇后和她的随从说。

最后变成皇后和小矮人之间的战斗。

分析：

大班幼儿能够根据游戏需要进行故事情节的调整，游戏水平和能力达到了大班的水平。而且，在整个游戏过程中，孩子们非常顺利地对游戏内容的改编达成了一致观点。整个过程中，孩子们的表演非常流畅，默契程度、合作程度非常高，是一个社会性发展非常棒的小团队。

推进：

拍摄视频播放给全班小朋友看，请其他组的小朋友一起来欣赏。同时，我还在继续等待着孩子的精彩表现。

第五次游戏

观察记录：

“白雪公主”组的小朋友也很快准备好道具和场地。

“哦，亲爱的公主，你喜欢我的王宫吗?”

“我很喜欢你的王宫。”

“什么，白雪公主还活着。走，我们一起去看看，我才是这个世界上最美的女人。”恶毒的皇后说。

恶毒的皇后和随从拿着权杖和王子打了起来，现场非常混乱。

我(老师)：“你们在干什么?”

“我们第一集都演会了，我们开始第二集。”扮演小矮人的乔恩说。

分析：

听到第一集、第二集，我非常震惊。孩子们自主地对故事进行了连载，并开展阶段性表演。白雪公主的故事深受这组孩子们的喜爱，在不断地表演中，孩子们逐步理清了人物关系，吃透了故事内容，创造性地改编再现了故事。

推进：

孩子们才是游戏真正的主人。等待孩子们的精彩。

(说明：白雪公主的游戏，孩子们整整玩了2个月。本案例，根据平时的观察记录整理而成。)

上面的案例呈现了这样的发展脉络：从一个人想演到一群人来演；从简单的对话到精彩的肢体表现；从忠于原著到创造性地改编故事；从单纯的故事表演到系列连载表演，整个案例完整地呈现了幼儿表演游戏的整个过程。在案例中，我们不难发现，游戏的组织与观察密不可分。游戏是在观察的基础上组织起来的。观察是组织推进游戏的基础。

延伸阅读

同伴交往是幼儿表演游戏的重要组成部分①

幼儿在表演游戏中的同伴交往围绕角色、规则、情节、材料、动作和对白等展开，具体可以分为五类内容：(1)角色：幼儿围绕头饰、角色认定和分配所进行的沟通；(2)规则：幼儿围绕游戏的开始、出场顺序、动作和对白顺序等进行

① 刘焱. 儿童游戏通论[M]. 北京：北京师范大学出版社，2014：508-509.

沟通；(3)情节：幼儿围绕故事序列、细节、内容进行的沟通(包括澄清、描述和构想等)；(4)材料：幼儿围绕材料使用、材料分配进行的沟通；(5)动作、对白：幼儿围绕故事中出现的动作、对话进行的沟通。

中班幼儿在表演游戏中需要协商的内容比较广泛，包括角色、规则、情节、材料、动作、对白等多方面。大班幼儿交往的内容主要集中在规则与动作、对白，在角色分配、情节协商、材料分配等方面一般能够达成默契，不需要协商。可见，同伴交往是幼儿表演游戏的有机组成部分，它既可以帮助幼儿理解故事内容，又是幼儿合作表现故事内容的必要步骤，对于表演游戏的开展具有支持作用。

复习与运用

1. 了解观察在幼儿游戏活动中的价值和意义。

2. 熟悉各游戏活动中的观察要点。

3. 观摩幼儿园游戏活动，结合实际设计一份观察记录的表格，进行幼儿园游戏活动的观察与记录，尝试整理和分析收集到的资料。

拓展资源

施燕，章丽. 幼儿行为观察与记录[M]. 上海：华东师范大学出版社，2019：131-151.

该书第七单元，详细记录了各种游戏量表的使用，并对幼儿园各种游戏记录表的优缺点进行了详细的介绍与对比分析。

第九章　学前儿童学习活动中的行为观察与分析

学习目标：

1. 掌握学习活动中的观察要点。
2. 熟悉学前儿童学习活动的基本经验及其观察内容。
3. 掌握五大领域集中教学活动中学前儿童的观察内容，对学前儿童在集中教学活动中的行为表现进行观察和分析。
4. 能够充分运用学前儿童在区域活动中的观察内容与分析要点，对学前儿童进行观察与指导。

第一节　观察学前儿童学习活动的价值与观察要点

一、观察在学习活动中的价值

《3—6 岁儿童学习与发展指南》认为儿童学习是“幼儿通过自己与周围环境互动的过程，是幼儿主动地探索周围的社会环境、自然环境和物质世界的过程”。① 同时，《指南》还指出，幼儿的学习方式是以直接经验为基础，通过直接感知、实际操作和亲身体验获取经验的需要。具体的学习内容包括语言领域的学习、科学领域的学习、健康领域的学习、社会领域的学习以及艺术领域的学习。是在充分了考虑儿童的年龄、认知特点

① 李季湄，冯晓霞.《3—6 岁儿童学习与发展指南》解读[M]. 北京：人民教育出版社，2013(3)：23.

之后，从儿童角度出发作出的解释。儿童学习的最本质的特征在于是否主动参与。

基于儿童学习的特点和了解，在儿童的学习活动中，我们就需要了解每一个儿童的不同情况，关注儿童已有的经验、需要和兴趣，真正了解儿童。通过观察儿童、解读儿童，就能够“关注幼儿在活动中的表现和反应，敏锐地察觉他们的需要，及时以适当的方式应答”，使教师在基于充分观察分析儿童的基础上制定出适合儿童学习发展的目标和内容。具体来说，通过观察可以了解学前儿童的已有知识经验。儿童通过和周围环境的互动，主动发现学习，不断获取信息、积累经验。通过观察，观察者可以深入了解儿童的一言一行，解读儿童行为背后的原因，不同程度地获取儿童所获得的各种经验内容，还可以了解儿童能力的发展和心理需要，了解儿童个体的学习方式和学习特点。

二、观察要点

在提出观察幼儿学习活动之前，让我们先来了解一下学习的两个过程。这两个过程，一个为个体与所处的环境互动的过程，另一个为心理的获得过程。因此，在幼儿的学习活动中，我们可以基于学习的特点进行观察。

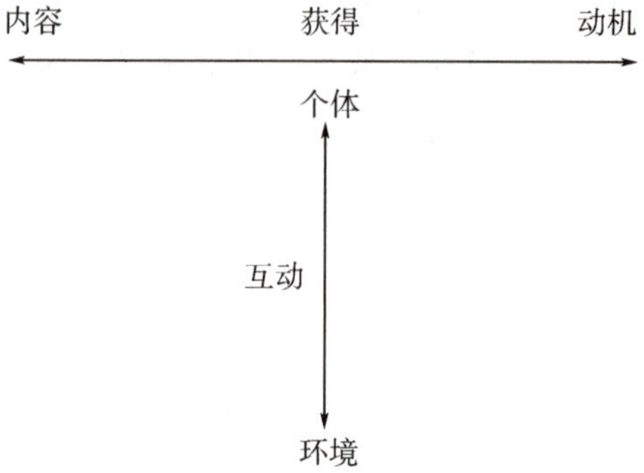

图 9-1　学习的基本过程①

(一)学习内容

幼儿的学习内容如何获得？教师应该从以下寻找答案：

- 幼儿已经具备的经验，这些经验是否能够支撑幼儿今天的学习内容，如何获得？
- 幼儿的学习内容包含了哪些领域？发展了幼儿哪些方面的能力？

---

① ［丹］克努兹·伊列雷夫. 我们如何学习：全视角学习理论［M］. 孙玫璐，译. 北京：教育科学出版社，2010(6)：24.

- 幼儿已经掌握的认知技能有哪些？
- 幼儿对于当前学习内容的接受程度和理解程度有多少？
- 幼儿是通过哪些方式获取学习内容的？

(二)学习动机

幼儿的学习动机又是什么？教师可以通过以下几点关注：

- 幼儿的兴趣点在哪里？好奇点在哪里？
- 引起幼儿学习的动因是什么？
- 怎么样才能激发幼儿新的想法，发起幼儿对学习的新一轮挑战？

(三)学习方式与环境互动

在幼儿的学习活动中，教师还需要特别关注幼儿的学习方式与环境互动，具体来说，有以下几点：

- 幼儿是否与同伴、教师互动？他们说了些什么？提出了什么问题？如何解决的？
- 幼儿是否使用材料？材料是如何作用于环境的？环境对幼儿的学习提供什么样的帮助？
- 幼儿在探究问题的过程中，产生了哪些认知冲突？如何解决的？
- 幼儿参与学习的过程的情绪体验是什么样的？自主程度、参与程度、愉悦程度如何？专注、持续的时间有多久？

三、观察内容

关于幼儿学习活动的解读，我们可参考以下示例。①

幼儿学习活动的基本经验及其内容示例

基本经验	内容示例
1. 用各种感官主动感知周围事物的特征，比较事物的异同，发现事物之间的关系	• 感知特征：物体的轻重、大小、形状、色彩、高矮、软硬、甜酸 • 发现关系：发现沉与浮、斜坡与速度、空气与燃烧、植物与阳光、水与温度的关系 • 分类排序：按物体的特征、功用等进行分类，按一定规律排序

① 上海市教育委员会. 上海市学前教育课程指南(试行稿)[M]. 上海：上海教育出版社，2017：14-15.

续表

基本经验	内容示例
2. 尝试多途径收集信息、物品与材料，乐意交流和分享	• 方式：咨询、访问、参观、调查 • 媒体：海报、照片、图书、广告、报纸、刊物、录像、电视、广播、网络 • 物品与材料：日常用品、玩具、废旧材料
3. 了解自己的身体特征及生长中的变化和需要，比较自身与他人的不同，体验成长的快乐	• 外形外貌特征 • 五官四肢功能 • 性别差异 • 生长变化：身高、体重、高矮、胖瘦、年龄、换牙 • 个人喜好：喜爱的东西、爱做的事、自己的长处
4. 亲近大自然，有观察、探索周围事物与现象变化发展的兴趣，初步了解人与自然的关系	• 自然物：沙、石、水、泥、土、木、稻草、竹子 • 自然现象：风、雨、云、雷、闪电、太阳、月亮、星星、彩虹及季节、天气的变化 • 生物体变化：蚕宝宝、蝌蚪、果树等动植物的变化 • 相关活动：种植园地、自然角、小动物的照料、收集种子、拾落叶活动 • 环保实践：垃圾分类安放，节约用水、用纸，废品回收及利用，美化环境
5. 对周围环境中的数、量、形、时间、空间等现象敏感，运用已有经验和简单的数学方法解决生活和游戏中的问题	• 数认知：唱数，点数物体，认数，默数，认识时钟、货币面值 • 数运用：测量长度，比较高矮，统计数量，数量守恒，买卖游戏 • 各种规则和不规则的形状 • 空间：上下、前后、左右、里外、中间 • 时间：上午、下午，白天、晚上，现在、昨天、今天、明天、日、星期、月、四季、年
6. 接触、了解周围环境的人、事、物，感受身边熟悉的科技成果对生活的影响，理解并遵守社会生活中基本的行为规范	• 周围的人：家庭成员、幼儿园工作人员、同伴、社区中相关职业的人 • 物品：玩具、食品、工具、家具、生活用品、电子和电器产品 • 设施：幼儿园环境设施，社区中超市、医院、健身区、自助银行、博物馆、自助售货亭 • 交通设施与工具：地铁、隧道、高架，火车、飞机、轮船、磁悬浮列车、各种车辆 • 标志：与生活有关的指示标志、警示标志、禁止标志 • 规则：公共场所中的交通规则、交往规则、爱护公物和公共环境的规则

续表

基本经验	内容示例
7. 欣赏、感受祖国文化的丰富性，有初步的爱家乡、爱祖国的情感，了解一些接触到的多元文化	• 民间习俗：参与民间节日活动，玩民间游戏 • 民族文化：多种民族、传统艺术、发明创造 • 人文景观：本地、本市及全国的著名景观、特产 • 国家标志：国旗、国歌、国徽、国庆节 • 多元文化：国际节日以及世界上一些国家和不同人种、语言以及标志性建筑
8. 学说普通话，大胆用语言与人交流，注意倾听，理解日常用语，爱看图书，对经常出现的文字感兴趣	• 图书：童话故事书、科学常识书、生活故事书 • 讲述：故事、儿歌、新闻、生活小事，自己的探索与发现，要求、意见与建议 • 倾听：成人、同伴讲话，幼儿故事磁带、广播
9. 接触各种富有情趣的作品，大胆想象，用自己喜欢的方式表达感受和体验，理解他人的表达方式	• 感受：儿童文学作品，不同类型的音乐和美术作品，日常生活与环境中美的人、事、物 表达：用唱歌、动作、绘画、制作、乐器、语言、符号等进行表达

了解了幼儿学习活动的基本经验及其内容，教师再结合《3—6岁儿童学习与发展指南》对幼儿学习活动的行为进行有目的的观察，并提出有效的指导。

第二节　集中教学活动中的观察与分析

集体教学活动是指教师有目标、有计划、有组织地让所有班级幼儿都参与的教育活动。在开展集体教育教学活动过程中，教师应做到：①

（1）预先了解幼儿的已有知识经验、兴趣和需要，充分研究，全面整合，设计优质的教育活动。

（2）针对幼儿的年龄特点和发展水平，撰写具体、翔实的活动教案，拟订明确、适宜的教学计划，设定具体的活动目标、过程、组织形式和策略等。

（3）整理和记录课堂表现，及时反思，以便日后迁移和经验借鉴。

① 何慧华. 幼儿行为观察与评估[M]. 北京：中国人民大学出版社，2018：91.

一、健康教育活动中的观察与分析

《3—6岁儿童学习与发展指南》中指出：“发育良好的身体、愉快的情绪、强健的体质、协调的动作、良好的生活习惯和基本生活能力是幼儿身心健康的重要标志，也是其他领域学习与发展的基础”，这既是对幼儿健康的高度概括，也表明了健康是幼儿学习与发展的基础。

健康领域既渗透在幼儿园一日活动的方方面面，同时也可以通过集中教学活动落实。因此，结合《指南》利用各种记录方法对幼儿健康领域方面的发展进行观察。

（一）观察内容

《指南》在健康领域中，按照幼儿学习与发展最基本、最重要的内容划分为“身心状况”“动作发展”以及“生活习惯与生活能力”三个子领域。结合《指南》中健康领域内容结构、发展目标对幼儿在健康教育活动中的行为进行观察，为教师分析、指导幼儿健康方面的学习与发展指明了基本方向。①

健康领域学习与发展目标

领域	子领域	目　标
健康	身心状况	1. 具有健康的体态
		2. 情绪安定愉快
		3. 具有一定的适应能力
	动作发展	1. 具有一定的平衡能力，动作协调、灵敏
		2. 具有一定的力量和耐力
		3. 手的动作灵活协调
	生活习惯与生活能力	1. 具有良好的生活与卫生习惯
		2. 具有基本的生活自理能力
		3. 具备基本的安全知识和自我保护能力

从以上健康领域内容来看，观察者可通过此表清晰地了解到在健康领域中需要关注幼儿在身心状况、动作发展、生活习惯与生活能力这三个子领域中的实际发展情况。

在健康集体教学活动中，观察内容还可以先从教师设计此次教学活动的目标入手，

① 李季梅，冯晓霞.《指南》各领域要点解读[M]. 北京：人民教育出版社，2013.04：57.

了解该教学活动主要设计了健康领域中哪个子领域以及所包含的具体目标，让观察者更加清楚地了解幼儿当前的学习内容和发展水平。

(二)观察分析实录

1. 体育活动实况详录

案例 1

跳　圈

小郭拿了两个塑料圈摆放在地板上，他连续单脚跳过两个圈后，双脚着地。宇翔从百变条区拿着两条百变条来到郭翼豪旁边，他看着小郭跳了一会儿后说："小郭，我也要跳。"说完，他就将百变条摆放在圈的旁边跟着小郭跳了起来。

这时和宇翔玩得比较好的小翌刚巧过来找他，看到宇翔在跳圈，他就将百变条放在自己的双脚和圈之间，他先是双脚跳过百变条，再接着单脚跳圈。小郭和宇翔看到了，也纷纷跟着小翌，从原来单脚跳圈到现在双脚跳过百变条再单脚跳圈进行。这样玩了两三次后，宇翔似乎并不满足只跳两个圈，他又去拿了两个圈放在前面，这样他单脚连续跳圈四下。而每次小郭和小翌跳圈时都只能单脚连续跳两下，第三下总是另一只脚会搭地。王老师看到后，在幼儿体育活动原有的基础上进行了调整，增加情境："摘果子"游戏——第一环节，幼儿单脚连续跳两圈后可以在并列的两个圈里稍作停留再单脚前进；第二环节，幼儿单脚连续跳三圈后再停留；第三环节，单脚连续跳五圈。

分析：幼儿的动作技能随着游戏水平的不断提高而呈现明显差异。一开始单脚连续跳两圈的时候，三个男生都能够轻松过关，此时幼儿的动作水平表现持平。但是，当圈的数量增加，连续跳圈的次数也相应增加时，他们此时所能达到的技能水平差异就突显出来了。根据《3—6 岁儿童学习与发展指南》中对于动作技能发展中提到"能单脚连续向前跳 5 米左右"的要求，教师结合《指南》观察幼儿发现幼儿活动水平可提升的空间，从而调整了教学活动，帮助幼儿多多练习和提升。

以上是教师在一线带班中实况详录的例子，教师能够在基于客观描述活动过程的前提下，运用《指南》分析评价幼儿的发展水平，既能够准确解读幼儿行为，又能为下一次的教学活动抓准契机。

2. 体育活动观察

定期运用行为核对法对幼儿的体育运动进行观察。

幼儿体育活动观察表①

项目 姓名	情绪状态		动作表现						轶事简述
	胆怯	高兴	需要帮助	独立	喜欢单独玩	乐意与同伴一起玩	喜欢模仿	创造性地玩	

建议：

- 此表适合个体和小组观察。
- 情绪状态与动作表现两栏可用符号表示；轶事简述一栏用文字表述，简单记录孩子独特或有趣的事例。
- 此表内所列观察项目无好坏之分，目的在于解读孩子间的不同的活动状态，观察、了解孩子个体运动发展的轨迹，给每个幼儿提供合适的指导和帮助。

3. 不同运动水平动作发展特点

了解幼儿不同运动水平动作的发展特点，有利于教师在幼儿体育运动活动中观察明确方向和准确分析，以此确定相适应的教育目标和指导策略。

幼儿不同运动水平动作的发展特点、教育目标和指导策略②

运动水平	幼儿发展特点	教育目标	幼儿学习方式	教师指导策略
功能性水平（低）	从不能有意识地控制或重复一项动作，逐渐发展到动作的偶然性减少，身体开始受意识控制。总体处于从不会到会的水平。	基本动作的习得；发展空间、时间概念。	儿童需要许多机会来探索和发现动作。	提供正确、优美的示范动作，简短准确的语言提示或者口令，以及有难度动作学习中的保护与帮助。采用口令提示幼儿正确的动作节奏和发力时间等，提高儿童运动中对于不同方向、不同空间位置的正确认识。

① 朱家雄. 学前教育教师参考用书：运动 3—6 岁[M]. 上海：上海教育出版社，2009：170.

② 柳倩，周念丽，张晔. 学前儿童健康学习与发展核心经验[M]. 南京：南京师范大学出版社，2017：52.

续表

运动水平	幼儿发展特点	教育目标	幼儿学习方式	教师指导策略
表现性水平(中)	动作日益自动化，在类似游戏的情境中，能够将一种运动能力与另一种能力结合起来。儿童动作技能不够稳定。	表现出多种运动方式，在此过程中发展多种身体素质和运动创意，发展空间、时间概念。	探索和练习仍是此阶段的中心。	通过降低或者提高动作难度改变练习方式，使动作更加稳定；针对幼儿对复杂动作容易恐惧和胆怯的现象，可采用保护或者帮助提高儿童安全性来减少恐惧心理；对于简单或完成较好的动作可采用口令、提示等支持，进一步巩固正确的动作技能。教师重点在于让儿童注意动作的正确性，观察并纠正错误动作。通过动作回放进行讨论。鼓励双人、多人合作游戏。鼓励儿童多样化运动方式，给予幼儿自主表现的空间和时间。
社交性水平(高)	动作更加自动化，似乎不需要努力就可以进行，此时可以参与正规的比赛。在发展体能的同时发展合作、竞争。	在合作(集体)运动中发展协同运动能力，提高团队意识、竞争合作等能力；发展空间、时间概念和运动智慧。	可以参与比赛。	重点在于促进灵活运用、创造和迁移。鼓励幼儿将多种玩法融入竞赛成分。

二、社会教育活动中的观察与分析

《指南》中提出：幼儿社会领域的学习与发展过程是其社会性不断完善并奠定健全人格基础的过程。人际交往和社会适应是幼儿社会学习的主要内容，也是其社会性发展的基本途径。幼儿在与成人和同伴交往的过程中，不仅学习如何与人友好相处，也在学习如何看待自己、对待他人，不断发展适应社会生活的能力。良好的社会性发展对幼儿身心健康和其他各方面的发展都具有重要影响。

(一) 观察内容

幼儿社会领域的学习与发展是一个复杂的过程，所包括的学习与发展内容极为丰富，而不同的内容往往又有各自不同的发展规律和特点，如，儿童自我意识(自我认识、自尊、自信、自主、自我调节等)的发展和规则意识与行为(道德意识、亲社会行为等)的发展虽然有一定的关系，但各自形成和发展的途径和规律还是很不相同的。① 对于幼儿社会领域活动中的观察我们可以结合《指南》中社会领域的目标进行一般性的讨论。

社会领域学习与发展目标

领域	子领域	目　　标
社会	人际交往	1. 愿意与人交往
		2. 能与同伴友好相处
		3. 具有自尊、自信、自主的表现
		4. 关心尊重他人
	社会适应	1. 喜欢并适应群体生活
		2. 遵守基本的行为规范
		3. 具有初步的归属感

事实上，社会领域的目标是从两个维度提出的：一是社会关系的维度，包括学前儿童与自身的关系(自信、主动、自觉、坚持等)、与他人的关系(乐群、互助、合作、分享、同情)、与群体或集体的关系(遵守规则、爱护公物和环境)、学前儿童与社会的关系(社会职业、家乡、祖国、世界文化等)；二是心理结构的维度，包括认知、情感态度和行为技能等。对于学前儿童社会领域发展的观察，我们也可以从这些方面入手。②

(二) 观察分析实录

1. 社会活动实况详录③

对象：小麦

时间：1996 年 3 月 21 日

情境：自然情境

观察者角色：参与观察

观察策略：非结构式

① 李季梅，冯晓霞.《指南》各领域要点解读[M]. 北京：人民教育出版社，2013.04：95.

② 施燕，韩春红. 学前儿童行为观察[M]上海：华东师范大学出版社，2019：195.

③ 黄意舒. 儿童行为观察法与应用[M]. 新北：心理出版社，1996：98-99.

基本资料：

小麦，男，4 岁 1 个月，有一个双胞胎哥哥，爸爸是博士，在贸易公司上班，妈妈是硕士，在研究院上班，由于父母上班很忙，所以在托儿所放学后，兄弟俩都被送至保姆家，晚上 7 点才接回家。

观察分析表

客观事实	主题评论
下午点心之前让小朋友出来自由活动。小朋友们几乎很快地找到想玩的玩具，形成很多的小团体，可看到小麦只是走来走去看看别人在玩什么，看一下又离开。然后他走去溜滑梯那儿溜几下，有小朋友来溜他又走开到别处看看。他走到少元旁边，蹲下来看他与隆隆玩小汽车，起初他只是观看，之后他便开口问少元和隆隆："你们在玩什么啊？"隆隆答："我们要开车上高速公路去阿妈家。"少元听到隆隆说去"阿妈家"(台语)，便一边笑一边学着说，小麦看到之后也一边笑一边学着说，后来少元叫隆隆再去拿一台大卡车来，小麦马上说："我去拿！"说完便跑去拿，拿回来还故意趴在地上推着大卡车回来。一推回来还去撞少元笑着说："喂！你干嘛撞我，那我也要撞你！"说完他和隆隆一起推小汽车去撞小麦的大卡车，小麦看到少元和隆隆小汽车撞他，他笑着大声说："我的是大卡车不怕撞！"说完后又去与少元相撞。后来因为他们玩的声音很大，有一些小朋友也跑去拿车子与他们一起玩，小麦便说："隆隆、少元我们一起去和他们比赛，好不好？"然后他们三人一组和其他小朋友比赛看谁开车开得最快。	• 他可能还不知道要什么 • 他可能不想轮流和小朋友溜滑梯 • 他可能对小汽车有兴趣 • 小麦可能先观察他们在玩什么然后用口头试探 • 小麦可能要加入他们所以自告奋勇 • 要引起注意 • 引起注意及兴趣 • 少元不但没生气，小麦还引起少元与他玩的兴趣 • 模仿小麦 • 小麦可能是要让隆隆、少元再与他一起玩而引起他们的兴趣。 • 因为玩的声音很大，吸引了其他小朋友的注意！ • 小麦有一点领导者的样子了！

结论：

刚开始小麦可能心中并无打算要玩些什么，所以才四处走走看看，后来可能看到少元、隆隆在玩小汽车，才引起他想玩的兴趣。他先在旁边看一下然后才慢慢加入他们的小团体，用游戏方式发展了他与其他幼儿之间的人际关系与互动，也满足了他想玩的心。后来小麦的一点领导者的样子可能是不经意中引发出来的。

另外在观察中发现不少模仿的动作，其实模仿是一种可以帮助幼儿学习如何适应社会情境的行为模式。

2. 社会活动观察

在社会领域活动观察中，利用一些能力检核表能够更加客观地对幼儿的社会行为进行分析。

社会情绪能力检核表①

1. 发起活动：		
几乎总是根据自己的选择玩建构活动，常常拒绝别人的建议	是□	否□
在发起活动时偶尔需要帮助，乐于接受帮助	是□	否□
经常在发起活动之前花很长时间，有时会拒绝别人的建议	是□	否□
很少发起活动，或者常常拒绝别人的建议	是□	否□
2. 注意保持		
能够坚持从事一项自选活动很长时间	是□	否□
坚持完成一项与年龄相适宜的任务	是□	否□
需要鼓励才能坚持完成任务	是□	否□
很少完成任务，注意力快速地从一项任务转移到另一项任务	是□	否□
3. 好奇心		
对新增事物、新想法感兴趣	是□	否□
主动探索房间里的新事物	是□	否□
能够被令人兴奋的事物打动，但常常缺乏兴趣	是□	否□
对任何新事物都极少或者一点都不感兴趣	是□	否□
4. 抗挫能力		
在解决问题时富有创造性，如果彻底失败，也能表现出成熟的行为	是□	否□
通常会努力尝试并坦然接受失败，如果遇到挫折，也会有不成熟的行为	是□	否□
有时遇到轻微的挫折就会放弃、哭闹或者表现出攻击性行为	是□	否□
不能忍受任何程度的挫折，遇到挫折就会放弃、哭闹或者表现出攻击性行为	是□	否□
5. 与教师的关系		
独立，自愿帮助和支持教师	是□	否□
关系友好但在适当的时候会寻求帮助或关注	是□	否□
有时需要非同寻常的帮助和指导，或者通过以下过激的行为引起关注，偶尔表现出攻击性行为	是□	否□
持续寻求帮助、接触或关注，频繁地出现攻击性行为，或者完全忽视教师	是□	否□
6. 接受常规		
教师不在场时也能够理解并明智地遵守常规	是□	否□
通常能够遵守常规，但是有的时候也容易违背常规	是□	否□
频繁地挑战或不能遵守常规，或者强迫性地违背常规	是□	否□
在遵守常规方面持续出现问题，或者强迫性地违背常规	是□	否□
对违背例行安排的任何情况感到焦虑	是□	否□

① 本特森. 观察儿童——儿童行为观察记录指南[M]. 北京：人民教育出版社，2009.

续表

7. 对儿童的交往
经常发起合作性游戏　是□　否□
偶尔发起游戏，经常接受他人发起的游戏　是□　否□
常常拒绝别人的提议，或者独自游戏多于和他人游戏　是□　否□
大部分时间避开其他幼儿　是□　否□

三、语言教育活动中的观察与分析

《指南》在语言部分开宗明义地指出：“语言是交流和思维的工具。幼儿期是语言发展，特别是口语发展的重要时期。幼儿语言的发展贯穿于各个领域，也对其他领域的学习与发展有着重要的影响：幼儿在运用语言进行交流的同时，也在发展着人际交往能力、理解他人和判断交往情境的能力，以及组织自己思想的能力。通过语言获取信息，幼儿的学习逐步超越个体直接感知。”①这段话非常清楚地表明了儿童语言学习和发展对全面发展的价值。

（一）观察内容

《指南》明确了我国3—6岁幼儿语言学习与发展的目标要求。从整体上来看，幼儿的语言学习与发展目标主要分为两大类：一是幼儿口头语言的学习与发展目标，二是幼儿书面语言准备的学习与发展目标。

语言领域学习与发展目标

领域	子领域	目　标
语言	倾听与表达	1. 认真听并能听懂常用语言
		2. 愿意讲话并能清楚地表达
		3. 具有文明的语言习惯
	阅读与书写准备	1. 喜欢听故事，看图书
		2. 具有初步的阅读理解能力
		3. 具有书面表达的愿望和初步技能

① 中华人民共和国教育部. 3—6岁儿童学习与发展指南[M]. 北京：首都师范大学出版社，2012.

依据《指南》对语言领域方面的学习与发展目标，观察和记录幼儿的语言可以帮助观察者更好地认识到幼儿的理解能力、逻辑思维能力以及适应生长环境的能力。认识到语言中哪些因素可以帮助幼儿表达思想。

（二）观察分析实录

1. 语言活动实况详录

被观察者：昕若　　　性别：女　　　年龄：4 岁

观察情境：集中教学活动

观察时间：3 月—4 月

观察者：班级老师

片段一：

语言活动《猜猜我有多爱你》

李老师：小朋友们，看完这个绘本故事，你想对你的妈妈说什么呢？

昕若：飞机飞得有多快，我就有多爱你！

李老师：那如果对老师你想说什么呢？

昕若：世界上的贝壳有多少，我就有多爱你！

片段二：

语言活动《寻找春天》

李老师：瞧，我们幼儿园的花都开了！

昕若：老师，因为是春天到了。

李老师：春天到了，你还发现什么变化了吗？

昕若：我知道，桃花醒了对我笑！

片段三：

语言活动《毛毛虫变形记》

李老师：你看到上面有什么？

昕若：老师，我看到叶子上有一个白白的小点点。

李老师：还有吗？

昕若：有月亮，是晚上。

李老师：你能不能完整地描述一下呢？

昕若：在一个晚上，有一个小虫子宝宝在叶子上睡觉。

李老师：你猜猜等会儿会发生什么事？

昕若：突然，会有一只大鸟飞来把它叼走了，它被惊醒了，大喊“救命”……

分析：四岁左右的昕若不仅能够用完整的句子表达思想，而且还能够充分发挥想象大胆模仿语句结构、猜测故事情节，表述流畅、清晰。可见她的语言发展水平较稳定，且发展较好。

2. 语言活动观察

幼儿在语言方面的学习与发展主要包括对语言的理解、语言的表达和读写能力三个方面，语言的表达又涉及幼儿的词汇量、发音和吐字、语句结构、社交目的等。对于幼儿语言领域方面的观察可以从以上几点出发并结合《指南》对幼儿语言学习与发展的目标来展开。

幼儿语言活动观察

<table>
<tr><td rowspan="6">语言理解</td><td colspan="2">幼儿是否倾听、记忆并遵从指导？比如，当教师说“放好拼图后去洗手，然后回来吃午饭”，该幼儿是如何反应的？</td></tr>
<tr><td colspan="2">幼儿对于教师朗读故事作何反应？他理解故事中的概念和意义吗？他理解所有词汇吗？他是否能够将故事中的情节与个人经历相联系？</td></tr>
<tr><td colspan="2">幼儿是否恰当地要求借助图像来理解故事？</td></tr>
<tr><td colspan="2">幼儿是否抓住了有意义的非语言提示，如讲述者的面部表情、动作、音调、音量等？</td></tr>
<tr><td colspan="2">幼儿会为了听得更清楚而闭上眼睛吗？或为了看得更清楚而捂上耳朵吗？</td></tr>
<tr><td colspan="2">幼儿是否习得和使用来自故事和对话中的短语、歌谣或词语等？</td></tr>
<tr><td rowspan="13">语言表达</td><td rowspan="5">词汇量</td><td>该幼儿的词汇量是否足以表达个人的需求</td></tr>
<tr><td>与同龄或背景相同的其他幼儿相比，该幼儿的词汇量如何？</td></tr>
<tr><td>该幼儿是否正在使用超出他们年龄段的词语？</td></tr>
<tr><td>该幼儿是否具有使用词语指称地点的能力？比如，“我把木头人偶放在椅子上面，将动物玩偶放在椅子下面”。</td></tr>
<tr><td>该幼儿是否喜欢玩文字游戏？以什么方式玩？</td></tr>
<tr><td>语句结构</td><td>该幼儿的言语是否符合口语中的某个模式，如“我想要喝水”一句中的主语、谓语、宾语的语序。</td></tr>
<tr><td rowspan="3">发音和吐字</td><td>该幼儿是否在某些词、某些字母的发音上存在困难。</td></tr>
<tr><td>该幼儿吐字发音的清晰度、准确度是否随着时间的推移而有所变化？</td></tr>
<tr><td>该幼儿是否会有说话不流利、不顺畅的现象？</td></tr>
<tr><td rowspan="3">社交目的</td><td>幼儿使用语言的社交目的有哪些？为了表达需求？为了分享愉悦？为了抱怨？为了要求、请求、哄骗或是控制？为了给予、分享或是获取信息？</td></tr>
<tr><td>幼儿的语言是指向成人还是同伴？</td></tr>
<tr><td>幼儿是以怎样的方式进行交流的？是主动的还是被动的？</td></tr>
</table>

续表

读写能力	该幼儿完成书写任务有困难吗？他的兴趣大吗？
	是否会模仿教师写的字词、符号？是否能读出自己画的符号？
	是否理解从左到右的书写顺序？是否能按顺序翻动书页？
	是否能正确书写自己的姓名？
	是否将书写用于社交目的？例如，给别人写小纸条，在纸上书写或画出自己的心情、想法等。

四、科学教育活动中的观察与分析

儿童有着与生俱来的好奇心和探究欲望。好奇、好问、好探索是幼儿的年龄特点。探究既是幼儿科学学习的目标，也是幼儿科学学习的途径。大自然和生活中真实的事物与现象是幼儿科学探究的生动内容，激发探究兴趣，体验探究过程，发展初步的探究能力是幼儿科学学习的核心。①

（一）观察内容

幼儿科学学习即科学探究和数学认知的对象都是客观世界，是自然界中的事物和现象。探索周围自然世界是幼儿的好奇心和兴趣使然，也是幼儿发现事物特征，概括、比较、分类和寻求事物关系的过程。《指南》在科学领域方面根据幼儿对自然环境和客观世界的认识分为了两个子领域："科学探究"和"数学认知"。基于这样的科学领域结构，教师也就可以从这两方面进行观察分析。

科学领域学习与发展目标

领域	子领域	目　　标
科学	科学探究	1. 亲近自然，喜欢探究
		2. 具有初步的探究能力
		3. 在探究中认识周围事物和现象
	数学认知	1. 初步感知生活中数学的有用和有趣
		2. 感知和理解数、量关系及数量关系
		3. 感知形状与空间关系

① 李季梅，冯晓霞.《指南》各领域要点解读[M]. 北京：人民教育出版社，2013(04)：109.

依据《指南》科学领域学习与发展目标，教师对于幼儿的观察可以从这几方面考虑：观察幼儿对周围事物的兴趣、好奇心和求知欲；观察幼儿是否积极动手动脑解决问题、探究问题；观察幼儿是否体验到生活中数学的有用和有趣；是否关心周围的生活，是否亲近自然等。

（二）观察要点

对于幼儿科学领域的观察与分析，主要是集中在“科学探究”和“数学认知”两大方面，具体来说可以从以下的表格中获得观察要点：

内容	观察要点	
科学探究	是否喜欢接触大自然，并对自然中的新事物感兴趣；是否喜欢问问题，并动手探索各种材料。	
	是否能够仔细观察事物特征，是否能够通过探究提出问题，是否能够概括出事物的某些特征并使用图表表示出来。	
	是否认识常见的动植物，能否感知和发现物体和材料的性质，能否感知动植物的生长变化，对环境是否有初步的了解。	
数学认知	概括能力	是否能根据自己的游戏、试验、探索以及与家人、朋友、文化和社区有关的经验作出概括。
	辨别能力	是否能够对周围的人、事、物进行比较，如区分自己和其他孩子、区分现实和幻想、区分性别等。
	认识异同的能力	是否能够发现、理解物品与人之间都存在相同点和不同点，辨别材料和物体的重要性质。
	类比能力	是否能够使用语言将两种行为或者物品联系起来，能够帮助他们更好地理解。
	理解因果关系的能力	是否能够理解物理现象中的因果关系。
	时间向度	是否能够使用一些代表时间的词汇（“当……时候”“然后”“今天”等）进行表达，对时间有初步理解，如知道一日活动的日程安排，是否知道一周有多少天，季节的顺序……
	分类能力	是否能够根据物体的形状、颜色、大小等进行分类。
	理解空间关系	是否对物体的定位、物体之间的相对位置、放置或容纳一个物体需要多大的空间等方面具有初步的意识。

(三) 观察评定

1. 科学探究能力行为核对

学前儿童科学探究能力核对表①

幼儿姓名：　　　　　　　　观察者：　　　　　　　　观察时间：

观察内容	表现	
	能	不能
对一些生活中的自然物体与现象感兴趣，常问有关的问题		
能运用各种感官感知自然物体主要特征		
能尝试对自然物体分类		
喜欢探索各种材料		
会观察动植物、了解其变化发展情况，并用图形作观察记录		
能照顾自然角内的动植物		
喜欢、专注于小实验，并尝试解决问题		
有观察天气情况的习惯，会作气象记录		
能持续较长时间对一些事物进行观察、探究		
会用语言的方式与同伴交流观察、实验的印象		

2. 数学认知能力等级评定

幼儿数学认知发展的评价表②

序号	内容	评分标准					
		1	2	3	4	5	6
1	10 以内唱数、点数、数物匹配及数量守恒	会唱 1~10	手口一致点数 1~10	掌握 10 以内数物匹配	10 以内数物匹配	10 以内数的守恒	长度、体积守恒

① 施燕，韩春红. 学前儿童行为观察[M]上海：华东师范大学出版社，2019：201.
② 金浩. 学前儿童数学教育概论[M]. 上海：华东师范大学出版社，2000.

续表

序号	内容	评分标准					
		1	2	3	4	5	6
2	10以内数的组成及加减	5以内数的组成	口算5以内数的加减	口算7以内数的组成、加减	笔算10以内加减应用题	口算10以内加减应用题	较熟练地编、解10以内数的加减应用题
3	对几何形体的认识	认识圆形、正方形	认识三角形、长方形	认识半圆形、梯形	认识椭圆形、菱形	认识长方体、正方体	认识圆柱体、圆锥体
4	具有初步的时间和空间概念	知道早、中、晚，能区分上、下	知道今天、昨天、明天，能区分里、外	知道一周有7天、当天是星期几，能区分前后	知道月、日，能区分远、近	认识时钟正点和半点，能以自我为参照区分左右	认识时钟的分，能以相对参照区分左右
5	按实物特征分类能力	不会分类	能按一种特点分类	能按一种特点迅速分类	能按两种特点分类	能按两种特点迅速分类	能按两种以上特点分类
6	有根据各种标准或规律排序的能力	不会排序	会将5个长短差别比较明显的物体排序	会将5个大小差别比较明显的物体排序	会将10个差别比较大的物体排序	会将10个差别比较细微的物体排序	能自己找出规律并按规律排序

五、艺术教育活动中的观察与分析

艺术领域包括音乐和美术两部分的内容，从发展的角度上看，幼儿的艺术学习与发展的个体发展水平不一，常常会根据自己独特的生活经验来进行或选择独特的艺术表达形式，以此展示丰富的个性和独特的价值。因此，教师在观察幼儿艺术领域学习与发展时应该关注幼儿在艺术活动中的想象力和创造力的发展特点，关注其表达和表现的独特性并适当给予鼓励。

（一）观察内容

《指南》在艺术领域中将幼儿艺术学习与发展划分为感受与欣赏、表现与创造两个子领域。具体地以幼儿对艺术的积极态度即艺术兴趣，和幼儿艺术能力即感受能力与表现和创造能力的发展为目标。

艺术领域学习与发展目标

领域	子领域	目　　标
艺术	感受与欣赏	1. 喜欢自然界与生活中的事物
		2. 喜欢欣赏多种多样的艺术形式和作品
	表现与创造	1. 喜欢进行艺术活动并大胆表现
		2. 具有初步的艺术表现和创造能力

以上四个目标相辅相成，尤其强调了幼儿艺术兴趣的养成。因为积极的艺术学习态度是开展艺术活动的内在动力，是艺术感受能力与表现能力的前提，而艺术感受能力和艺术表现与创造能力的提高又进一步加强了幼儿对艺术的兴趣，为幼儿的发展奠定基础。

（二）观察要点

对于艺术领域的观察要点，可以通过以下表获得启发：

内容	观察要点	
艺术欣赏	观察行为	关注了哪些方面，怎样进行观察，是否细心？
	学习品质	观察过程中是否仔细、全面，是否既能关注全体又注重细节？
	评价方面	是否能够发现生活中美的东西，并对其造型、颜色、结构等方面进行评价？
表现与创造	意愿	是否喜欢进行艺术活动，并大胆表现？
	能力	幼儿在自娱自乐或参加艺术活动的时候表现出来的活动水平如何？

（三）观察评定

1. 音乐能力的等级评定

教师依据以下评定表，通过观察可以了解幼儿在音乐活动中的情绪态度，以及能力发展等方面的情况。

幼儿音乐表现能力评定表①

评定项目	评定内容	等级
情绪态度	幼儿在活动中能保持轻松愉快的情绪，以饱满的热情积极主动地投入活动；幼儿能够注意力集中地倾听、观看教师或其他幼儿的谈话或表演。	
	幼儿在活动中能经常保持轻松愉快的情绪，幼儿能够积极主动地投入活动；在教师或其他幼儿谈话、表演时，幼儿一般能集中注意力倾听和观看。	
	幼儿在感兴趣的环节中感到轻松、愉快；对感兴趣的活动内容能够主动参与；在教师或其他幼儿谈话、表演时，幼儿偶尔能集中注意力倾听和观看。	
	幼儿对整个活动缺乏兴趣、热情；情绪紧张或平淡；时常显得疲劳和不耐烦；在教师或者其他幼儿谈话、表演时，幼儿不能集中注意力倾听或观看，多数幼儿走神或做小动作。	
内容掌握	绝大多数幼儿掌握了活动的主要内容，学习质量好。	
	多数幼儿掌握了活动的主要内容，学习质量较好。	
	部分幼儿掌握了活动的主要内容，学习质量一般。	
	多数幼儿没有掌握活动的主要内容，学习质量差。	
能力锻炼	大多数幼儿在活动中获得了能力锻炼的机会，有一定的进步。	
	部分幼儿在活动中获得了能力锻炼的机会，稍有进步。	
	少数幼儿在活动中获得了能力锻炼的机会，进步不大。	
	幼儿在活动中极少有能力锻炼的机会。	

具体评分标准

评价项目		权重	等级分数		评分标准			
					好(100)	较好(85)	一般(65)	差(45)
幼儿表现	情绪态度	12%	30	12	12	10	8	5.5
	内容掌握	8%		8	8	8	7	3.5
	能力锻炼	10%		10	10	8.5	6.5	4.5

① 许卓娅. 学前儿童音乐教育[M]. 北京：人民教育出版社，1996.

2. 美术能力的等级评定

针对幼儿美术能力方面的观察，对照以下表格，能够促进观察者比较全面地了解幼儿的美术能力情况。

幼儿美术能力的观察评价表①

评定项目	评定内容	等级			
		A	B	C	D
构想	实现构想出的主题和主要内容，动笔之后围绕构思进行创造				
	预想出局部的内容，完成一项后再做新的计划				
	动笔后构思，由动作痕迹出发，想画什么就画什么				
	只有动作活动，没有形象创造，表现为在纸上随意涂抹或反复掰泥、撕纸				
主动性	由自身兴趣、愿望支配，自由进行美术活动				
	由特定材料引发，开始进行美术活动				
	看到别人从事美术活动，自己跟着做				
	在成人要求下开始进行美术活动				
兴趣性	自由从事美术活动，有极大的热情，完全沉浸在其中				
	欣然从命，愉快地从事活动，在做的过程中会自言自语，流露出愉快之情				
	对美术活动迟疑不前，活动中企图离开或者张望别人做什么				
	拒绝参加美术活动				
专注性	能长时间地从事已选活动，不受外界影响				
	能在同龄幼儿一般可维持的时间内持续从事活动，中途偶有离开的现象，但会回来，直至活动结束				
	需要鼓励才能把活动完成				
	不能把活动进行完，中途改变活动				
独立性	自己决定活动任务，解决问题，拒绝别人干涉，独立完成任务				
	主动请教他人，考虑别人的建议，然后自己完成任务				
	模仿他人完成自己的作品				
	接受并在他人的帮助下完成作品				

① 陈帼眉. 学前儿童发展与教育评价手册[M]. 北京：北京师范大学出版社，1994.

续表

评定项目	评定内容	等级			
		A	B	C	D
创造性	别出心裁地构思与利用材料进行造型				
	重新组织以前学过的造型样式、方法和技能进行造型				
	重复以前学过的造型样式、方法和技能进行造型				
	只按照教师当时传授的造型样式、方法和技能造型				
操作熟练性	掌握工具姿势正确、轻松，操作动作连贯、迅速准确，依次完成动作，作品质量好				
	掌握工具姿势正确，操作动作平稳，但不太准确，作品质量好				
	掌握工具动作正确但笨拙，操作动作迟缓、准确性差，有失误不知修改，作品粗糙				
	掌握工具的姿势笨拙有误，只有重复性的动作，不能完成作品				
自我感觉	自己的任务完成得很成功，主动请别人看自己的作品，并讲解作品的含义，能慷慨地将作品送人				
	对自己的作品感觉满意，但不主动展示，听到别人的称赞感到愉快，希望保留作品				
	认为不太成功，接受别人的看法，希望将作品交给老师				
	感到沮丧，对别人的反应无动于衷或者抵触，对作品去向不关心或毁掉作品				
习惯方面	有顺序有步骤地完成作品				
	步骤弄错，发现后主动纠正，完成作品				
	想到什么就做什么，混乱中完成作品，作品有缺陷				
	只完成局部，作品半途而废				
	保持工具材料的固定位置，用时取出，用后放回				
	大致保持原位置，错放后能找到				
	一片混乱，用后乱放，取时找不到				
	不敢取放，拿到什么就用什么				

注：该表是针对幼儿美术能力的等级评价表，从构思、主动性、兴趣性等9个维度评价幼儿的美术能力。每个维度都根据幼儿自身的符合程度由高到底划分为A、B、C、D 4个等级(4个等级分布对应了每个维度细分的4个条目，其中第9个维度“习惯方面”包括8个条目)，只需在每个维度后面勾选符合幼儿的等级水平即可。该表能够帮助幼儿教师或家长比较快速全面地了解幼儿的美术能力。

第三节　部分区域活动中的观察与分析

区域活动又被称为区角活动、个别化学习活动，是幼儿园学习活动的基本组织形式之一。区域活动主要是指教师通过在班级、走廊等地设置相对固定的区域，有目的、有计划地投放各种材料，让幼儿在一种自由宽松的氛围下按照自己的意愿和能力，自主选择活动主题和活动同伴，主动进行操作、探索和交往的一种活动形式。区域活动作为一种开放、自主的学习活动，它所具备的动态性和不可控性需要教师具有较强的观察能力和把控能力，促使教师在活动中通过观察、分析幼儿的表现行为从而有效地指导幼儿学习。

正如大家所知，区域活动现场中的指导要以观察及评价为前提——只有通过观察才可确定是否需要教师的指导介入以及用怎样的方式进行指导。那么，教师的观察主要观察什么内容呢？我们可以从这些方面思考：幼儿选择的内容或主题；操作材料；社交行为；言语表达；行为能力等。具体来说，从以下几点考虑①：

1. 幼儿在活动中是否能够发挥自主性和积极性；
2. 幼儿在活动区能否产生典型的活动主题及形式；
3. 幼儿的活动行为是否有一定的目的性和计划性；
4. 幼儿能否自然地遵守活动的常规和游戏的规则；
5. 幼儿能否与同伴和材料进行积极的互动；
6. 幼儿能否保持甚至创造良好的区域环境；
7. 幼儿能否满足自己生理的需要并照顾好自己。

以上几方面只是观察、评价幼儿区域活动中行为的一般参照。区域活动一般设置这些常见的区域：语言区、美工区、科学区、数学区、表演区等。教师必须根据具体区域活动的特点和幼儿发展水平的实际差异而进行观察与分析。本书将罗列部分区域的观察与分析要点。

一、语言区的观察与分析要点

语言区又称之为阅读区，是幼儿园班级中供幼儿自主阅读图书的专门区域。在班级设置适宜发展的图书角对于幼儿的早期阅读、语言表达、书写等都起着极为重要的促进作用。

---

① 丁海东. 区域活动现场中幼儿行为的观察与评价[J]. 教育导刊，2011(11).

根据《指南》中语言领域的学习与发展目标以及前一章对于语言领域方面的观察内容的表述，语言区的观察与分析要点主要从以下几方面思考：

- 幼儿是否愿意看书？能不能一页一页地翻阅书籍？看完书能不能将书籍正面朝外放回书架？
- 幼儿专注阅读的时间是多长？每次阅读时的方式方法是什么样子的？
- 对绘本画面上的内容观察是否细致？对文字是否有较强的敏感性？
- 中班幼儿能不能看图说话，能不能和好朋友一起故事接龙？大班幼儿能不能进行图书创编、续编和自制？
- 是否会爱护图书、修补图书？

二、美工区的观察与分析要点

美工区是班级常设区域，幼儿在美工区运用不同颜色、形状、大小、质地的材料，通过画、剪、贴、揉、缝等技巧，创造出不同的作品。

美工区的观察与分析要点可以从以下几点思考：

材料选择	选用了哪些材料
	是单一还是多种材料
	是有目的地选择材料还是无目的地摆弄
	在原有的搭建结构上重复运用该技能使之变宽
表征的主题	喜欢表征什么样的主题
	表征主题与幼儿已有经验的关系
工具的使用	使用了哪些工具，工具使用的情况
采用的美工表现形式	绘画、纸工、泥工、综合手工等
表现能力	作品的构图、布局、线条等
	色彩的感知和运用
	想象力和创造力
动手能力	小肌肉动作及手眼协调能力

（本表根据原福建师范大学教育学院林菁教授的讲座整理而成。）

案例 2

画樱桃

观察对象：卡洛斯(4 岁)

观察地点：美工区

观察记录：

卡洛斯指着窗子，高兴地喊道："洁白的樱桃花！刚开始的时候它们是白色的，然后是绿色的，接着是红色的、红色的、红色的，我想画下来。"他走到画架旁边，迅速抓起一件罩衣，他溜到艾萨克旁边，轻声劝他说："艾萨克，你要蓝色吗？我给你，好吗？你给我红色，因为我要画樱桃，很多红色的樱桃！"两个男孩交换了颜料罐之后，卡洛斯回到画桌前坐直了身子，满意地舒了口气，然后迅速开始，干脆利落地在罐子沿上灵活地移动刷子。他围绕着纸的外缘点上点儿。他的舌头舔着上唇，眼睛闪着光芒，肢体动作很安静但是很有力。画的红点很大，很圆，色彩饱满，并且明显可以分开。卡洛斯一边画，一边自言自语地唱歌"红樱桃，大大的，圆圆的，红樱桃！"第一幅画完成了，他请老师把画挂起来晾干。他开始像画第一幅画那样画第二幅，在纸的外缘画上许多小点儿，很快地填满了整张纸。他也使用绿色，但是颜色并不重叠。卡洛斯依然唱着小曲，画了第三幅和第四幅画。其他儿童学会了他的歌，艾萨克开始在纸上画绿点。卡洛斯一边挥着他的刷子，一边问："艾萨克，想尝尝我的樱桃吗？"他高兴且迅速地"嗖的"一下用刷子划过艾萨克的下巴，他一边大笑着一边在自己的手上点点。"我的手里满是樱桃！"他喊着。他跑进隔壁的房间，激动地对孩子们大喊："我的手里满是樱桃！"他大步走进厕所洗手，内利跟了进去，喊着："让我看看，卡洛斯。""哈，我把他们全吃掉了，"卡洛斯一边展示洗过的双手，一边得意洋洋地说。

分析：

1. 具有樱桃从开花到结果的生长过程以及樱桃的形状、颜色等外部特征的认知经验。

2. 善于运用"交换"的技巧获得自己想要的红色颜料。

3. 能运用绘画大胆表征自己想象的樱桃，并能很好地表征物体之间遮挡不重叠的关系。

4. 活动中伴随着自言自语，语言不断支持他的想象。

5. 想象力非常丰富。

6. 喜欢绘画活动，具有一定的坚持性，活动中情绪积极愉快。

7. 遵守活动的常规。

三、科学区的观察与分析要点

科学区是为幼儿提供一个自我与自主探究学习的活动区域，它为幼儿创设了自然宽松的科学探究氛围，提供了适宜的材料和探究工具。科学区一般分为两部分——自然角和科技区域，以满足幼儿的不同探究需要，尊重幼儿的好奇心，激发幼儿的探究欲望。

科学区的观察与分析要点可以从以下几点进行参考：

- 探究兴趣：幼儿是否有探究欲望？是否对动植物充满好奇？
- 认知经验：幼儿的已有经验是什么？需要哪些新建构的经验？
- 探究能力：幼儿探究的方式有哪些？猜想与验证？
- 观察能力：在探究过程中，幼儿用了哪些观察方法？特征观察、比较观察、追踪观察？
- 记录方式：幼儿是否愿意将发现记录下来，记录的方式又是什么？图画、符号、数字等？

案例 3

塑料瓶子要挤才能进水①

观察地点：科学区

观察对象：小红(　)小雅(　)

观察记录：一盆水的四周放着许多材料，有塑料瓶、积木、玻璃瓶等。小红和小雅围着水盆在猜哪些是浮起来的，哪些是沉下去的，看谁猜的对。小红拿起了一块积塑，说："是浮起来。"于是，她将塑料积塑放进去，积塑浮在水面上，"我猜对了。"小雅拿起了一块积木，说："浮起来。"也将积木投入盆里，也猜对了。就这样来回游戏了两三次，两个幼儿都猜对了。小红说："这个不好玩，我们用眼药水瓶挤水好吗？"她们开始用塑料眼药水瓶子反复挤，装满水，再挤掉，再装满水。小红说："这很奇怪的，塑料瓶子要挤才能进水，玻璃瓶子不用挤就能进水。"

老师走了过来："你们在玩什么，你们知道哪些东西会沉下去，哪些东西会浮起来了吗？"两个幼儿说："知道了。"老师："为什么呢？你们再试试看，玩一玩后想想是什么道理？"两个幼儿又玩起了她们的小实验。

---

① 本案例根据原福建师范大学教育学院林菁教授的讲座整理而成。

分析：

1. 主动参与科学探究活动。无论是“沉浮猜想活动”还是“塑料瓶挤压进水探究活动”，孩子们都能积极主动参与操作探索。

2. 能根据活动要求，大胆猜测，并进行验证。两个孩子一开始围绕着“哪些物体会浮，哪些物体会沉”进行猜想，并操作材料验证，获得沉浮概念。

3. 自发生成新游戏。当幼儿觉得“猜测沉浮”不好玩后，对眼药水瓶和玻璃瓶不同的进水现象产生了兴趣，由此自发生成了“瓶子进水”的新游戏。

4. 积极动手动脑寻找问题答案。幼儿用眼药水瓶子反复挤，装满水，再挤再装水，发现材料的性质、动作与进水间的效应。

5. 运用比较观察，并与同伴合作交流。能与同伴轮流猜想验证，合作完成“沉浮猜想”任务，共同探究“眼药水瓶进水现象”，交流分享自己的发现。

四、数学区观察与分析要点

数学区是教师有计划有目的地对幼儿施加数学影响的区域。在数学区活动中，幼儿充分利用环境和材料主动探索操作，通过感知累积和表述经验获取数学知识并促进自身发展。

在数学区的观察和分析，教师要充分掌握数学核心经验以此进行参考：

- 数学知识与技能：集合、数、数的运算、量、模式、几何形体、空间、时间
- 认知水平：注意力、记忆力、观察力、思维能力(归类、排序、判断、推理)

案例 4

九宫格①

观察对象：小明(4.9)小辉(4.9)

活动内容：九宫格

预期目标：能点数圆点卡片上的点数，并将相应的数字放在九宫格对应的位置。

活动材料：九宫格底板、数字卡、圆点卡片。

① 本案例根据原福建师范大学教育学院林菁教授的讲座整理而成。

观察内容：

小明看了一眼圆点卡片后说："2。"说完他迅速从数字卡中找出数字 2 放在了九宫格底板第一行的第一格。接着，他又看了一眼圆点卡片后说："6。"说完他就把数字 6 放在了九宫格底板第一行的第二格。就这样，小明用目测的方式按着九宫格从左到右、从上到下的顺序边看点数卡，边迅速将相应的数字放在了九宫格底板相对应 A 的位置。很快做完以后，小明来回看着圆点卡片和已经摆好的九宫格进行检查。小辉指着圆点卡片第一格，点数："1、2、3。"点数完后，他从数字卡中迅速找到数字 3 放在了九宫格底板第一行的第一格。接着，他指着圆点卡片第二格，点数："1、2、3、4、5、6。"数完以后，他从数字卡中迅速找到数字 6 放在了九宫格底板第一行第二格。就这样，小辉指着九宫格从左到右、从上到下的顺序，将相应的数字放在了九宫格底板相对应的位置。

分析：

1. 两个幼儿完成任务的速度存在差异：小明比小辉完成活动任务快。熟悉材料玩法，完成后还能迅速进行检查。

2. 点数的方式存在差异：小明是运用目测的方式进行计数；小辉全部都是用逐一点数的方式。

3. 两个幼儿均能按照九宫格的顺序进行对应和排列。

本章小结

本章为我们提供了学前儿童在学习活动中的观察指导要点，从学前儿童的学习内容、学习动机、学习环境等方面思考、观察学前儿童的学习行为。学前儿童在幼儿园一日生活中的具体的学习活动主要由集中教学活动和区域活动组成，我们可以结合《指南》中五大领域的发展目标对学前儿童的学习行为、学习水平、学习能力等进行分析，观察分析学前儿童的学习行为与发展。

复习与运用

1. 可以从哪几方面对学前儿童的学习行为进行观察？
2. 学前儿童五大领域发展指标有哪些？
3. 科学学习活动观察与分析要点是什么？

4. 请运用相关的学前儿童学习活动中的观察要点对某一个集中教学活动或区域活动进行观察记录并分析。

拓展资源

1. 上海市教育委员会. 上海市学前教育课程指南(试行稿)[M]. 上海：上海教育出版社，2017.
2. 本特森. 观察儿童——儿童行为观察记录指南[M]. 北京：人民教育出版社，2009.
3. 丁海东. 区域活动现场中幼儿行为的观察与评价[J]. 教育导刊，2011(11).

第十章　学前儿童户外活动中的行为观察与分析

学习目标：

1. 了解观察在户外活动中产生的价值。
2. 掌握户外活动观察的要点，并尝试进行观察、记录和分析。
3. 了解安吉游戏的基本理念和发展历程。
4. 通过安吉游戏在幼儿园实践案例的学习，理解安吉游戏观察与分析的基本要素。

第一节　观察学前儿童户外活动的价值与观察要点

一、观察在户外活动中的价值

说起户外活动，顾名思义，是在户外发生的活动。在幼儿园中，室外发生的一切活动，统称为户外活动。户外活动根据活动性质不同，可以分为户外体育活动和户外游戏活动(玩沙、玩水、角色扮演等)；根据活动组织形式不同，可以分为自由活动(个人或小组活动)和集中活动；根据是否使用器械，可以分为徒手活动和器械活动。因户外活动中的一些游戏活动与其他章节有重合，因此，本章的户外活动主要围绕户外体育活动展开讨论。

《3—6岁儿童学习与发展指南》中明确提出："幼儿每天的户外活动时间一般不少于2小时，其中体育活动时间不少于1小时，季节交替时要坚持。"可见，户外活动对幼儿的身心发展尤为重要。户外活动可以增强幼儿体质。有研究表明①，经常参加户外活动的幼儿患各种流行病的几率会小一些，即使患病也会比不常参加户外活动的幼儿康复得快；户外活动往往要求幼儿遵守规则、合作互助、解决问题，有助于幼儿的社会性发展。比如，幼儿在玩跳皮筋、打沙包的游戏时，必须要相互合作、轮流、遵守规则，游戏才能顺利开展；户外活动还可以培养幼儿良好的品质。比如，勇敢、坚持、不放弃、接受挑战等良好品质。不仅如此，《幼儿园教育指导纲要(试行)》中也明确规定，幼儿园应“开展丰富多彩的户外游戏及体育活动，培养幼儿参加体育活动的兴趣和习惯，增强体质，提高对环境的适应能力”。户外活动如此重要，户外时间如此之长，作为老师，我们应该做些什么呢？首先，应该为幼儿的户外活动提供充足的游戏材料和适宜的活动场地。其次，在户外活动过程中，为幼儿的动作发展和社会发展提供适宜的帮助。最后，活动结束，教师根据幼儿表现进行分析调整，以便于下次更好地开展活动。老师如何才能做到上述的活动支持呢？最行之有效的方法莫过于观察。

通过观察，了解幼儿活动的情况，提供安全方面的指导。针对幼儿的年龄特点，幼儿园教育是保教并重的，在户外活动中，安全也是非常重要的。户外活动时，幼儿活动的场所较室内更广阔，活动的不可控因素更多，教师通过观察，能够了解幼儿的活动情况，当幼儿出现突发问题，存在安全隐患时，教师能及时指导，确保幼儿的安全。

通过观察，了解幼儿活动的需求，提供适宜的材料和场地。在幼儿园实践中，户外场地布置和活动材料提供多以教师为主，而这些活动材料能不能有效支持幼儿活动的需要，都需要教师细致的观察。教师通过观察，能够了解幼儿实际游戏情况，根据他们的实际发展需要，调整场地设置和材料提供。

通过观察，了解幼儿的动作发展水平，提供有针对性的帮助。户外体育活动以促进幼儿动作发展，增强体质为主要目的。教师通过观察，能够了解幼儿动作发展水平现状，针对幼儿动作发展的问题，进行语言讲解、动作示范等有针对性的指导，提高其动作发展水平。

通过观察，了解幼儿的个体差异，并进行个性化指导。幼儿的发展具有阶段性的特点，在同一时间点，同一班级幼儿的发展水平并不相同，动作发展也是如此。活动中，教师通过观察，能够了解幼儿的个体差异，可以从目标要求、材料提供等方面搭建不同的阶梯，以满足不同幼儿的个性化发展需要。

案例 1

案例背景：中班户外活动开始了，孩子们在户外自由活动。活动结束后，

① 罗秋英. 儿童行为观察与指导[M]. 上海：复旦大学出版社，2019：73.

园部领导来常规检查，并询问带班老师一个问题：刚才户外活动效果怎么样？

教师A：挺好的，没有出安全问题。

教师B：挺好的，幼儿能够自主游戏。有的选择攀爬区，有的选择投掷区，还有的小朋友在玩老鹰抓小鸡的游戏。幼儿能够投入游戏，兴趣度高。

教师C：整体来说，幼儿能够自主选择同伴和材料，自主选择玩法，自主性比较高，也没有出现安全问题。但在力量和耐力的发展上存在一定的差异。比如，吊环区，丽丽双手抓握吊环能悬空20秒，牛牛10秒，晶晶根本没办法悬空。这个差距还是挺大的。接下来的活动，我会针对晶晶手部力量的发展设置一些小游戏，同时跟她父母反馈一下这个问题；还有，今天的攀爬区对幼儿来说没有挑战性。幼儿很快就从第一层爬到第五层，很多小朋友玩过一遍就不想玩了。接下来，会跟班级老师讨论一下，调整材料。

同样是组织户外活动，有的老师只关注安全问题，有的老师关注自主性，有的老师不仅给予幼儿宽松安全的户外活动氛围，还能为幼儿的身心发展提供帮助。如果你是园领导，你更认可哪位老师？如果你是老师，你更愿意成为哪位老师呢？户外场地涉及范围之大，户外活动涉及人数之多，如果老师的目光仅仅关注幼儿的安全问题，那将会错失很多幼儿发展的瞬间和可能性。维果茨基的社会文化历史理论启示我们，教学要走在发展的前面。教师只有通过观察了解幼儿的已有水平及发展的可能性，并在此基础上给予材料或经验支持，户外活动才能够彰显其价值。

二、户外活动观察流程

户外活动的组织与实施，因园而异。有的幼儿园划分活动区（比如，集体活动区、大型组合运动器械区、车区、球场、玩沙区、玩水区、平衡区、种植区、建构区、绿地），孩子们分区活动；有的幼儿园混龄游戏，户外活动开始，想玩哪里玩哪里；有的幼儿园根据年龄段分化场地创设环境，小班场地、中班场地、大班场地；有的幼儿园循环体游，户外活动开始，幼儿依次玩过所有的场地和器械。

我们可以试想一下：如此宏大的户外活动场面，老师应该如何着手观察呢？

首先，明确观察目的。针对班级户外活动情况，明确每次户外活动的观察目的。可以从幼儿的动作发展入手，也可以从社会性发展入手，还可以从幼儿与材料的互动上入手。当然，户外活动的时候老师也可以选择随机观察，通过轶事记录法，了解幼儿的户外活动情况。

其次，确定观察对象。可以是个人，可以是小组，也可以是集体。

再次，根据观察目的和观察对象，选择适宜的观察方法。以观察幼儿单脚站立的动

作发展水平为例，设计观察记录表。（见表 10-1）

表 10-1　小一班幼儿动作发展水平——单脚站立达标水平检核表

幼儿名称	评价指标	幼儿表现	评价（✓ ✕）
1	持续 10s 以上	10s	
2		12s	
3		5s	
4		7s	
5		9s	
…		11s	

最后，根据记录的观察内容，进行幼儿行为分析并提出推进建议。

案例 2

观察赫赫跳绳

观察目的：了解赫赫跳绳现状

观察对象：赫赫，5 岁，大班

观察实录：

户外活动时间到了，今天的活动内容是练习跳绳，经过 2 个多月的练习，班上大部分幼儿都能连续跳 5 个以上，个别能力强的幼儿能连续跳 20～30 个。当小朋友们都开始跳绳的时候，只有赫赫呆呆地站在原地，因为赫赫现在还不会跳绳，所以他垂头丧气地拨弄着跳绳，丝毫没有练习的迹象。

我走过去，对他说：“赫赫，咱们跳绳吧？”赫赫没有回答，只是撅着小嘴摇了摇头。

“没关系，老师小时候学跳绳也学了好长时间呢，跳绳的确有点难，不过经过练习肯定都能学会，赫赫你这么聪明肯定没问题，来，我们俩一起跳。”

这时赫赫才勉勉强强跟着我一起来到操场中间。我先带领赫赫分别练习手和脚的动作：双脚并拢起跳，起跳同时拍手，让赫赫感受跳绳时的节奏；再来练习抡绳，双手握绳柄，手腕带动小臂，从后向前抡圆甩绳。经过几次练习，赫赫已经基本掌握动作要领，我便带着他两人一起套跳，由我操作跳绳赫赫空着手，先练习跳，我边抡绳边喊着口号引导赫赫起跳，经过几分钟的练习赫赫套跳跳过了好几次，获得了成功的喜悦。这时，他自己也跃跃欲试，于是我将跳绳给他，让他自己练习，开始的时候还是跳不过去，绳子抡过去，脚的动作跟不上，起跳总是慢一步，绳子就被脚给绊住了，不过他显然没有刚才的抵触情绪了，反复练习3、4分钟之后，他终于找准节奏自己跳过一个绳了，他就这样一个一个地练习着。虽然还不能连续跳，但我相信找到“感觉”的赫赫，经过练习，很快就会连续跳绳了。

观察分析：

从上述案例中，我们可以看出，赫赫跳绳的动作发展明显低于同龄幼儿的平均水平。动作的发展影响了他参与活动的积极性，所以刚开始的时候，赫赫对跳绳活动是不参与的，抵触的。教师对赫赫跳绳的指导分了四个层次：语言激励—分解动作指导—带着赫赫合作跳绳——独立练习。在和老师一起跳绳的过程中，赫赫得到了成功的体验，对跳绳活动也“跃跃欲试”了，活动结束的时候，能独立跳过一个绳。跳绳有助于幼儿身体协调性的发展和毅力的形成，但幼儿学习跳绳并非易事，需要成人多种方法的引导和积极的鼓励，在这一案例中，教师对赫赫的引导恰当、有效。

推进策略：

1. 关注赫赫跳绳动作的发展，做跟进观察分析和指导。

2. 做一个全班幼儿的跳绳统计图，关注不同幼儿的不同发展水平，因材施教，循序渐进，不以一把尺子衡量所有幼儿，要让每一名幼儿在自身基础上有所提升。

（本案例来源于：青岛市李沧区金川路幼儿园 苏小萌老师）

第二节　户外体育活动中的观察与分析

户外体育活动是幼儿园体育活动的重要组成形式之一，主要是指户外开展的、以提供丰富多样的运动器械、满足幼儿运动需要为基本特征的一种幼儿园体育活动的组织形式。① 它不同于集体体育教学活动，具备以下特点：选择自主性、环境开放性、内容丰

① 张首文，白秋红. 幼儿园体育活动设计与指导[M]. 北京：人民邮电出版社，2018(08)：174.

富性、人际交往互动性。在幼儿的一日生活中，户外体育活动是幼儿最喜欢、最期盼的活动之一。它能够让幼儿呼吸新鲜空气，感受阳光，身心舒畅；丰富的材料和充足的场地以及富有挑战性的活动内容可以促进幼儿动作、能力以及意志等方面的发展；幼儿能够自由自主地选择游戏伙伴、内容和材料，促进其社会性的发展。总的来说，户外体育活动不仅能够锻炼幼儿身体、增强体质，还能激发幼儿对运动的兴趣、培养良好的运动习惯及坚持不放弃、勇敢自信的良好品质。然而，在教学一线，因教师缺乏观察的意识和方法，导致户外体育活动变成了传说中的“放羊”，其教育功能被大打折扣。

一、教师必须要树立观察的意识

在户外体育活动中，教师必须进一步明确自己是幼儿学习发展的支持者、引导者的身份，树立观察意识，通过观察捕捉幼儿发展中存在的问题以及发展的可能性，引导、支持幼儿进一步提升与发展。然而在教学一线，户外活动的时候，我们常会看到这样的场景：幼儿玩自己的，老师静静地看着，活动结束的音乐响起，教师把幼儿集中起来，今天的活动就结束了；幼儿玩自己的，老师们专注幼儿的安全问题，一发现安全隐患就介入干预；老师和小部分幼儿一起玩，忽略其他幼儿。户外体育活动时间，幼儿变成了“放羊”，老师变成了“休息时间”。美国教育专家 Janice J. Beat 说，“对幼儿的了解和理解是一个神奇的过程。如果仅仅是和幼儿在一起，即便终其一生，其对幼儿了解的深度，也不及对幼儿片刻的客观观察和记录。”①所以，教师要在一日生活中的每一个环节树立观察的意识，客观记录幼儿行为，更客观、更深入地了解和评价幼儿，为幼儿的学习与发展提供适宜的支持策略。

二、教师需要具备一定的体育素养

体育素养是在先天遗传因素的基础上，通过后天环境与体育教育影响所产生的，它包括体育知识、体育意识、体育行为、体质水平、体育技能、体育品质、体育个性等方面要素的综合体育素质与修养。② 教师作为幼儿体育活动的组织者、引导者，其具备一定的体育素养，对幼儿体育能力的发展具有重要的作用。在教学一线，我们常常会听到老师反馈“不懂得幼儿的发展水平是什么层次”“不知道幼儿的运动技能有哪些”。作为老师，我们应该了解哪些幼儿在体能发展上的基本要求呢？下面的表格会给大家提供一定的支架。

① 王冬梅. 教师怎样了解幼儿[M]. 北京：中国轻工业出版社，2016(03)：82.
② 方莉梅. 提升幼儿园教师体育素养之策略研究[J]. 吉林教育(教研)，2015(06)：154.

表 10-2　3—6 岁幼儿动作发展检核表

核心项目	3—4 岁发展水平	4—5 岁发展水平	5—6 岁发展水平
具有一定的平衡能力、运动协调、灵敏	能沿地面直线或在较窄的低矮物体上走一段距离	能在较窄的低矮物上平稳地走一段距离	能在斜坡、荡桥和有一定间隔的物体上较平稳地行走
	能双脚灵活交替上下楼梯	能以匍匐、膝盖悬空的方式钻爬	能以手脚并用的方式安全地爬过攀登架、网等
	能身体平稳地双脚连续往前跳	能助跑跨跳过一定距离，或助跑跨跳过一定高度的物体	能连续跳绳
	分散跑时能逃避他人的碰撞	能与他人玩追逐、躲闪跑的游戏	能躲避他人滚过来的球或扔过来的沙包
	能双手向上抛球	能连续自抛自接球	能连续拍球
具有一定的力量和耐力	能双手抓杠悬空吊起 10 秒左右	能双手抓杠悬空吊起 15 秒左右	能双手抓杠悬空吊起 20 秒左右
	能单手把沙包向前投掷 2 米左右	能单手把沙包向前投掷 4 米左右	能单手把沙包向前投掷 5 米左右
	能单脚连续向前跳 2 米左右	能单脚连续向前跳 5 米左右	能单脚连续向前跳 5 米左右
	能快跑 15 米左右	能快跑 20 米左右	能快跑 20 米左右
	能行走 1 千米左右(途中可适当停歇)	能行走 1.5 千米左右(途中可适当停歇)	能行走 1.5 千米以上(途中可适当停歇)

(本表根据《3—6 岁儿童学习与发展指南》健康领域内容整理)

还可参考一些等级评定的案例对幼儿的运动素质进行评定。

表 10-3　幼儿运动素质评价表(踢球活动中)①

运动素质	等级 1	等级 2	等级 3
学习动作技能	不能掌握动作技能	基本掌握动作技能	完全掌握动作技能
速度素质	20 米跑 4.2 秒以上	20 米跑 3.1~4.1 秒	20 米跑 3.0 秒及以内

① 王淑琴，郭丽璟，王莹莹. 幼儿体育教育活动创新设计[M]. 杭州：浙江大学出版社，2015(10)：87.

续表

运动素质	等级 1	等级 2	等级 3
耐力素质	单脚站立 30 秒以内	单脚站立 30~50 秒	单脚站立 60 秒以上
灵敏素质	左右跳 10 次/20 秒以内	左右跳 10~14 次/20 秒	左右跳 15 次/20 秒
主动性	旁观别人或经别人提醒再参加活动	观察别人活动后再进行活动	很快参加活动
积极性	需经常提醒，注意力分散	需要别人提醒进行练习	不需要别人提醒，积极活动，兴趣高
独立性	即使自己会踢，也要别人帮忙	自己不会踢或踢不好时，要请别人帮忙	不管会不会踢，都不喜欢别人帮忙
创造性	完全模仿他人动作	能自己探索一二种方法	学习新动作时，敢于尝试，能探索三种以上方法

三、户外体育活动的观察与分析要点

户外体育活动中除了涉及幼儿动作发展以外，还涉及幼儿材料的选择互动、同伴的交往等问题。所以，在开展户外体育活动的时候，我们可以围绕以下几个方面进行观察与分析。

表 10-4 户外体育活动的观察与分析要点

运动技能	粗大动作(走、跑、跳、钻、爬、旋转、支撑、悬吊、推拉、抛接)
	力量的耐力
	平衡性、协调性、灵活性
运动器械的使用	是否掌握常规的玩法
	是否有创造性玩法
个性品质	勇敢
	不怕困难
	自信等
安全意识和自我保护能力	

续表

社会交往	社会性发展水平（无所事事、旁观、独自游戏、平行游戏、联合游戏、合作游戏）
	交往情况（主动加入或者发起、被动应邀）
	交往技能（友好提出请求、交换玩具、想办法吸引、轮流分享）
	合作情况（小领袖、积极分子、服从者）
	冲突解决（听从劝解、寻求帮助、自行协商）
	沟通能力（倾听、不愿倾听）
情绪情感	成功的积极体验
	失败的消极体验
遵守规则	任务意识
	规则意识
	遵守规则意识（自律、他律）
	材料的爱护、整理、摆放
	自我控制
语言表达	有序、连贯、清晰、生动
材料选择	高结构、低结构、非结构
活动选择	果断还是犹豫、独立还是服从、选择后坚持还是不断更换材料

（本表根据原福建师范大学教育学院林菁教授的讲座整理而成）

四、户外体育活动观察分析实录

（一）检核法记录表

案例 3

观察对象：晨晨（4 岁幼儿（男））
观察情境：运动会选拔
观察时间：10 月 20 日
观察者：王老师①

① 何慧华，王英杰. 幼儿行为观察与评估[M]. 北京：中国人民大学出版社，2018(03)：51.

表 10-5　小班幼儿体育活动能力观察记录表

项目	体育行为表现	适应程度				
		5	4	3	2	1
15 米赛跑	能听从老师口令	5				
	能知道终点位置	5				
	能加速前进并且不摔跤			3		
兔子跳	能模仿老师的动作		4			
	能坚持跳到终点	5				
	能积极参加		4			
	有较强的跳跃能力			3		
平衡	能勇敢地在平衡木上走					1
	姿势准确					1
	能走到终点					1
大象爬	姿势准确				2	
	能按照老师的要求去做		4			

注：5＝做得非常好，4＝做得很好，3＝大部分做到，2＝很少做到，1＝无法做到

分析：从上面结果可以看出，晨晨小朋友参与体育活动的积极性很高，听从老师指挥，能坚持，但是他的大肌肉动作发展得不是很好，跑步和跳跃能力一般，保持平衡能力很差。

（二）轶事记录法

案例 4

跨越不可能

观察对象：中班幼儿

观察目的：观察幼儿大肌肉动作的发展情况。具体观察幼儿跨栏跑的动作、双腿的协调与配合及遇到困难时的意志品质。

观察记录：

户外活动时，老师组织了一节体育活动——跨栏跑。孩子们在助跑一段距

离后，需要一只脚用力往前带动另一只脚跨越栏杆，共需跨越八个栏杆（栏杆与栏杆之间的间距在8m左右），相邻栏杆之间的高矮不一（栏杆高度在20cm~50cm）。老师示范跨栏动作后，孩子们排队依次跨跑。俊恺第一个尝试，他的动作比较标准，这对热爱运动的他来说显然不是一件难事。排在他后面的几位小朋友跨跑也比较顺利，轮到一诚的时候就没那么轻松了，前面几个矮的栏杆他蹦着跳着勉强过得去，可到了最高的栏杆（大概50cm）面前他却犯了愁，跑到跟前直接从侧面绕了过去。老师看到后提醒了他，他退了回来再次尝试。再次尝试时他眼看就要跨过去了，可到了栏杆前又紧急刹住了车，只见他双脚并拢，双腿屈膝试图再次跳过去，可还没起跳便调整了自己的动作，他用手抓住栏杆，尝试一只脚迈过去着地后另一只脚再跟过去，这次虽然过去了可是却很吃力。一诚接着用同样的方法迈过两个栏杆后有点坚持不下去了，嘴里不停地嘟囔着："太没意思了，一点也不好玩！"说着他便想离开场地。这时老师走了过来对他说："还有三个栏杆就完成了，老师和你一起跨过去好不好？我们可不能中途放弃呀！"说着，老师便拉起了他的手退到栏杆的左侧做准备，在没有障碍物的跑道上练习。助跑前对他说："我们先在栏杆的旁边练习跨越，虽然跑道上没有栏杆，但是我们要想办法跨得比旁边的栏杆高，记住起跑速度要快，跨跳要有力，我们一起来试试好吗？"一诚犹豫地点了点头，老师鼓励道："这次没有栏杆，你肯定能跨过去的！我数1、2、3我们一起跑！"他跟在老师的后边模仿着老师的动作，用一条腿带动另一条腿跨越，虽然跨得不高，但是已经基本掌握了跨跳的动作要领。老师鼓励一诚："对！非常好！就是这样的跨跳动作！还有两个栏杆，试试最高能跨到哪儿？"一诚跟着老师连续跨越了后面两个栏杆，高度都在老师设置的栏杆高度之上，老师表扬了他的努力和坚持，一诚高兴极了，在跑道旁练习了三轮后老师对他说："我们去试试跨越真正的栏杆怎么样？"这一次一诚没有了刚才的胆怯，跨栏时已经完全掌握了跨栏的动作要领。

行为分析：

1. 在动作的发展上。初次尝试时，俊恺和排在他身后的几位小朋友助跑跨跳的动作比较标准，说明他们双腿的协调与配合较好，大肌肉动作发展良好。而一诚在初次跨跳时出现了困难，尝试过不同的方式跨越栏杆可结果都不理想，后来经过教师的示范与指导后反复练习掌握了跨跳的动作要领。说明他缺乏正确的跨跳技巧和方法，双腿的协调与配合需要经过不断地练习来加强。

2. 在规则的执行上。一诚到了最高的栏杆面前直接从侧面绕了过去，违反了跨栏的规则，但经老师提醒后，他能约束自己的行为遵守规则，说明一诚对游戏规则没有内化于心，遇到困难和挑战时容易出现违规行为，需要成人的监督与提醒。这一点也反映了他平常在一日生活中的表现，班级和各项活动中的规则有时也需要老师反复提醒。

3. 在遇到困难时的意志品质上。观察发现，一诚在开始时遇到困难能想办法用不同的方式跨越栏杆，一开始用“跳”的方式，到后来发现跳不过去又改用“迈”的方式。虽然中间出现了一次违规行为，但是经过老师的提醒后能够迅速调整重新进入到活动中，在困难面前呈现出积极动脑，想办法克服的状态。只不过在反复尝试几次都不能轻松地完成跨栏动作后便有了放弃的念头。当幼儿反复尝试一件事总是失败的时候，便容易对自己产生怀疑，这个时候如果没有老师恰当的支持和引导极易使孩子丧失参与活动的积极性，放弃继续尝试的勇气和信心，陷入“习得性无助”的心理状态中，而这个时候的一诚正在向这种状态迈进。案例中教师敏锐地察觉到孩子的这一情绪，通过各种支持策略使一诚拥有坚持下去的信心。

4. 在教师的支持策略上。教师发现一诚对该活动丧失兴趣后立即介入，通过以下四种方式来重拾一诚跨栏的信心。(1)降低活动的难度。观察中发现，一诚是有能力跨越栏杆的，反复尝试失败的主要原因是他较难跨越心中给自己设置的障碍——不相信自己可以“跨”过去。因此，教师将栏杆这一障碍物去除，让一诚在没有栏杆的约束下达到一定的跨越高度后再增加栏杆这一障碍。将活动难度进行细化，接近幼儿的最近发展区后再一步一步实现目标。(2)教师的帮助与示范。观察学习是幼儿最主要的学习方式，教师在幼儿跨跑前进行正确的动作示范，幼儿观察后进行模仿，有利于幼儿快速掌握动作要领。(3)教师言语上的鼓励和支持。在幼儿跨跑前教师总结跨跑要领：“起跑速度快，跨跳要有力”为幼儿掌握跨跳技巧提供支持。在跨跑的过程中，教师不断用积极的语言反馈一诚的动作，通过语言的鼓励让一诚看到自己的进步，增强他的自信心。(4)教师的非言语支持。在幼儿丧失活动的兴趣时，教师拉起幼儿的手，让他感受到了老师的关心。跨越栏杆时教师故意跳得矮了点，有利于幼儿顺利跨越栏杆的高度，增强他通过努力取得进步的喜悦。

推进策略：

由于幼儿身高、体重等身体发育的状态不同，动作发展水平也不一致，因此，同样的跨栏高度对不同的幼儿来说，难度不同。这次活动中，虽然跑道上跨栏的高度是从低到高逐步递增的，但是对每一位幼儿来说，练习的标准是统一的。俊凯面对这些栏杆高度时，没有任何难度，一诚面对这些栏杆时，难度又太大。后期可以设置难度不同的跑道，摆放高度不一的跨栏，以符合不同幼儿的发展水平，让幼儿自主选择，让他们都能找到“跳跳脚就能达到”的难度，以符合每位幼儿的最近发展区，让活动材料最大化地支持他们的动作发展。

（本案例来源于：青岛市李沧区金川路幼儿园，王璐莎老师。）

第三节　安吉户外游戏的观察与分析案例集锦

一、安吉游戏产生的背景

“以游戏为幼儿园的基本活动”这一理念在中国幼儿教育领域已提出若干年，但受以传授知识为目的的中国传统教育观念的影响，儿童成了幼儿园小学化的牺牲品。随着《幼儿园教育指导纲要》和《3—6 岁儿童学习与发展指南》的颁布和实施，学前教育开始了“去小学化”的改革和探索之路，但依然没有从根本上解决儿童观、教育观和课程观的问题。随着社会、经济、科技以及自然世界的迅猛发展，对人的要求和培养方式提出了更高、更新的要求。安吉幼教在 20 年的实践探索中，遵循着属于自己的逻辑和节奏，创造出了自成一格的孩子世界，开创了在今天中国幼教中独一无二的安吉幼儿教育模式。

二、安吉游戏的理念和关键词

游戏是儿童的天性，“放手游戏、发现儿童”是追寻学前教育真谛的逻辑起点。安吉游戏是一种以“让游戏点亮孩子的生命”为信念，“以游戏为基本活动”的幼儿教育模式。在自由自在的游戏与生活中培养儿童积极的自我意识、自主行动、自我管理的能力，批判性思维与问题解决、交流与合作、创造与创新等能力，为儿童的自然成长和教师专业发展开辟了一种全新的教育模式。

爱。爱是一切有意义关系的基础，只有在真心支持自由和自我表达的环境中才有真学习，爱让教师与儿童建立互信关系。在安吉游戏爱的文化中，儿童放心地体验身体、情感、社会和智力上的冒险，不断发现、好奇、提出见解。爱的生态定义着幼儿园及其社区生活，并影响着每一位儿童、教师、家长和社区成员。

冒险。没有冒险，就没有解决问题的能力；没有解决问题，就没有学习。在安吉游戏环境中，冒险的含义就是根据自己的条件和选择去探索未知。儿童接触并享受物理的、社会的、智力的冒险。儿童有最大的机会去探索并突破自己能力的极限，不断鼓足勇气，不断在自己掌控的物理和社会环境中解决问题。

喜悦。喜悦是儿童自主参与、自己调整游戏难度以及有价值地反思的结果。安吉游戏中的儿童有足够的空间和时间，以自己的方式和节奏成长，在探究和发现中不断体验“哇！我做到了”的喜悦。安吉幼教工作者评估每日课程的标准之一，就是儿童在活动中是否达到喜悦的状态，或介于这两者之间。喜悦可以以言语、行动、态度和其他各种表达方式传递。

投入。真正的投入产生于儿童充满激情的探索和发现物理世界与社会的过程中。安吉游戏赋予儿童最大程度的自由，让儿童能够充分地探索、体验周围的世界。对儿童而言，这使得他们获得在开放空间运动的能力，接触有趣的、未知的或充满挑战的环境，并放心大胆地置身其中。投入为探索和学习的旅程提供源源不断的动力和能量。

反思。反思在将“经历”转化为“知识”的过程中起着关键性作用。安吉游戏注重将反思整合在儿童的一日生活中。在教师、家长、材料和环境的支持下，儿童每天有机会以多种方式反映和表达他们在一日生活中的经验，认识和反思自己的经历，理解自己的经验。这些机会促使儿童进一步探索，从而培养他们的洞察力和深度发现的能力，创造他们持久的学习以及不断发展的知识体系。

三、安吉游戏的发展历程

安吉游戏将课程改革和教师成长紧密结合、分步实施，将观察与解读儿童的能力作为教师的核心素养，将游戏作为培养这一核心素养的重要途径，用最大程度的自由和最小程度的干预来实现解放儿童的目标，开启一场把游戏的权利归还给儿童的真游戏改革，并不断寻找幼儿教师的专业定位，从 2007 年至今，安吉游戏经历了三个阶段。

(一) 放手游戏、发现儿童、改变儿童观

1. 提供可移动、可组合的游戏材料，让儿童有东西玩。首先，游戏材料必须是自然生态、可反复使用、不必经常更换的；其次，游戏材料须由幼儿园层面统一规划投放，能够满足不同年龄段儿童的游戏需求；第三，游戏材料必须是儿童可以自主掌控，有无限玩法的；第四，游戏材料的收纳整理及游戏过程中的护理工作，必须支持儿童自主完成。

2. 创设低结构、开放和多种特征的游戏环境，让儿童有地方玩。首先，扩大游戏场地面积，通过拆除玩法固定且单一的大型玩具、打通场地分割、改造利用观赏性绿化空间等方式，让幼儿园的每个角落都成为儿童游戏可用的空间。其次，增加幼儿园游戏场地中的自然元素，使儿童在自然中学习。第三，创设丰富的地形特征，为游戏提供更

多变化因素，使儿童有机会不断挑战自己的能力极限。第四，去除游戏场地的功能限制，解除游戏场地的特征与玩什么之间的固定联系，让儿童在场地上完全自主、尽情游戏。

3. 保障游戏时间和游戏权利，让儿童每天都有充足的时间充分自主地游戏。调整幼儿园一日生活的时间安排，保障幼儿每天一个小时以上的连续自主游戏的时间，保证儿童对游戏材料的探索、游戏玩法的掌控、游戏场景的建构等都能尽情尽兴。

4. 放手游戏，从园长到教师都应认识到儿童是主动的、有能力的学习者。提出了“闭住嘴，管住手，睁大眼，竖起耳”的要求，鼓励教师用谦逊的态度去发现儿童的游戏需求。教师们也在观察儿童游戏、回忆自己童年游戏的过程中，看到了“了不起的儿童”，由衷地爱儿童，更新了儿童观。

5. 让家长成为真游戏革命的“同盟军”。在接纳家长的心态、理解他们的担忧和需要的同时，通过邀请家长参与观察和解读游戏等工作，让家长在亲身体验和实地观察中理解游戏的价值，引导家长参与儿童的多种游戏与反思活动。

（二）看懂游戏、理解儿童、改变教育观

广泛开展有关观察、解读游戏的教师培训，通过组织教师边实践边撰写游戏观察案例，开展多层次、多形式的案例剖析、分享等研训活动，创设了一套观察与反思的培训系统。培训教师关注儿童在开放的环境和材料中是如何进行游戏的，学习去客观记录和分析儿童的游戏，同步开展家长培训，引领家长发现儿童游戏中的学习，认同游戏是儿童特有的学习方式。帮助教师逐步建立“儿童在前、教师在后”的教育观。儿童在游戏中发现世界，教师在放手游戏和观察游戏的过程中发现儿童的发现，教师和儿童共同学习、相互促进、共同成长，从而建立了安吉游戏课程中新型的师幼关系。

（三）回应游戏、追随儿童、改变课程观

教育观的转变和全新的师幼关系的建立，让园长、教师们开始主动反思传统的集体教学和教材的有效性问题。教师开始真正明白游戏和生活中的点滴都是宝贵的课程资源，课程观发生了真正意义上的改变，断然扔掉了教材这个拐杖，建立了一日生活皆课程的大课程观。对儿童的学习、师幼关系和教师作用的重新定义带来了教师日常教学工作的重新定义。即观察——发现儿童的发现；倾听——记录儿童的记录；对话——个别对话和集体对话，获取儿童学习与发展信息，支持儿童的发展。

四、安吉游戏实践案例

云南省楚雄彝族自治州幼儿园自 2017 年 12 月加入“安吉游戏”教育模式以来，从环境改造、教学管理、教师培训和实践等方面进行了改革，取得了一定的效果。

(一)安吉游戏的环境打造

云南省楚雄彝族自治州幼儿园立足于儿童视角，因地制宜，遵循“去颜色、去塑料、亲自然、近生活、重艺术”的原则，树立和践行有安全、有美感、有儿童、有课程的理念，着力打造和优化幼儿可感可知的自然环境，引导和支持孩子们与环境积极互动，在玩中乐、玩中思、玩中变，培养健康活泼、好奇探究、自信勇敢、文明乐群的儿童。

首先做的是减法，拆除高结构的大型玩具，铲除观赏区的灌木。其次是资源整合、提升改造，打造室内外一体化教室、走廊、户外游戏区三个维度的游戏环境。室内添置了隔断柜，更换了可随意组合的实木桌椅，改造了室外走廊，将空间有效地进行拓展和延伸。按照因地制宜、安全有序的原则对幼儿园的室外活动环境进行重新规划创设。

宽敞开阔的区域设置为体能游戏区(图 10-1、图 10-2、图 10-3)

图 10-1　体能游戏区

图 10-2　幼儿在体能区进行安吉桶游戏

图 10-3　幼儿在体能区游戏

建构游戏区(图 10-4、图 10-5)

图 10-4　建构游戏区

图 10-5　幼儿在进行建构游戏

交通游戏区(图 10-6、图 10-7、图 10-8)，支持幼儿的挑战、探索和冒险。

图 10-6　交通游戏区

图 10-7　幼儿在交通区游戏

图 10-8　幼儿在交通区游戏

有树有物、有运动器械的区域设置为探索游戏区(图 10-9、图 10-10、图 10-11)

图 10-9　探索游戏区

图 10-10　探索游戏区

图 10-11　探索游戏区

野战游戏区(图 10-12、图 10-13、图 10-14)，支持幼儿观察探究、反思和分享。

图 10-12　野战游戏区

图 10-13　野战游戏区

图 10-14　幼儿在野战区游戏

相对安静的角落设置为生活体验区(图 10-15、图 10-16)

图 10-15　生活体验区

图 10-16　幼儿在生活区游戏

涂鸦游戏区(图 10-17、图 10-18、图 10-19)

图 10-17　涂鸦游戏区

图 10-18　涂鸦游戏区

图 10-19　幼儿在进行涂鸦游戏

沙水游戏区(图 10-20、图 10-21、图 10-22)，支持幼儿的体验和创造，最大限度地实现资源的有效利用。

图 10-20　沙水游戏区

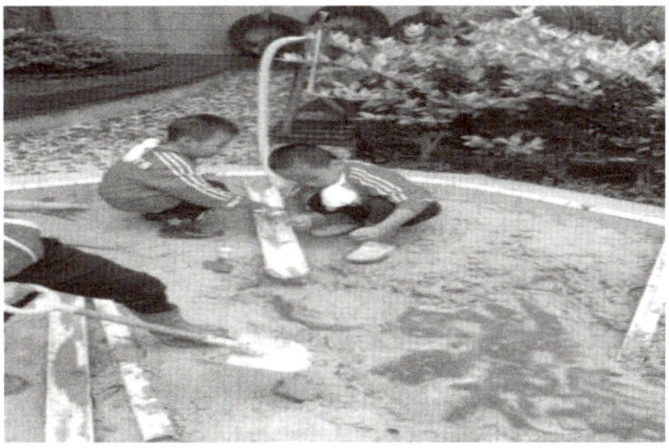

图 10-21　幼儿在进行玩沙游戏

图 10-22　幼儿在进行玩水游戏

（二）安吉游戏的教学管理

1. 游戏时间的优化

根据《3—6 岁儿童学习与发展指南》和《幼儿园工作规程》的规范和精神，对照《云南省幼儿园保教工作指导手册》的相关要求，充分考虑气候、场地以及实际情况，对幼儿一日活动时间进行了六次修订，巧妙地利用了过渡环节，确保了每天 2 小时的幼儿游戏活动的时间。对全园教职工的工作时间也进行了相应的调整，保证了幼儿游戏活动时间教师有效的观察指导。

2. 游戏质量的优化

游戏之于孩子是玩，之于教师是教育，之于教育就是发展。积极推进主题背景下的室内游戏区域活动，重点解决主题-目标-活动三位一体的课程模式，帮助广大教师树立目标在心中、孩子在眼中、活动在手中的意识和能力。而室外游戏则要求老师深入游戏现场，认真分析孩子在游戏中的想法和观点，通过支持孩子去尝试或提出更有深度的问题让他们去探究，将孩子的游戏引向深入，从中获得更有意义的学习。

3. 安吉游戏的园本教研

针对游戏实施过程中预设目标与过程目标难以整合，游戏中对提升幼儿学习的关注、思考不足的问题，保持幼儿持续活动兴趣的策略方法的贫乏，以及对评价认识片面、缺乏基于幼儿的评价方式等问题，楚雄彝族自治州幼儿园的园本教研采用小步递进的方法，开展深度的案例式教研，引导教师将孩子在游戏与学习中的亮点、问题和困惑记录下来，与孩子一起分享，解读他们在游戏场景和现场背后的行为，并及时进行甄别和回应。帮助教师养成观察的习惯、掌握观察记录的技巧，真正读懂孩子。激发他们创生与创新的能力，助推指导与评价的能力，历练反思与提升的能力。另外，通过游戏故事与家长进行交流，让家长看到孩子在游戏过程中的成长，了解教师对孩子游戏能力提升的支持策略，取得家长对游戏改革的认同和支持。

助推教师专业成长的教研主题和经历：

①聚焦观察；②观察记录规范要求；③区域游戏中的环境创设；④放手游戏；⑤看视频撰写观察记录；⑥户外自主游戏现场观摩；⑦集体教学与游戏；⑧游戏中的观察与介入；⑨过渡环节中的游戏；⑩我的教育故事。

（三）安吉游戏的观察记录

1. 第一步，要求教师学会放手，让孩子自行选择游戏片段；摒弃主观意识，采用白描的方法，客观、完整、翔实进行记录。

案例 1

趣味传球

楚雄彝族自治州幼儿园 李加琦

观察日期：2018 年 11 月 28 日

观察时长：20 分钟

记录时长：10 分钟

游戏材料：四联轮胎（见图）、球

四联轮胎

观察对象(年龄)：天天(5 岁半)，灿灿(5 岁半)，开心(5 岁半)，圆圆(5 岁半)

场景描述：

在幼儿园里有一块平整的户外场地，我们把它称为户外体能区。户外体能区周围摆放着安吉箱、各种各样的自制的轮胎(双联轮胎、三联轮胎、四联轮胎等)、长短不一的竹梯、宽窄不同的木板、攀爬架等材料。

观察记录：

户外体能游戏区，天天、灿灿、开心和圆圆四位小朋友推来两个安吉箱，在两个安吉箱中间搭了一把竹梯，天天和灿灿又去拖来了三块垫子放在竹梯的下方。只见四个孩子凑在一起嘀咕了一会儿，开心和圆圆爬到安吉箱上，从安吉箱走到竹梯上站好。这边的天天和灿灿各自推来了一个四联轮胎，灿灿将四联轮胎推到了花台边(见图 1)。这时灿灿手里多了一个橄榄球。他站立在花台边的木栅栏上，一只手拿着橄榄球，一只手扶住四联轮胎，左脚先踩到四联轮胎上，右脚蹬地站到了四联轮胎上。这边的天天，双手在四联轮胎上一撑，双脚一跃就跪到了四联轮胎上(见图 2)。天天站直身体，对灿灿说："灿灿，把球扔过来给我。"灿灿双手抱着橄榄球，站在四联轮胎上，听到天天的叫声，他双手往前将橄榄球抛给了天天(见图 3)，结果力度不够，球没有扔到天天所在的位置。灿灿正要跳下四联轮胎去捡球，天天说："灿灿，你不用下来了，我去捡吧。"说完跳下地面，他在场地周围转了一圈没找到橄榄球，又找来一个足球，走到灿灿站的四联轮胎前，将球递给灿灿，回到自己的四联轮胎旁，双手一撑轮胎再一次跳上了四联轮胎，他又喊："来吧，灿灿，这次看准了，我还是走过来，离你近一些。"他边说边踩着四联轮胎来到了离灿灿稍近的地方，灿灿双手抱球，将球抛给天天(见图 4)。这次，天天接住了球，他双手抱球，在四联轮胎上转了个身，踩着四联轮胎朝着开心和圆圆的方向走去(见图 5)。他走到离开心不远的地方对开心说："开心，接球，我要扔了。"开心说："好的，扔吧，我一定接住。"天天站在四联轮胎上，双手抱球，将球朝开心的方向扔去，他看着开心，开心将球抱住了。开心转过头对旁边的圆圆说："接球哦!"这时天天在旁边不动，看着开心和圆圆，开心双手抱着球，将球抛到圆圆面前(见图 6)。圆圆用双手接住了球，灿灿和天天叫着："哇，我们成功了!"天天对开心和圆圆说："你们再把球抛给我，我直接抛给圆圆，看看她能不能接住。"圆圆将球回传到天天手上，天天叫了一声："圆圆接好哦!"话音刚落就把球抛了出去(见图 7)，球被圆圆接住了。就这样，几个小伙伴在传球的游戏中不断地增加游戏难度，游戏一直在持续(见图 8)。

图 1　灿灿和天天推来了四联轮胎

图 2　天天和灿灿都爬上了四联轮胎

图 3　灿灿将橄榄球抛给天天

图 4　灿灿再次把球抛给天天

图 5　天天把球抛给开心

图 6　天天把球抛给开心，开心接着抛给圆圆

图 7　天天将球直接抛给圆圆

图 8　小伙伴们快乐地进行着传球游戏

案例 2

灵活的“小猴子”

楚雄彝族自治州幼儿园　赵峻

观察日期：2018 年 10 月 17 日

观察时长：21 分钟

记录时长：8 分钟

游戏材料：大型玩具攀爬网

观察对象(年龄)：海东(5岁半)

场景描述：

户外体能游戏区的一侧摆放了一个大型实木组合玩具，每天孩子们像一群快乐的“小猴子”在组合玩具上自由自在地钻爬嬉戏。大型玩具的右端是一个绳索编成的攀爬架，“小猴子”们在这里发明了不少新奇的玩法，完成了许多“高难度”的动作。

大型实木组合玩具区

观察记录：

海东迎着大型玩具跑了过去，跑到攀爬网的中间左手抓住第四横排第三竖行绳子，右手抓住第四横排第四竖行绳子。左脚尖踮起，右脚踩在攀爬区最下面的木制横挡上，接着左手往上移到了第五横排第三竖行绳子，抓住绳子，左脚也往上移了一步，踩上了第三横排第三竖行的绳子上，右手也顺着竖行往上移了一格，右脚也紧随着右手的移动踩到第三横排第三竖行的绳子上。他的眼睛一直看着手的位置，接着他先用左手抓住了攀爬网最高处的木质横挡，右手也抓住了攀爬网最高处的木质横挡，右脚抬起踩在了第四横排的第三竖排上，转过头看着自己的左边，抬起左脚踩在了第四横排的第二竖排上，接着他抬起右脚往上踩在第五横排的第三竖排上，半个身子探出了最高处的木质横挡。接着左脚踩到了第五横排的第一竖行上，他又把左手换到最高处两根木质横挡的接头处紧紧抓住，右手往横挡的左边移动了25厘米抓住，身子往左边倾斜过来。以左手为支点，抬起右脚跨过最高处横挡，身子随着向后转，左手也跟着身子的转动又移动到右手前面。他双手靠拢，紧紧抓住两根木质横挡的接头处，转过身子，抬起左脚跨过最高处横挡，双眼看着地上看他游戏的小朋友(见图 1)。接着右手往前移动 10 厘米抓住，左手放在右边的横挡上，将身子转正，右脚踩在第五横排第一竖排上，左脚也踩在第五横排第一竖排。然后转过身子，抬起右脚从正面踩在第五横排第一竖排上，把身子转了 90°，抬起左脚到正面踩在了第五横排第一竖排上，降低重心，左脚蹬住绳子，右脚悬空，右手和左手往前移动，抓住左边最高处横挡，把双手移动到横挡的中间，双手距离 10 厘米左右，左脚离开绳子，同时双手用力顺势一荡(见图 2)。身子微微右转，双脚围住前面的攀爬架的柱子，脚跟勾紧，右手抓住横挡，左手抓住旁边的三角形吊环，松开右手，双脚盘住木柱，顺着木柱滑了下来，笑眯眯地看着旁边游戏的小朋友(见图 3)。

图 1　一步一步向上爬的海东

图 2　翻过攀爬网、移动到横挡

图 3　顺利拉住吊环的海东

2. 第二步，要求教师每月持续围绕某一种游戏材料进行游戏观察，客观、完整、翔实地记录并进行分析，提出教育建议。

案例 3

爱心迷宫

楚雄彝族自治州幼儿园　陈丹霞

观察日期：2019 年 9 月 26 日

观察班级：小班(　)中班(　)大班(√)

游戏材料：积木

观察对象(年龄)：杨李瑞(5 岁半)

场景描述：

幼儿园的建构游戏区设在一块开阔的塑胶场地上，平时是孩子们的运动场。场地四周用白色的大框将积木按照形状的不同分类装好，大框上贴着积木的标识以便幼儿识别。大框的下面用万向轮装上了四个轮子，以便幼儿自主游戏时按他们的意愿随意移动。今天的游戏就发生在这里……

观察记录：

杨李瑞小朋友先拿了三块薄长方形积木横着搭成一行。然后又拿来了三块厚长方形积木，同样横着搭成一行，将六块积木搭成一个直角。随后又拿来了积木，顺着直角两边，向反方向开始搭，将积木从两边向中间围合，搭到还剩两块积木就接在一起的时候，过来了两个小男孩。小男孩对杨李瑞说："哇！杨李瑞你搭了一个爱心形状啊，这里还差两块，我们来帮你。"杨李瑞说："是啊！我打算搭一个爱心迷宫。你们帮我搭吧，我再去拿积木来搭里面的。"说完，杨李瑞去拿来了积木开始从里面搭，几个男孩继续帮忙(见图 1)。搭了一会儿，过来了一个小女孩，她手指着一边的积木对杨李瑞说："你看，你搭的迷宫不对，这里应该留一个出口。"杨李瑞说："哦！对的，我忘记啦！哈哈。"接着杨李瑞朝女孩指的地方拿走了两块积木，又拿了一块拱桥形积木放在拿走的两块积木空出的地方，但没有堵住出口。随后他又拿来了半圆形的积木放在拱桥形的积木上面并用同样的方式在另外一边开了一个口。搭好后对女孩说："你看，刚才那里是出口，这边是入口。"然后他开始接着搭中间部分，将积木

图 1　正在齐心协力搭建爱心迷宫的孩子们

图 2　调整后的爱心迷宫

搭成了“7”字形、“Z”字形等几个不规则的形状，并且各种形状之间都有间距。搭好后对女孩说：“你看，这是我的爱心迷宫的路线。”随后，杨李瑞看了看他搭好的爱心迷宫，又拿来了同样的积木，在他搭好的第一层爱心迷宫上面准备接着搭第二层。女孩看到了，帮忙杨李瑞一起搭。他们把爱心迷宫继续垒到了两层。然后拿了几块三角形的积木，顺着爱心积木的边缘围了一圈(见图2)。围好后，对女孩说：“我的爱心迷宫搭好了，你可以进去走一走。”女孩说：“好的，太棒了。”然后女孩从爱心迷宫的入口开始走，沿着中间的路线，从爱心迷宫的出口走出。随后，杨李瑞也从爱心迷宫的入口开始走，沿着中间的路线，从爱心迷宫的出口走出。

案例分析：

游戏过程中，杨李瑞小朋友的搭建目的很明确，即搭建一个“爱心迷宫”。他事先用积木围出了爱心迷宫的外形，然后再设计迷宫中的路线。在迷宫路线的设计过程中，不断有同伴对“爱心迷宫”感兴趣想加入游戏，杨李瑞小朋友对于同伴的加入态度很友好，同伴们还对迷宫设计提出意见，如在发现迷宫没有出口时，大家相互商量。

3. 第三步，要求教师每月在同一区域观察同一名(组)幼儿的游戏，客观、完整、翔实地进行记录，结合《3—6岁儿童学习与发展指南》进行分析。

案例 4

搭高楼

楚雄彝族自治州幼儿园　白燕

观察日期：2019年12月26日

观察班级：小班(✓)中班(　)大班(　)

游戏材料：纸积木

观察对象(年龄)：王宇鑫(3岁)

场景描述：

幼儿园风雨活动场的长方形小舞台是小班的自主建构游戏区。根据小班年龄特点配备了轻巧的长方形蓝色、灰色纸质砖块作为该区的主要建构材料，同时还配有一些奶粉罐、泡沫垫作为辅助材料，以便让幼儿在开展活动时进行自主建构。

观察记录：

王宇鑫从摆放材料的桌上拿起了一块蓝色纸砖。他蹲下身用两只手把这块纸砖侧立竖直放在了地面上，他在这块纸砖的旁边又侧立竖直放了一块纸砖，两块竖直的纸砖平行对立着。他站起身转向放材料的桌子拿了一块纸砖平放到了两块直立着的纸砖上面(见图1)。接着他旁边的小男孩在横放着的纸砖上竖直放了两块对立的纸砖，王宇鑫把拿在手里的砖放在了第二层竖直的两块纸砖上，两层的楼摇晃了一下，他们退后了一步伸出了手。垒起来的纸砖晃了一下后稳住了。王宇鑫旁边的小男孩转身走到桌子边一手拿了一块纸砖转回到搭好的两层楼前，他先把左手里的砖竖着放到第二层横放着的砖的左边，又把右手里的砖竖直放到了横砖的右边，他身后的小男孩把手里的一块砖横放到了竖着的两块砖上。他们三人在搭好的三层楼前笑着又跳又叫：“耶！成功了！成功了！”王宇鑫跳了几下后来到了桌子边，他拿起桌子上的一块蓝色纸砖走到三层砖的侧面，双手把纸砖竖起来举过了头顶对着第三层横放的砖放了过去。砖没有放上去，他转到了三层楼的后面，松开了右手，只用左手举着砖踮起脚尖把这块砖竖直放了上去。看到砖稳住了，他看着站在对面的男孩笑了。站在周围的三个男孩都笑着跳了起来(见图2)。王宇鑫跳着来到另一组进行围合的小朋友旁边。他原地转了个圈又跳到了三层楼边，伸手把刚放上去的砖拿到了地上，他蹲下身把纸砖从中间打开了，站在他对面的小男孩蹲下身用手按住纸砖对他说：“不能打开！”王宇鑫没有说话，他把纸砖又合了起来，站起了身(见图3)。另外那个小男孩走开了。王宇鑫把纸砖又打开了(见图4)，他看了看旁边的老师，把纸砖合了起来转身快步走到桌边把纸砖放回了桌上(见图5)。转了个身他对着拿着纸砖的另一个男孩走过去，他双手抓住那个男孩手里的纸

图1　正在搭高楼的宇鑫

图 2　初次搭建成功的宇鑫

图 3　想打开纸砖被同伴制止的宇鑫

图 4　再次尝试打开纸砖的宇鑫

砖往自己这边拉扯。那个男孩放开了手，王宇鑫拿到了纸砖(见图6)。他走回到三层楼那里，双手把纸砖横着举起来放到了最上面的横砖上(见图7)。看到楼房稳住了，他嘴里发出“噢噢”的叫声拍着手跳了起来。

图5 宇鑫将纸砖送回

图6 因纸砖发生争执的宇鑫和同伴

图7 拿到纸砖的宇鑫继续搭建高楼

案例分析：

《指南》社会领域(一)人际交往的目标中对3—4岁幼儿的要求有”愿意和小朋友一起游戏”“为自己的好行为或活动成果感到高兴”“在成人指导下，不争抢、不独霸玩具”。在本案例中，王宇鑫与同伴一起完成了楼房的搭建，他们完成搭建后又跳又笑，表现出了同伴交往中的积极情绪体验；当他没有找到合适的纸砖时，他从旁边的小朋友的手中抢了一块。这一行为符合他的年龄特征，在之后的活动分享中教师应当对这一行为进行引导，教给幼儿正确的处理方法。

《指南》科学领域(一)科学探究的目标中对3—4岁的幼儿要求有“经常问各种问题，或好奇地摆弄物品”。活动中王宇鑫对纸砖的结构产生了好奇，他把纸砖从中间拆开，在同伴的提醒下又把纸砖复原。这一行为正是喜欢探究的表现，教师可以抓住契机提供不同材质的积木给幼儿进行比较，使幼儿对积木不同的材质特点有所了解。

案例5

高空绳索

楚雄彝族自治州幼儿园　何俐勤

观察日期：2019年1月8日

观察班级：小班(　)中班(　)大班(✓)

游戏材料：大树、树丫、拴在树上的四根绳子(上层两根，下层两根，两两平行)、蘑菇石凳

观察对象(年龄)：边梓玉(5岁)

场景描述：在探索游戏区一侧，幼儿园利用绳索将相邻的两棵大树的树干和枝丫相互连接，创设成了一个高空探索区。

观察记录：

边梓玉来到高空绳索旁的大树下，抬起头看了看拴在树干上的绳子，她右手拉住拴在树干上的绳子，左手扶着另外一棵树干，左脚蹬在树丫上，右脚蹬住地(见图1)，踮着脚尖，右手使劲一拉，右脚一蹬地，身体往前一倾，双脚站在了树丫上。双手扶住了两棵树干，身体的重心随着左右脚两边摇晃，“哇，好险啊!”(见图2)她说完往前移了移，双手拉住了横拴在两棵树干上的绳子，右脚站在拴在树干下端的一根绳子上，左脚踩在树干下端的另一根绳子

上。左脚离开绳子的同时，蹲下来(见图 3)，重心移到右脚，身体快速钻过双手拉着的绳子，右手快速移到拴在树干上面的绳子，左脚也快速移到右脚旁，踩住下层的绳子。然后慢慢站起来，左手抓紧拴在树干左边的绳子，左脚也很快地踩在了左边树干下的绳子上。她转头对着树下的小朋友说："没什么了不起，你们上来吧，我往前走啦。"于是她双手分别拉住上层两根平行的绳子，双脚踩住下层两根平行的绳子，开始笑眯眯地走高空绳索(见图 4)。她双手拉紧绳子，眼睛看着前方的绳子，右脚往前走一步，重心就移到右边，左脚往前一步，重心又移到左边，保持身体的平衡，根据脚的移动，慢慢向前滑动。她身体左右晃动，不停地向前走了 6 米左右，来到终点。在靠近另一棵树丫的位置，她双手拉紧绳子，低头看了看树丫，右脚弯曲，双手使劲，身体往前一挺，左脚踩在了树丫上。然后，右脚紧跟着踩在左脚上的树干上(这棵树干是斜着往上长)，双手抱紧左边的树干。左手在下，右手在上，转动身体，移动 180 度，右脚离开树干，双手往树干下滑，屈膝，右脚踩在树下的一个小蘑菇石凳上，左脚离开树丫，双手滑到下层绳子旁，重心移到右脚上，接着左脚往前跨一步，双手放开，稳稳地站在了地上(见图 5)。她对后面的一个小朋友说："看我的落地姿势多美。"后面的一位小朋友呵呵地笑着也到了终点，边梓玉看着他说："姿势还可以，我们再来走一次高空绳索吧!"说完，她又跑到另外一边，开始新一轮的高空绳索游戏。

图 1　准备玩高空绳索的梓玉

图 2　成功登上高空绳索的梓玉

图 3　蹲下准备调整的梓玉

图 4　走高空绳索的梓玉

图 5　稳稳落地的梓玉

案例分析：

《指南》健康领域(二)“动作发展”的目标中对5—6岁幼儿的要求有“能以手脚并用的方式安全地爬攀登架、网等”“能在斜坡、荡桥和有一定间隔的物体上较平稳地走”。在本案例中，边梓玉通过一系列协调的动作完成了高空绳索的活动，动作灵敏、协调。

《指南》语言领域(一)“倾听与表达”的目标中对5—6岁的幼儿要求有“讲述时语言比较生动”。边梓玉完成动作过程中，发出了“好险呀”“看我的落地姿势多美”等生动的感叹，同时，对同伴的活动也能给予适当的评价。

《指南》社会领域(一)“人际交往”的目标中对5—6岁的幼儿要求有“能想办法吸引同伴和自己一起游戏”，活动中边梓玉用自己的自信一直吸引和鼓励着同伴一起游戏。

4. 第四步，要求教师客观、完整、翔实地完成观察记录，并记录下对应的幼儿游戏故事讲述，结合《3—6岁儿童学习与发展指南》进行分析。

案例6

烤牛肉啦

楚雄彝族自治州幼儿园 李佳彬

观察日期：2019年12月12日

观察时长：15分钟

记录时长：7分钟

游戏材料：叶子、轮胎秋千

观察对象(年龄)：王艺超(4岁半)

场景描述：在我园探索游戏区的草坪边上有一棵大树，树上拴着一个幼儿园自制的轮胎秋千，游戏就是在这里进行的。

观察记录：

“烤牛肉啦，烤牛肉啦，卖烤牛肉啦，新鲜的烤牛肉。”王艺超把轮胎秋千逆时针转了8圈，然后张开双臂，身体紧贴着轮胎，将双手五指分开分别扶在

轮胎秋千

轮胎两侧边缘(见图1)。他目视前方叫喊着:“卖烤肉啦,卖烤肉啦,快来买啊。”这时,旁边过来了一个小男孩。“王艺超,你在玩什么?”“我在烤肉呢。”王艺超边说边看了一眼放在轮胎上面的叶子。“哈哈哈,这不就是叶子吗,哪有烤肉啊,”男孩大笑着说,“你在烤叶子吧。”“不是,这就是烤肉!”说完,王艺超将轮胎上的叶子拿起来,看着它说:“我烤的牛肉最好吃了,你不知道就算了,这是最好吃的烤牛肉。”说完,他继续抬起头喊道:“卖烤肉啦,卖烤肉啦,有没有人买,最好吃的烤肉。”他看了一眼周围,又继续喊:“只要两块钱,烤牛肉只要两块钱,快来买烤肉啊。”一个女孩拿着一片树叶走过来,对王艺超说:“王艺超,请问烤肉要怎么买?”“两元钱,”王艺超看着女孩说。“可是我没有钱呀,我只有树叶,你要不要?”王艺超看着女孩手里的叶子,停顿了3秒:“这就当一元吧,你再去找一元,要两元才行。”(见图2)说完,他用右手将女孩手里的树叶接过去放在轮胎上。“把这个当肉,我就有两块肉了,”王艺超低头嘀咕着,眼睛看着两片叶子。他一只手拿起一片,然后抬头喊道:“卖烤肉啦,卖烤肉啦,最好吃的烤肉,快来买啊。卖烤肉啦,卖烤肉啦,新鲜的烤牛肉,两元钱一块,两元钱一块。”“王艺超你看这个行不行?”又一个男孩拿着一片树叶过来了。他把树叶递给王艺超看:“可以吗?”王艺超说:“不行,要两片。”(见图3)正说着,刚才的女孩又来了,她拿来两片叶子。王艺超用左手接过一片对男孩说:“这片当你的,正好够了,现在你们让开,我要加热一下才能吃。”(见图4)说完,他右手抓着一根绳子,左脚向左后方退了一步,然后突然向前跑了三步,顺势将右手抓着的绳子松开。轮胎顺时针旋转着,王艺超转身看着轮胎,直到它停止了转动。“好了,”王艺超边说着边走到轮胎一侧,拿起一片叶子看了看说,“可以吃了!可以吃了!你们快过来吃吧!”两个小朋友都围了过来(见图5)。

图 1 准备买烧烤的艺超

图 2 女孩在和艺超商量

图 3 男孩拿着树叶来和艺超商量

图 4 准备“加热”的艺超

图 5 烧烤吸引了大家的参与

游戏故事：

幼儿描述：

“我在玩烤烧烤的游戏，这是我的烧烤架，它有四条绳子，上面是放烤肉的，我请小朋友一起吃我烤的牛肉。”

教师的发现：

1.《指南》语言领域(一)“倾听与表达”的目标对4—5岁幼儿的要求有“愿意与他人交谈，喜欢谈论自己感兴趣的话题”“别人对自己讲话时能回应”。在游戏过程中可以看出，王艺超和同伴们愿意讲话并能清楚表达，具有文明的语言习惯。在用语言交流的同时，也发展着人际交往、理解能力和组织自己思想的能力。

2.《指南》社会领域(一)“人际交往”的目标中对4—5岁幼儿的要求是“能按自己的想法进行游戏或其他活动”。孩子们将轮胎秋千当作烧烤架，把树叶当作烤肉，每个人都按自己的想法沉浸在这个游戏中，让游戏进行得有声有色。孩子们在游戏中展现出来的想象力和创造力也成为本案例的一大亮点。

3. 烧烤是孩子们喜欢的一类食品，他们在生活中积累了和烧烤相关的生活经验，从一开始的“叫卖”，再到“买卖”，到后来加热后“食用”，孩子们将生活经验很好地迁移到游戏中，丰富了游戏内容。

案例 7

水流到哪里去了

楚雄彝族自治州幼儿园 王筱艳

观察日期：2019 年 10 月 14 日

观察时长：10 分钟

记录时长：10 分钟

游戏材料：管子

观察对象(年龄)：王心符(4 岁 9 个月)，王欣也(5 岁)，何欣玥(4 岁 9 个月)

场景描述：

幼儿玩水区是一个有进、出水口流动水循环的池子，最初蓄水量在淹没水池底部深 25 厘米左右，在幼儿游戏中如需要更深的水，可以将进水口打开流入更多的水。这一区域主要提供粗细不等的管子供幼儿自由探索游戏。

观察记录：

玩水区里心符左手握着一根褶皱纹理的蓝色管子，右手握住一个带手柄的敞口杯子，心符手里的杯子里盛了半杯水，他将杯口的一侧对准左手握着的管子的开口处，右手握住盛水杯子的手柄并抬起了手腕，杯里的水缓缓地流进了管子里。心符眼睛一眨不眨地看向管子进水口，抿着嘴静静地看着。这时，站在心符对面的欣也双手握着一根红色的硬塑料直管子，只见她用右眼对准管子的开口处看着，欣也一边看着管子里，一边说："心符，你倒进来的水到哪去了，我看不见。"心符一边眼睛盯着倒水的入口一边缓缓地倒着杯里的水说："我还在倒呢，你再看看能看到了吗?"欣也一动不动地盯着管子口看她说："还是没看到水?"一直蹲在欣也身旁用双手扶着红色管子与一个转弯接头的欣玥抬起头对欣也说："我紧紧地握着下面的管子呢，你再看看水流进来了吗?"欣也突然放下红色管子一屁股坐到水里耷拉着眼皮说："不看了，水没有流到管子里，看不见。"蹲着的欣玥脸上带着笑容，一只手握着红管子，另一只手握住了绿色转弯接头一端的透明塑料管子说："我把两根管子都抓住了，你再看看能不能看到水?"欣也瘪着嘴说："我不看了，看不到水的。"心符在一旁说："你们检查一下管道吧，会不会是管道在漏水呢?"欣也蹲着身子双手握起褶皱蓝管子，一边捏着管子一边移动着手，她说："水究竟流到哪里去了呀?"欣也一边用双手一段一段地轻捏管道一边移动着手，当她的手握着与蓝色管道连接在一起的透明管道时，大声地说："我找到水了，透明管子里有水呢。"一旁的欣玥听了欣也的话笑容更加灿烂大声说："让我提起来看看。"只见欣玥伸出右手提起了红色管子，她大叫一声："啊！水从转弯接口流出来了！"三个女孩脸上带着笑容大声说："原来水流到这里了。"

正在进行游戏的孩子们

游戏故事：

幼儿描述：

心符把水倒进了管子里，我对着管子看呀看，水不见了，又用手顺着管子向下摸呀摸，在下面的透明管子里看到了水，原来水流到了下面。欣玥提起了管子水就流了出来，心符一直在倒水，我和欣玥一直在等着水流下来，这样子挺有趣。

教师的发现：

结合《指南》中的语言领域：愿意与他人交谈感兴趣的话题。游戏中的三名幼儿围绕着“水流到哪里了？”这个问题，进行了交谈、猜想、思考，最终说出答案。整个游戏中的对话，体现了幼儿持续对一种现象的关注与交流。

在科学领域中：能对现象进行观察，发现其不同的变化。幼儿将水倒入管子后持续观察、猜想水流到了哪里，用眼睛不停地寻找，用手指顺着管道外壁不停地触摸，最终观察到了水向下流动这一现象。这就是一个通过小实验观察现象—提出问题—作出假设—检验假设—形成结论的过程，通过游戏体现出了幼儿对自然物质了解的渴望与探究精神。

延伸阅读

一、如何解决幼儿的游戏冲突？

游戏在为幼儿提供与同伴交往、合作机会的同时，也不可避免地会使幼儿与同伴发生冲突，这些冲突不仅有助于提高幼儿认知的发展，而且有助于提高个体与他人合作的能力。3—6岁的幼儿已经能觉察到冲突以及冲突带来的痛苦，但是他们往往由于缺乏解决冲突的能力而陷入无助状态，甚至形成心理障碍。影响孩子冲突解决能力的年龄发展特点有以下几个方面：

1. 自我中心。

学龄前的孩子总是从自己的感情和需求出发看待世界，不能理解和感受他人，对于他人的观点、想法都以自己的判断为标准。

2. 秩序敏感期。

这一阶段的孩子正处于秩序敏感期，他们对事物的秩序和规则有着特殊的认知。在孩子眼里，我遵守规则你也必须遵守规则，如果你违反规则就是你不对。

3. 语言表达有限。

孩子的口语表达和人际交往能力的发展依靠具体情境，遇到冲突还不会合作协商，加之语言能力表达有限，一时紧张，动手的可能性大于动口。

4. 常用身体表达。

就像孩子喜欢通过拥抱、亲吻等肢体接触来表达亲密关系一样，在语言能力形成之前，他们也会用“打”或者“抢”来表示沮丧和愤怒。

了解了幼儿产生冲突的原因，教师就要根据幼儿的年龄特点引导幼儿正确处理冲突，把解决冲突的过程变成促进幼儿发展的途径。

1. “静观其变”法

对于一些不着急解决的冲突，教师可以静观其变，让幼儿自行解决，不要剥夺孩子发展社会性技能的宝贵机会，但要密切关注冲突发展状况，以防幼儿因无法自行解决冲突而引发更大的冲突。这不是说教师在孩子打斗时“两手插腰”，而是一种精心策划的“无为而治”。

2. “授之以渔”法

教师要通过一些课程和活动引导幼儿学习和掌握解决冲突的方法，可以和孩子一起商定游戏规则，引导孩子学会如何与小伙伴友好地交流，教孩子一些人际交往的技能技巧等，从而逐渐提高幼儿自己解决冲突的能力。

3. “情景暗示”法

教师设计一些与幼儿冲突有关的情景，让幼儿观看并讨论冲突是如何产生、解决的，从而提升其自我反思、自我判断以及解决冲突的能力。

4. “自然后果”法

通过让幼儿体验因冲突所带来的不良后果，引导孩子换位思考，让孩子在遇到矛盾时懂得去理解、体谅对方，教幼儿学会主动规避冲突和化解冲突。

5. 榜样示范法

在幼儿出现冲突时教师可以有意识地提供给幼儿可借鉴或模仿的榜样，通过表扬、鼓励等方法引导幼儿注意观察榜样的示范行为，让幼儿习得解决冲突的方法。

二、游戏中幼儿可不可以串区游戏?

(一)幼儿是可以串区游戏的

游戏是儿童的基本活动，是儿童参与世界的方式。儿童在游戏中探索、学习、发现、发展，只有在自由、自主、自发的游戏中，游戏才能最大限度地对儿童产生积极影响，儿童才有可能实现自身的最大潜能。因此，教师需要放手游戏，保障儿童游戏的选择权，把玩什么、怎么玩、与谁玩的权利都还给儿童。

针对幼儿在游戏中串区的现象，作为教师首先应该端正自己的儿童观、教育观和游戏观。最大程度地放手，最小程度地介入，多耐心地观察，睁大眼、竖起耳，观察游戏，发现儿童，反思对游戏的支持，让幼儿在游戏中发展自己的游戏意愿和能力。

幼儿串区的原因通常有以下几种：

1. 幼儿的年龄特点、认知特点。

2. 幼儿去了解其他幼儿的游戏。

3. 幼儿对环境、材料的探索阶段。

4. 幼儿用不同的材料和方式探索同一内容或概念。

5. 活动材料不足、时间不充分。

教师首先要正确把握对幼儿串区的认识，不能一看到幼儿串区就认为他不够专注、不够投入，甚至给幼儿贴上负面的标签。教师要正确认识事件发生的合理性、观察其原因，观察幼儿具体在做什么，是怎么做的，通过教师长时间的观察，反思幼儿活动之间是否存在联系和变化，明确游戏串区的原因，通过反思和调整更好地支持幼儿游戏。

（二）教师反思和支持的策略

1. 实现游戏环境的自然、开放和多变。游戏环境是影响幼儿游戏行为最直接的因素，幼儿游戏的环境应该是自然、开放、多变的。教师应当尽可能地为幼儿提供充足的活动空间，最大化地利用幼儿的游戏资源。游戏环境材质多样，坡度、高度都能给幼儿带来不同的游戏体验，也给幼儿游戏提供挑战。

2. 打破游戏区域的界限。游戏活动中，教师应当允许幼儿根据游戏需要自由地在各区域之间穿梭。空间的开放和区域的打通，对幼儿游戏环境的创设十分必要。区域只是在环境条件下有自身的特点，既不固定游戏的内容，也不规定游戏的玩法，场地特征不同可以诱发多种多样的游戏，满足幼儿不同的游戏需求。区域可以互相打通也可以相互结合，为幼儿游戏提供了延展的空间，增加了幼儿游戏的趣味性和不确定性，混合游戏带给幼儿的变化和探索远比单独游戏丰富，能使幼儿获得新的经验，增加环境的层次感和趣味性。

3. 保障游戏材料的丰富性、适宜性和层次性。游戏活动中，教师应当投放支持幼儿创造与探究的游戏材料，确保数量充足、适合幼儿的年龄特点和最近发展区。

4. 合理安排幼儿游戏的时间。游戏中，教师要适时观察、及时调整，避免游戏区域的探索周期过长而出现幼儿兴趣减退的现象。

5. 用包容和支持的态度去支持幼儿游戏。幼儿串区并不意味着幼儿在游戏中不投入，也不意味着幼儿在游戏时失去了目标。教师要充分尊重幼儿的个体差异，最大限度地支持幼儿在游戏中的自主、创造、探索和发现。

复习与运用

1. 了解观察在幼儿户外活动中的价值和意义。

2. 熟悉户外体育活动中的观察要点。

3. 观摩幼儿园户外活动，结合实际设计一份观察记录的表格，进行幼儿户外活动的观察与记录，尝试整理和分析收集到的资料。

4. 安吉游戏给了你什么启示？

5. 根据安吉游戏观察三个步骤的相关要求，选取合适的观察对象和场景进行观察记录。

拓展资源

1. 黄世钰. 幼儿行为观察与记录[M]. 上海：华东师范大学出版社，2019：38-52.
   该书第三章第一节，描述了0—6岁儿童大动作发展的观察要点。
2. 张首文，白秋红. 幼儿园体育活动设计与指导[M]. 北京：人民邮电出版社，2018：15-59.
   该书第二章，描述了3—6岁幼儿走跑跳、钻爬、支撑、平衡等大动作发展水平。
3. 程学琴. 放手游戏　发现儿童[M]. 上海：华东师范大学出版社，2019.
   该书前言部分和第一章的第一节、第二节详细介绍了安吉游戏的背景、理念、关键词和发展历程。

参考文献

专业书籍：

陈向明. 质的研究方向与社会科学研究[M]. 北京：教育科学出版社，2001.

北京市教育科学研究所. 陈鹤琴全集：第一卷[M]. 南京：江苏教育出版社，1987.

施燕，韩春红. 学前儿童行为观察[M]. 上海：华东师范大学出版社，2011.

侯素雯，林建华. 幼儿行为观察与指导这样做[M]. 上海：华东师范大学出版社，2014.

李晓巍. 幼儿行为观察与案例[M]. 上海：华东师范大学出版社，2017.

徐泽民，洪晓琴. 走进游戏 走进幼儿[M]. 上海：上海教育出版社，2010.

蔡蔚文. 幼儿园保教质量监控指导手册[M]. 福州：福建教育出版社，2019.

刘焱. 儿童游戏通论[M]. 北京：北京师范大学出版社，2014.

刘焱. 幼儿园游戏与指导[M]. 北京：高等教育出版社，2016.

林茅. 幼儿游戏理论与实践[M]. 上海：上海教育出版社，1995.

王振宇. 儿童心理发展理论[M]. 上海：华东师范大学出版社，2000.

陈红霞，王瑞. 创意拼搭幼儿园建构游戏方案[M]. 南京：南京师范大学出版社，2017.

秦元东. 幼儿园游戏指导方法与实例[M]. 北京：中国轻工业出版社，2018.

董旭花，韩冰川，刘霞，等. 自主游戏观察与记录——从游戏故事中发现儿童[M]. 北京：中国轻工业出版社，2019.

程学琴. 放手游戏　发现儿童[M]. 上海：华东师范大学出版社，2019.

黄世钰. 幼儿行为观察与记录[M]. 上海：华东师范大学出版社，2019.

施燕，韩春红. 学前儿童行为观察[M]. 上海：华东师范大学出版社，2019.

潘月娟. 学前儿童观察与评价[M]. 北京：北京师范大学出版社，2018.

杨玉凤. 儿童发展行为心理评定量表[M]. 北京：人民卫生出版社，2016.

黄婉圣. 幼儿行为观察与评价[M]. 上海：复旦大学出版社，2020.

罗秋英. 儿童行为观察与指导[M]. 上海：复旦大学出版社，2019.

杨玉凤. 儿童发展行为心理评定量表[M]. 北京：人民卫生出版社，2016.

王晓芬. 幼儿行为观察与分析[M]. 上海：复旦大学出版社，2019.

张俊. 幼儿园科学领域教育精要——关键经验与活动指导[M]. 北京：教育科学出版社，2015.

黄意舒. 儿童行为观察[M]. 新北：心理出版社，2012.

蔡春美，洪福财. 幼儿行为观察与记录[M]. 上海：华东师范大学出版社，2013.

施燕，章丽. 幼儿行为观察与记录[M]. 上海：华东师范大学出版社，2015.

本特森 W R. 观察儿童——儿童行为观察记录指南[M]. 于开莲，王银玲，译. 北京：人民教育出版社，2009.

科恩 D H，等. 幼儿行为的观察与记录[M]. 马燕，马希武，译. 北京：中国轻工业出版社，2013.

Essa E L. 幼儿问题行为的识别与应对(教师篇)[M]. 王玲艳，张凤，刘昊，译. 北京：中国轻工业出版社，2014.

美高瞻教育研究基金会. 学前儿童观察评价系统[M]. 霍力岩，等译. 北京：教育科学出版社，2018.

上海市教育委员会. 上海市学前教育课程指南(试行稿)[M]. 上海：上海教育出版社，2017.

张首文，白秋红. 幼儿园体育活动设计与指导[M]. 北京：人民邮电出版社，2018.

王冬梅. 教师怎样了解幼儿[M]. 北京：中国轻工业出版社，2016.

周念丽 . 0—3 岁儿童观察与评估[M]. 上海：华东师范大学出版社，2013.

王银杰. 儿童行为心理学[M]. 北京：当代世界出版社，2018.

格朗兰德，等. 聚焦式观察：儿童观察、评价与课程设计[M]. 北京：教育科学出版社，2017.

王烨芳. 学前儿童行为观察与分析[M]. 南京：江苏教育出版社，2012.

刘海燕. 学前儿童行为观察——探测行为背后的心理[M]. 北京：科学技术文献出版社，2014.

杨枫. 学前儿童游戏：第二版[M]. 北京：高等教育出版社，2014.

沈雪梅. 关爱与方法：幼儿行为观察案例分析[M]. 上海：复旦大学出版社，2014.

王淑琴，郭丽璟，王莹莹. 幼儿体育教育活动创新设计[M]. 杭州：浙江大学出版社，2015.

何慧华，王英杰. 幼儿行为观察与评估[M]. 北京：中国人民大学出版社，2018.

期刊杂志：

李宏田，刘建蒙. 儿童行为问题检核表的使用现状及儿童行为问题的研究进展[J]. 中国生育健康杂志，2010(1).

武建芬. 幼儿自由游戏活动中同伴交往的特点[J]. 学前教育研究，2008(5).

朱家雄. 在不同社会密度的活动室中活动的幼儿行为的对比研究[J]. 心理科学，1996(3).

向海英，孙文杰. 中班幼儿同伴冲突应对策略及教师干预态度[J]. 学前教育研究，2014(10).

秦旭芳，王源滔，让教室里的评价“活跃”起来———浅谈幼儿教师观察与记录的选择策略[J]. 天津师范大学学报（基础教育版），2016(7).

戴小红. 幼儿园教师观察能力现状及其提升策略[J]. 学前教育研究，2018(06).

王义娥. 谈谈怎样观察幼儿[J]. 学前教育研究，2003(10).

夏婧. 轶事记录法在幼儿评价中的应用[J]. 学前教育研究，2003(07).

霍力岩，陈雅川，周彬. 美国学前儿童观察记录系统的评价内容、实施方法与借鉴意义[J]. 中国特殊教育，2015(01).

于冬青，柳剑. 轶事记录法运用中的问题及运用策略研究[J]. 幼儿教育(教育科学版)，2010(5).

郑三元. 平淡的一天——幼儿一日生活观察[J]. 学前教育研究，2004(10).

方莉梅. 提升幼儿园教师体育素养之策略研究[J]. 吉林教育(教研)，2015(06).